立春 雨水 惊蛰 春分 清明 谷雨

立夏 小满 芒种 夏至 小暑 大暑

二十四节气志

宋英杰◎著

立秋 处暑 白露 秋分 寒露 霜降

立冬 小雪 大雪 冬至 小寒 大寒

中信出版集团 | 北京

目录

推荐序

我很小的时候就会背诵二十四节气歌，虽然这首诗歌写得不够完美，但是让我一生十分受用。想知道某一时刻最接近哪个节气，掐着手指唱一遍，一股清流沁入心脾，让我知道这一年已走过多少，还有多少日子。

一年有多少天，似乎没有节气重要。古人将一年分为二十四节气、七十二候，五日为候，三候为气，六气为时，四时为岁，周而复始。由于节气与物候线条粗细适中，在表达人文情感方面，我们比西方人细腻，西方人只知春夏秋冬，而我们则在二十四节气中体会人间冷暖，知晓世间转换。

所以节气在唐、宋屡屡入诗入词，读之让人欣慰。

岑参先说：苜蓿峰边逢立春，胡芦河上泪沾巾。

刘辰翁接着说：无灯可看，雨水从教正月半。

韦应物跟上：微雨众卉新，一雷惊蛰始。

白居易说：春分花发后，寒食月明前。

杜牧写得凄美：清明时节雨纷纷，路上行人欲断魂。

范成大记得清晰：江国多寒农事晚。村北村南，谷雨才耕遍。

朱元夫务实：蚕麦江村，梅霖院落，立夏明朝是。

邵定担心：汝家蚕迟犹未箔，小满已过枣花落。

寒山和尚随口一说：草生芒种后，叶落立秋前。

白居易又说：夏至一阴生，稍稍夕漏迟。

独孤及说得敞亮：不怕南风热，能迎小暑开。

徐夤接得踏实：欲知应候何时节，六月初迎大暑风。

王建说：立秋日后无多热，渐觉生衣不著身。

陆龟蒙说：强起披衣坐，徐行处暑天。

李白在常州说：天清白露下，始觉秋风还。

王昌龄则在边塞感叹：长风金鼓动，白露铁衣湿。

贾岛推敲说：漏钟仍夜浅，时节欲秋分。

孟郊琢磨说：秋桐故叶下，寒露新雁飞。

钱起嫌其不够：回云随去雁，寒露滴鸣蛩。

苏东坡说得大气：霜降水痕收。浅碧鳞鳞露远洲。

刘长卿说得委婉：霜降鸿声切，秋深客思迷。

杜甫描写得老辣：正翩抟风超紫塞，立冬几夜宿阳台。

陆龟蒙有些担心：时候频过小雪天，江南寒色未曾偏。

钱起叮咛说：晚来留客好，小雪下山初。

李商隐说得急促：路逢邹枚不暇揖，腊月大雪过大梁。

韦应物总结：大雪天地闭，群山夜来晴。

孟浩然告知：晚来风稍急，冬至日行迟。

元稹一言以蔽之：行过冬至后，冻闭万物零。

皎然和尚淡定：大寒山下叶未生，小寒山中叶初卷。

高适居边塞瞭望：北使经大寒，关山饶苦辛。

大诗人们集体说过，我们再说无益。文化就是这样，慢慢积累则成为遗产，让我们民族取之不尽，用之不竭。在先秦时开始摸索积累，在汉代完善确立的二十四节气，早已成为国人认知一年中的气候、时令、物候等变化规律的知识体系，它让我们预知冷暖，懂得风雨。

宋英杰先生为气象专家，集多年专业经验写出《二十四节气志》，笔触细腻，抽丝剥茧，环环相扣，其资料之翔实，图文之精美，让读者尽享阅读之乐，在了解二十四节气之余，还能得到许多额外的收获。其实，最让我感动的并不是他笔下的知识，而是他畏天悯人的学者情怀。

是为序。

丁西立秋

序言

二十四节气，是中国古人通过观察太阳周年运动，认知一年之中时节、气候、物候的规律及变化所形成的知识体系和应用模式。以时节为经，以农桑与风土为纬，建构了中国人的生活韵律之美。

我们感知时节规律的轨迹，很可能是从“立竿见影”开始的。从日影的变化，洞察太阳的“步履”，然后应和它的节拍。我特别喜欢老舍先生在其散文《小病》中的一段话：

> 生活是种律动，须有光有影，有左有右，有晴有雨，滋味就含在这变而不猛的曲折里。

我们希望天气、气候是变而不猛的曲折，我们内心记录生活律动的方式，便是二十四节气。对于中国人而言，节气，几乎是历法之外的历法，是岁时生活的句读和标点。

孔子说：“四时行焉，百物生焉，天何言哉？”季节更迭，天气变化，草木枯荣，虫儿“坯户”又“启户”，鸟儿飞去又飞来，天可曾说过什么吗？天什么也没有说，一切似乎只是一种固化的往复。这，便是气候。但天气时常并不尊重气候，不按常理出牌。按照网友的话说，不是循环播放，而是随机播放。超出预期值和承载力，于是为患。

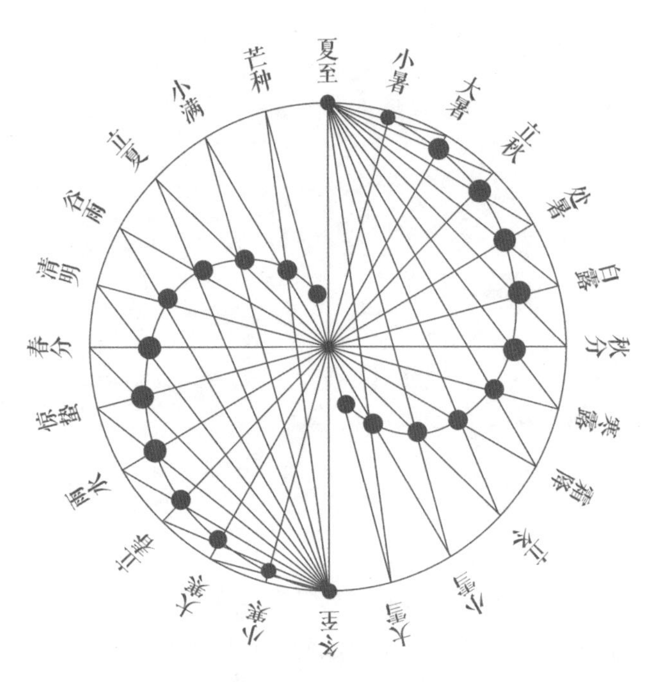

从“立竿见影”开始

农耕社会，人们早已意识到，“风雨不节则饥”。中国人对于气候的最高理想，便是“风调雨顺”。无数祭祷，几多拜谢，无非是希望一切都能够顺候应时。就连给孩童的《声律启蒙》中，都有“几阵秋风能应候，一犁春雨甚知时”。

我们现在几乎挂在嘴边的两个词，一是平常，二是时候。时候，可以理解为应时之候。就是该暖时暖，该冷时冷，该雨时雨，该晴时晴，在时间上遵循规律。平常，可以理解为平于往常。所谓常，便是一个定数，可视为气候平均值。雨量之多寡，天气之寒燠，一如往常。不要挑战极致，不要过于偏离气候平均值，在气象要素上遵循规律。

明代《帝京岁时纪胜》中评述道：

> 都门天时极正：三伏暑热，三九严寒，冷暖之宜，毫发不爽。盖为帝京得天地之正气也。

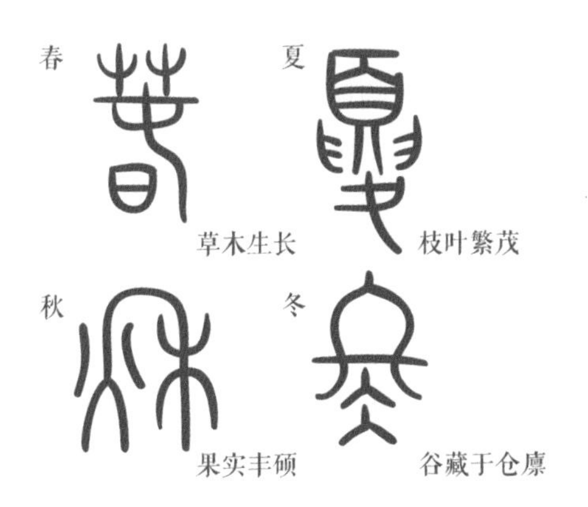

古文字里的四季

只要冷暖有常，便被视为“正气”。

我们自古看待气候的价值观，简而言之，便是一颗平常心，希望气候持守“平常”的愿望。所谓“守常”，即是我们对于气候的期许。

什么是好天气？只要不太晚、不太早，别太多、别太少，就是好天气。如果再温和一些，像董仲舒在其《雨雹对》中所言，那就更好了：

> 太平之世，五日一风，十日一雨。风不鸣条，开甲散萌而已；雨不破块，润叶津茎而已。

中国之节气，始于先秦，先有冬至（日南至）、夏至（日北至）以及春分、秋分（昼夜平分），再有立春、立夏、立秋、立冬。

二至二分是最“资深”的节气，也是等分季节的节气。只是后来以始冻和解冻为标志的立冬、立春，以南风起和凉风至为标志的立夏、立秋，逐渐问世并成为表征季节的节气。它们一并成为节气之中最初的“八大金刚”。它们之所以最早，或许是因为表象清晰，是易感、易查验的节气。

到西汉时期，节气的数目、称谓、次序已基本定型。在那个久远的年代，便以天文审度气象，以物候界定气候。按照物候的迁变，齐家治国，存养行止。

农桑国度，人们细致地揣摩着天地之性情，观察天之正气，地之愆伏，因之而稼穑；恭谨地礼天敬地，顺候应时，正所谓“跟着节气过日子”。

《尚书》中的一段话说得很达观：

> 雨以润物，旸以干物，暖以长物，寒以成物，风以动物。五者各以其时，所以为众验。

每一种天气气候现象有其机理和规律，也自有其益处所在。

《吕氏春秋》说得至为透彻：

> 天生阴阳、寒暑、燥湿，四时之化，万物之变，莫不为利，莫不为害。圣人察阴阳之宜，辨万物之利以便生。

人们早已懂得天气气候，可以为利，可能为害，关键是找寻规律，在避害的基础上，能够趋利。而季风气候，干湿冷暖的节奏鲜明，变率显著。基于气候的农时农事，需要精准地把握，敏锐地因应，所以作为以时为秩的二十四节气在这片土地上诞生并传续，也就是顺理成章的事情了。

在甲骨文关于天气占卜的文字中，有叙、命、占、验四个环节：叙，介绍背景；命，提出问题；占，做出预测；验，检验结果。其中，验，最能体现科学精神。在科学能力欠缺的时代，已见科学精神的萌芽。在诸子百家时代，人们便以哲学思辨、文学描述的方式记录和分析天气气候的表象与原由。

唐太宗时代的“气象台台长”李淳风在其《乙巳占》里便绘有占风图。

一级动叶，二级鸣条，三级摇枝，四级坠叶，五级折小枝，六级折大枝，七级折木，八级拔大树和根。这是世界上最早的风力等级，比目前国际通行的蒲福风力法（Beaufort scale）早了1100多年。两种方式的差别在于，李淳风风力法是以“树木”划定风力，而蒲福风力法是以“数目”划定风力。一个借助物象，一个借助数据。

当然，我们的先人在观察和记载气象的过程中，至少存在三类难以与现代科学接轨的习惯。

原文：辛未卜，褅风。不用，雨。
译文：辛未日占卜，（叙辞）问：褅祭风好吗？
（命辞）占卜者看了卜兆说：不用（占辞）。
后来下了雨（验辞）。

原文：各云不其雨？允不启。
译文：云上来了，不会下雨吧？
（验辞）果然没天晴。

远古天气预报

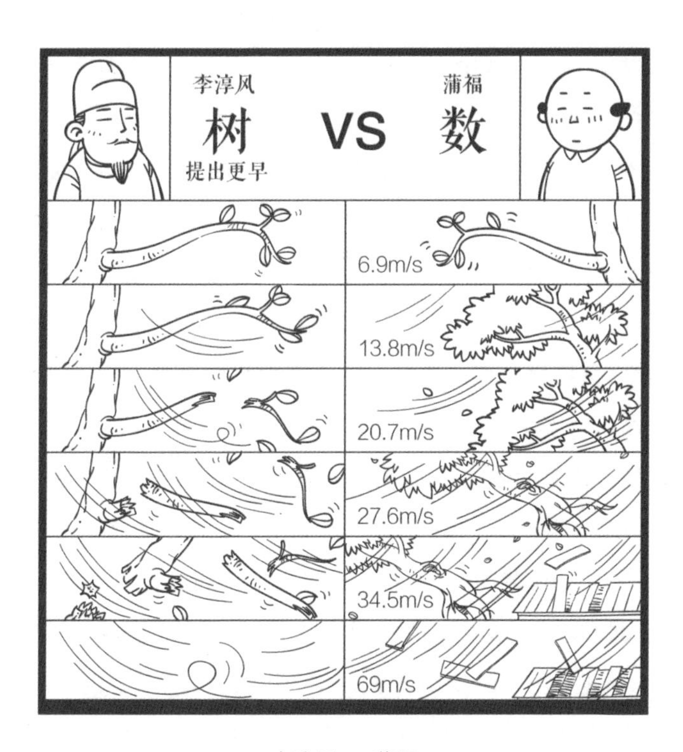

李淳风 vs 蒲福

第一，不量化。杜甫可以“黛色参天二千尺”，李白可以“飞流直下三千尺”，但气象记录应当秉持精确和量化的方式。气温多少度，气压多少百帕，降水多少毫米，我们未曾建立相应的概念或通行的标准。不仅“岁时记”之类的文字如此,“灾异志”之类的文字亦如此。“死伤无算”“毁禾无数”，是古代灾情记录中“出镜率”最高的词组。

第二，不系统。以现代科学来看，天气气候的观测，不仅要定量，还要定点、定时。但古时正史中的气象记录，往往发生极端性的灾或小概率的“异”才进行记录，连续型变量就变成了离散型变量。研究天气表象背后的规律，便遗失了无数的原始依据。单说降水这一要素，汉代便要求“自立春，至立夏，尽立秋，郡国上雨泽”。但直到清雍正年间才有“所属境内无论远近，一有雨泽即行奏闻”的制度常态化。

为什么天气气候的记录不够系统和连贯呢？因为人们往往是将不合时令的寒暑旱涝视为帝王将相失政的“天戒”，所以只着力将各种灾异写入官修的史书之中，既为了占验吉凶，更为了警示君臣。

第三，不因果。我们往往不是由因到果，而是常用一种现象预兆另一种现象，没有以学科的方式触及气象的本质。并且以“天人感应”的思维，想象天象与人事之间的关联，穿凿附会地解读“祥瑞”、分析异常。

但以物候表征气候，本着“巢居者知风、穴居者知雨、草木知节令”的思维，“我”虽懵懂，但可以从生态中提取生物本能，以发散和跳跃的思维，善于在生物圈中集思广益、博采众长，体现着一种借用和替代的大智慧。并且最接地气的农人，以他们直观的识见，基于节气梳理出大量的气象谚语，用以预测天气，预估丰歉，使得节气文化之遗存变得更加丰厚。

应当说，在二十四节气基础上提炼出的七十二候物语，依然“未完待续”。因为它原本记录和浓缩的是两千年前中原地区各个时令的物候特征，后世并未进行精细的“本地化”，并且随着气候变化，物候的年代差异也非常显著。

20 世纪 70 年代，“立夏到小满，种啥都不晚”的地区，进入 21 世纪前 10 年，已是“谷雨到立夏，种啥都不怕”。从前“喝了白露水，蚊子闭了嘴”的谚语，现在的蚊子都不大遵守了。所以七十二候物语，无法作为各地、各年代皆适用的通例。

基于叶笃正院士提出的构想，中国科学院大气物理研究所钱诚等学者进行了运算和分析。在气候变化的背景下，节气“代言”的气候与物候都在悄然发生变化。所以，人们会感觉春天的节气在提前，秋天的节气在延后，夏季在扩张，冬季被压缩。每一个节气的气温都已“水涨船高”。

以平均气温 –3.51℃作为“大寒天”的门槛，以 23.59℃作为“大暑天”的门槛，1998—2007 年与 20 世纪 60 年代进行对比：“大寒天”减少了 56.8%，“大暑天”增加了 81.4%，不到半个世纪，寒暑剧变。

如果以气温来审视节气，下方的曲线是 1961—1970 年的节气，上方的曲线是 1998—2007 年的节气，可见节气悄悄“长胖”了。减缓气候变暖的趋势，便是为节气“减肥”。

以平均气温来衡量，提前趋势最显著的三个节气是雨水、惊蛰、夏至，延后趋势最显著的三个节气是大雪、秋分、寒露。以增温幅度而论，春季第一，冬季第二。“又是一年春来早”，已然成为新常态。

不过，我们传承和弘扬二十四节气，不正需要不断地丰富它，不断地完善它吗？让后人看到，我们这个时代并不是仅仅抄录了古人关于二十四节气的词句。

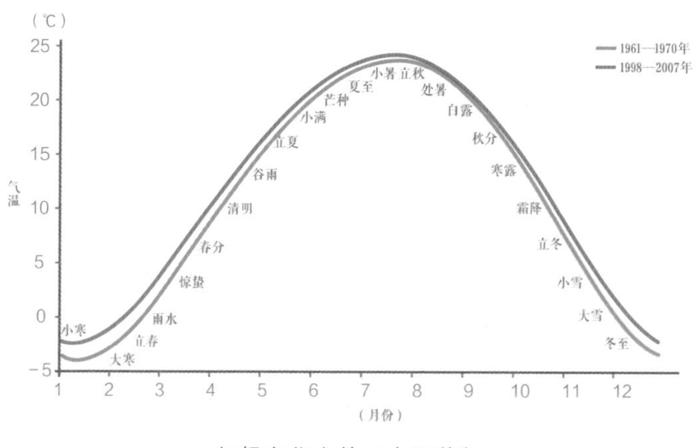

气候变化中的二十四节气

二十四节气的气候变化趋势 （1961—2007 年，全国平均气温）				
	节气	平均气温阈值（℃）	提前或延后多少天	增温多少（℃）
春	立春	–2.40	—	2.37
	雨水	–0.20	提前 14.6 天	2.43
	惊蛰	2.84	提前 11.0 天	2.21
	春分	6.14	提前 8.8 天	1.25
	清明	9.76	提前 7.2 天	1.52
	谷雨	13.02	提前 6.2 天	1.24
夏	立夏	16.02	提前 6.2 天	1.02
	小满	18.33	提前 6.8 天	1.95
	芒种	20.23	提前 8.0 天	0.96
	夏至	21.83	提前 9.7 天	0.63
	小暑	23.08	—	0.80
	大暑	23.59	—	0.62
秋	立秋	23.14	—	0.53
	处暑	21.78	延后 5.0 天	0.61
	白露	19.50	延后 5.5 天	0.85
	秋分	16.83	延后 6.1 天	1.09
	寒露	13.67	延后 6.0 天	0.81
	霜降	10.28	延后 4.5 天	0.83
冬	立冬	6.66	延后 5.0 天	0.83
	小雪	3.09	延后 5.2 天	0.85
	大雪	0.08	延后 6.5 天	1.35
	冬至	–2.23	—	1.46
	小寒	–3.50	—	1.77
	大寒	–3.51	—	1.39

注：表中的所谓“提前或延后”“增温”，均是 1998—2007 年与 20 世纪 60 年代之间的对比。

对于节气，我们下意识地怀有“先贤崇拜”的情结。北宋科学家沈括曾评议道：“先圣王所遗，固不当议，然事固有古人所未至而俟后世者。”总有古人未曾穷尽的思维和认知吧？“时已谓之春矣，而犹行肃杀之政。”不能是仅仅拘泥于古时的历法，季节已被称为春天，而人们依然生活在万物萧条的时令之中。

天气虽然常常以纷繁的表象示人，但人们智慧地透过无数杂乱的情节归结某种规律性，即“天行有常”。这个天行之常往往也是脆弱的，并非总是简单地如约再现。于是，人们一方面要不断地萃取对于规律性更丰富的认知，即读懂属于自己的气候；另一方面，还要揣摩无常天气体现出的气候变率。然后，以各种假说的方式提炼出导致灾异的原因并择取最适用的规避方式。

二十四节气以及由此衍生的各种智识和习俗（包括其中的正见与误读、大智慧与小妙用）乃是历史进程中天人和合理念的集大成者。渐渐地，它们化为与我们若即若离的潜意识，或许早已嵌入我们的基因之中，常在我们不自知的情况下，润泽着我们对于万千气象的体验。

我常常感慨古代的岁时典籍浩如烟海，在图书馆中常有时光苦短之感，难以饱读。所以，也只能不问“归期”，一本一本地啃，一点一点地悟。如胡适先生所言：“进一寸有进一寸的欢喜。”品读古人关于节气的文字，品味今人以节气为时序的生活，对于我来说，就是诗和远方。

宋英杰

2016 年岁末

【四时之始】

立春喜得晴窗好，
为爱梅花写一枝。

2月3日或4日立春，二十四节气又开启了一个新的轮回。二十四节气之首，四时之始。

立，始建也。立春，春气始而建立也。古人特别重视立春这个节气。如果农历这一年之中没有立春，就称为“盲年”。看来，我们应当像爱护眼睛一样爱护立春啊！

春从哪个方向来

“于此而春木之气始至”，在古人眼中，立春的标志性物候是：一候东风解冻，二候蛰虫始振，三候鱼陟负冰。

有人模仿天气预报，说：“明天东风转南风，南风转西风，西风转北风！”如果风这么转，放在一天当中肯定很夸张，但是放在一年当中，却并非戏言。

所谓季风气候，每个季节都有一个盛行风，就是最经常刮什么风。古人把东风称为俊风，风也变帅了；也称其为婴儿风，感觉很柔嫩、很温润。东风这一刮，开始暖了，开始润了。所以人们才说，风不扎脸了，风具有润肤霜的功能了，那就是春风。异乡物态与人殊，惟有东风旧相识。

《吕氏春秋》中说：“春之德风，风不信，则花不成。”春天的美德，体现在风，如果风不能按时来，草木便无法“春风吹又生”。

《礼记·月令》中说：“立春之日，天子亲率三公九卿大夫以迎岁于东郊。”立春，“领导们”到东郊迎候春；立夏，到南郊迎候夏；立秋，到西郊迎候秋；立冬，到北郊迎候冬。那时，大家就都知道哪个季节是从哪个方向来的，以风来判断。且以郑州为例，立春之际，盛行风悄然发生变化，偏东风开始“领衔”。待到立秋之际，制造熏蒸感的南风消退，令人备感清凉干爽的偏北风成为主导。

	月份	最常见的风		偏东风频率	偏南风频率
		风向	频率		
郑州	1月	WNW	14%	34%	27%
	2月	NE	16%	47%	34%
	3月	NE	16%	47%	43%
	6月	S	12%	37%	50%
	7月	S	13%	36%	47%
	8月	NE	13%	42%	34%

春分祭日，秋分祭月，为了收成要祈年，因为干旱要祈雨，因为洪涝要祈晴，人们以谦恭的态度面对天。如果说古代也有气象学，那么最发达的气象学便是祈祷气象学。

直到今日，很多乡土庙依然是阵头迎香、鸣炮赛神、管弦助阵、阜物车从、香客趋随。

我特别喜欢台湾庙会邮折上的一段文字：“敬天地、迎送神，有什么可以崇拜，也算是一种福气吧。但愿喧闹与烟火散尽后，人们留住的，是那一份为平安而虔诚的心……”

天地和同，草木繁动

立春的第二候是蛰虫始振，即冬眠的动物虽然没起床，但是睡醒了，想伸伸懒腰了。有说法认为是雷惊醒了动物们，但立春的第二候是蛰虫始振，而春分的第二候才“雷乃发声”，相隔一个月呢，所以冬眠的动物的苏醒跟雷没多大关系。唤醒它们的，不是雷，而是东风带来的温暖。

既然立春已然“蛰虫始振”，为什么要到春分才“蛰虫启户”呢？因为它们是在相对温暖的地下“始振”，是在“被窝”里舒展筋骨、施展拳脚。此时上面的土壤依然冰冻，尚未融化。即使融化了，“一出门”赶上刺骨风寒，也还会钻回被窝睡个回笼觉。其实人也如此，大冷的天儿，从

元代　王渊《安喜图》

鹌鹑、喜鹊，取音安、喜，既报平安又报喜。九只鹌鹑，十二只喜鹊，九安十二喜。一年十二个月：月月皆喜庆，岁岁能久安。画幅画也如此用心良苦，古人真不容易，时时处处礼天敬地、讨吉利。

被窝里钻出来是需要勇气的，只是不会像蛰虫们那样磨蹭一个多月而已。

鱼陟负冰，是说冰面有的开始融化了，可以看到鱼了。可是水面上还有一些碎冰块，就感觉鱼游的时候像背着冰块一样，乍暖还寒嘛！

木之萌生，虫之蠢动。春天的物候有两个关键字，一个是萌，一个是蠢，两个象征生机的字眼，但后来不知何故，很萌和很蠢有了迥异的语义。

古人认为，从立冬开始，是天气上腾，地气下降，天和地谁也不理谁，没有互动，于是天封了、地冻了。天地不通，闭塞成冬。从立春开始，是天气下降，地气上腾，天和地再度和好，恢复亲切交流。天地和同，草木繁动。

万物应节而生，随气而长，所谓春令也。所以古人“祀山林川泽，牺牲无用牝，禁止伐木，无覆巢，无杀孩虫、胎夭、飞鸟，无麛无卵……”

春天礼敬大地，但不要以雌畜为祭品，别砍树木，别掏鸟巢，别杀幼兽、雏鸟……让我们所做的一切，如春令般仁慈宽厚。

正月占雨雾

正月朔雨，春旱，人食一升，二日雨，人食二升，以渐而升。五日雨，大熟；五日有雾，伤谷伤民。元日雾，岁必饥。

立春宜晴，雨水宜雨。

立春无雨是丰年。

立春大淋，立夏大旱。

立春暖洋洋，小满遍地黄。

打春三日阴，当年有倒春。

立春落雨透清明。

立春雪水流一丈，打的麦子没处放。

立春和暖，农人鼓腹唱尧天。

当然，立春只是一个立意，之后的“柳色黄金嫩，梨花白雪香”才是春天物候历程的缩影。人们总是以立意超前、物候滞后的方式走过岁月。天虽尚寒，心已向暖，希望天气渐渐加持我们那份迎春的心念，从迎春，到探春，再到惜春。

为什么立春比立冬还冷

虽曰立了春，但气候意义上的春季往往尚未到来，“打了春，四十八天顶牛风”，“立春暖一日，惊蛰冷三天”，寒与暖的纠缠依然处于胶着阶段。立春虽然叫“春”，可实际上气温很不像春。按照气温标准进行运算，960 万平方公里当中只有约 67 万平方公里是春，只占全国总面积的 7% 左右，其他都还是冬。立夏时，约有 80 万平方公里是夏，只约占全国总面积的 8%。夏似乎也是徒有虚名。立秋时，约有 372 万平方公里是秋，约

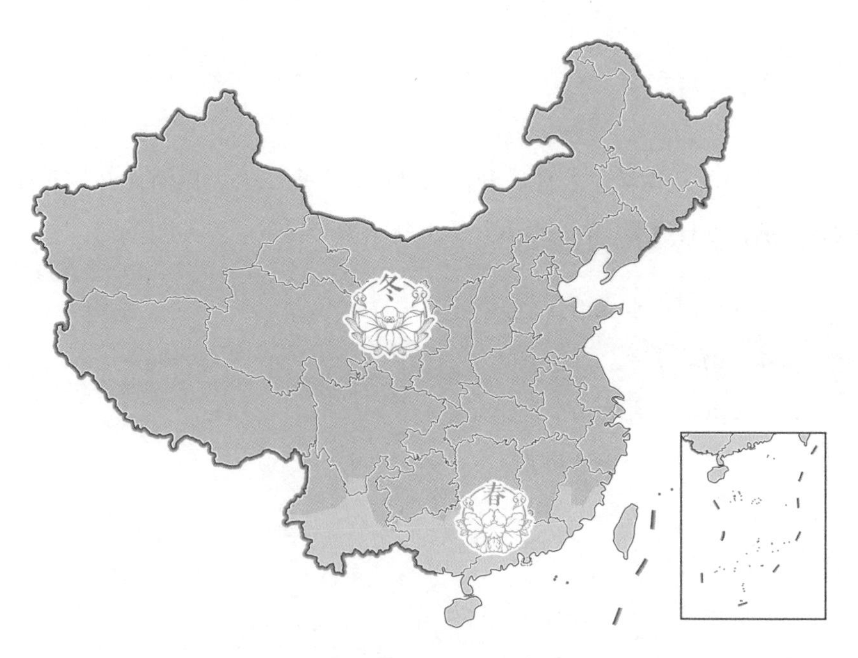

立春季节分布图

占全国总面积的39%。对于多数地区而言，立秋尚未秋。立冬时，约有611万平方公里是冬，约占全国总面积的64%。所以，立春、立夏、立秋、立冬这“四立”当中，立冬是最像冬的，立春是最不像春的。

大多数地区都是这样的情况：“四立”之中，最热的是立秋，其次是立夏，然后是立冬，最冷的是立春。立春比立冬还要冷，这让立春情何以堪呢？“四立”之中，节气起源地区的气温状况，除了立冬之外，其余均不能表征气象学意义上的季节更迭，所以“四立”之天文内涵大于气候意义。

如果仍将“四立”作为划分季节的节气，那么就与现代语义存在显著差异。按照节气物语，立冬的标志是“水始冰”，立春的标志是“东风解冻”，是以水之相态变化作为冬春之分界。而在现代，刚解冻不能算作春天，春天的日平均气温需要保持在10℃之上。这就类似于“霾”的古今之异。有人问：“难道古代也有霾吗？”另有人答：“当然有，不然甲骨文中怎么就已经有‘霾’这个字了呢?!”

实际上，古代的“霾”字侧重表征的是视程障碍。《诗经》有云：“终风且霾，惠然肯来。”是说整天刮着风，弥漫着霾。终风，不是风终止了，

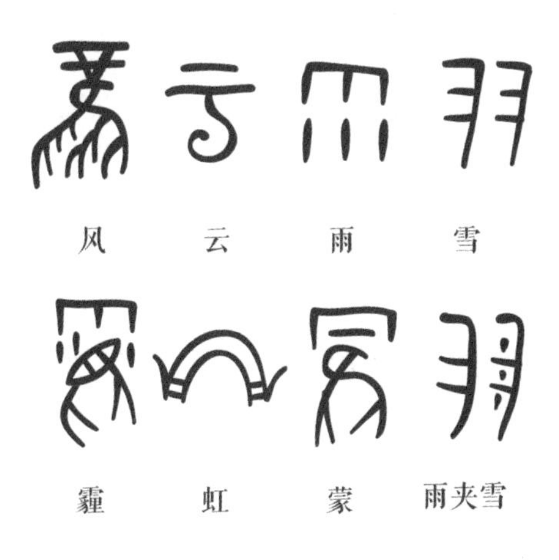

甲骨文里的天气

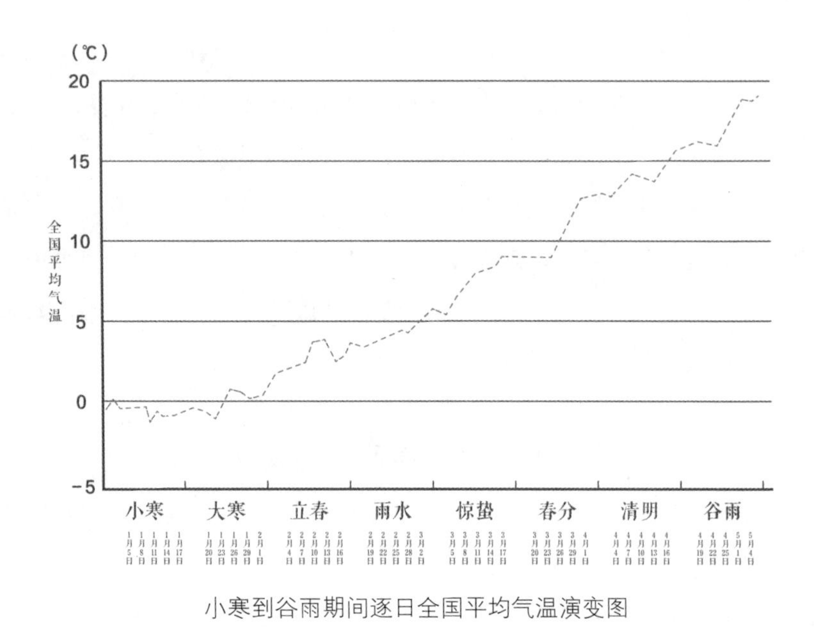

小寒到谷雨期间逐日全国平均气温演变图

而是终日刮着风。那时所谓的霾，常曰风霾，大概相当于现在所说的浮尘扬沙。现代所谓的霾，恰恰是因为微风或静风，污染物乘机积聚所致，所以才要“等风来”。

立春是全国平均气温“转正”的节气。立春日仅比大寒日气温上升0.77℃，但立春时节比大寒时节气温上升2.60℃，全年气温的第一根“大阳线”。然后，雨水时节回暖放缓，惊蛰时节回暖提速，春分时节再放缓。在清明时节，回暖速率达到整个春季的峰值。

立春时节，“未冻”加“解冻”的面积，大体上占全国总面积的一半。所谓“立春一日，水暖三分”，固然有些夸张，但真的是在默默地解冻。“木梢寒未觉，地脉暖先知”，大地已然开始渐渐地积攒着暖意。南枝向暖北枝寒，一树春风有两般。别说各地回暖次第，一棵树上尚且不同。有一句诗，“吹暖东风自不忙，徐徐一例与芬芳”。所以别忙，慢慢地，风就暖了，花就香了。

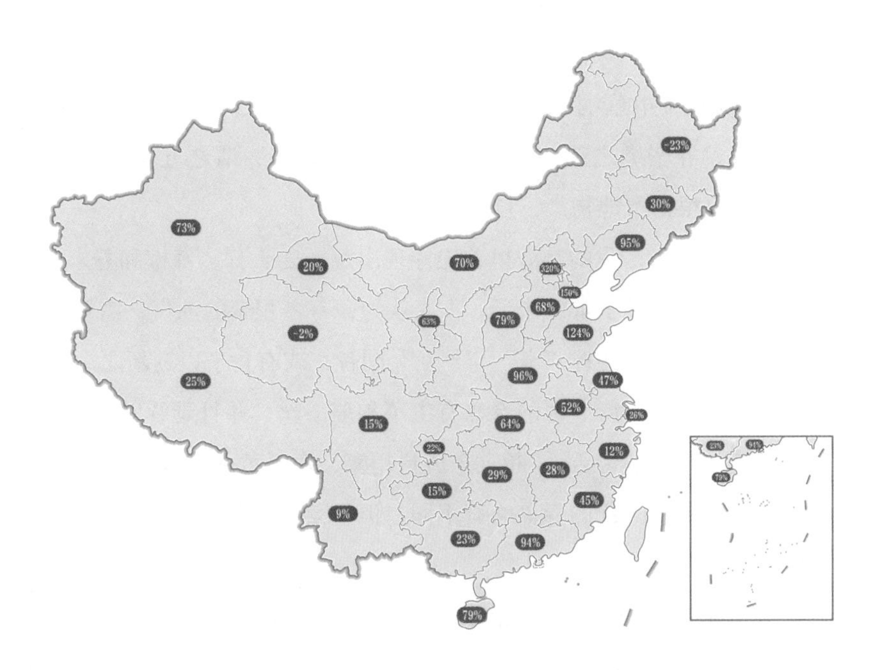

立春时节降水增长率

谚语云：四季东风是雨娘（注：夏季吻合度较低）。

立春时节，全国平均降水量较大寒时节大幅增长39%，东部季风区的降水增长尤为显著。

江西继续蝉联降水冠军，福建、湖南、浙江、广东分列第2—5位。

立春这顿饭：春盘春饼

立春的风俗多到难以胜数，如鞭春牛、挂春幡、剪春胜……立春是二十四节气中，风俗最丰富的，几乎没有之一。我觉得，冬至的官俗多，端午的民俗多，而官俗、民俗俱多的，是立春。民以食为天，就说说春盘吧。

春盘的风俗始于晋代之五辛盘，用于宴席和馈赠。唐《四时宝镜》曰："东晋李鄂，立春日以芦菔、芹菜为菜盘相馈贶。立春春饼生菜，号春盘。"按照晋《风土记》记述，这五辛"即葱、蒜、韭菜、芸苔、胡荽是也”，也就是葱、蒜、韭菜、油菜、香菜。目的是“五辛所以发五脏气”。李时珍在《本草纲目》中写道：“五辛菜，乃元旦立春，以葱、蒜、韭、蓼、蒿、芥辛嫩之菜，杂和食之，取迎新之义，谓之五辛盘。”不止五种，还可以根据本地物产，自由组合。

以前说起五辛，我的脑海里首先浮现出葱、姜、蒜、辣椒和芥末，然后觉得自己实在是过于重口味了。古人认为，一冬积聚的浊气，需要N种辛辣之物合力驱除。并且“辛”与“新”同音，或有食辛以迎新之意吧。

杜甫的《立春》诗中写的春盘有生菜和萝卜丝，并且延续以薄饼卷而食之的传统。苏东坡诗云：“断觉东风料峭寒，青蒿黄韭试春盘。”主菜是青蒿和黄韭。各个时代的春盘略有不同，但生菜、萝卜丝、韭菜大体上是春盘中的当家蔬菜。

春盘虽是民间小食，但也渐渐传入宫廷。从北宋至明、清，皆有皇帝在立春前后向百官赐春盘的记载。北宋时“立春前一日，大内出春盘并酒，以赐近臣。盘中生菜，染萝蔔为之，装饰置奁中”。不仅有春盘，还有春酒，大内制作的“盒饭”就是不一样。

明代时“凡立春日，于午门赐百官春饼”。啧啧，吃个春饼也弄出这么庄严隆重的气氛。不过一看到“午门”一词，我下意识地觉得怎么像最后一顿饭呢。

明代申时行有《立春日赐百官春饼》诗：“紫宸朝罢听传餐，玉饵琼肴出太官。斋日未成三爵礼，早春先试五辛盘。”“民间亦以春盘相馈”，作为相互祝福的一种迎春礼节，就如同现在中秋节馈赠月饼。“立春日啖春饼，谓之咬春。立春后出游，谓之讨春。”《帝京岁时纪胜》：“新春日献辛盘。虽士庶之家，亦必割鸡豚，炊面饼，而杂以生菜、青韭芽、羊角葱，冲和合菜皮，兼生食水红萝卜，名曰咬春。”《北平风俗类征 · 岁时》：“立春，富家食春饼，备酱熏及炉烧盐腌各肉，并各色炒菜，如菠菜、韭菜、豆芽菜、干粉、鸡蛋等，且以面粉烙薄饼卷而食之。”

更简朴的，即使没有春盘，总要啃萝卜以为“咬春”。《明宫史 · 饮食好尚》："立春之时，无贵贱皆嚼萝卜，名曰咬春。"清《燕京岁时记》："（立春）是日富家多食春饼。妇女等多买萝卜而食之，曰咬春，谓可以却春困也。"

苦寒太久，丝丝缕缕的春意都会令人欣喜和躁动。小时候每到这时，我都会认认真真地"咬春"，咬住不放，春天不许轻易溜走……

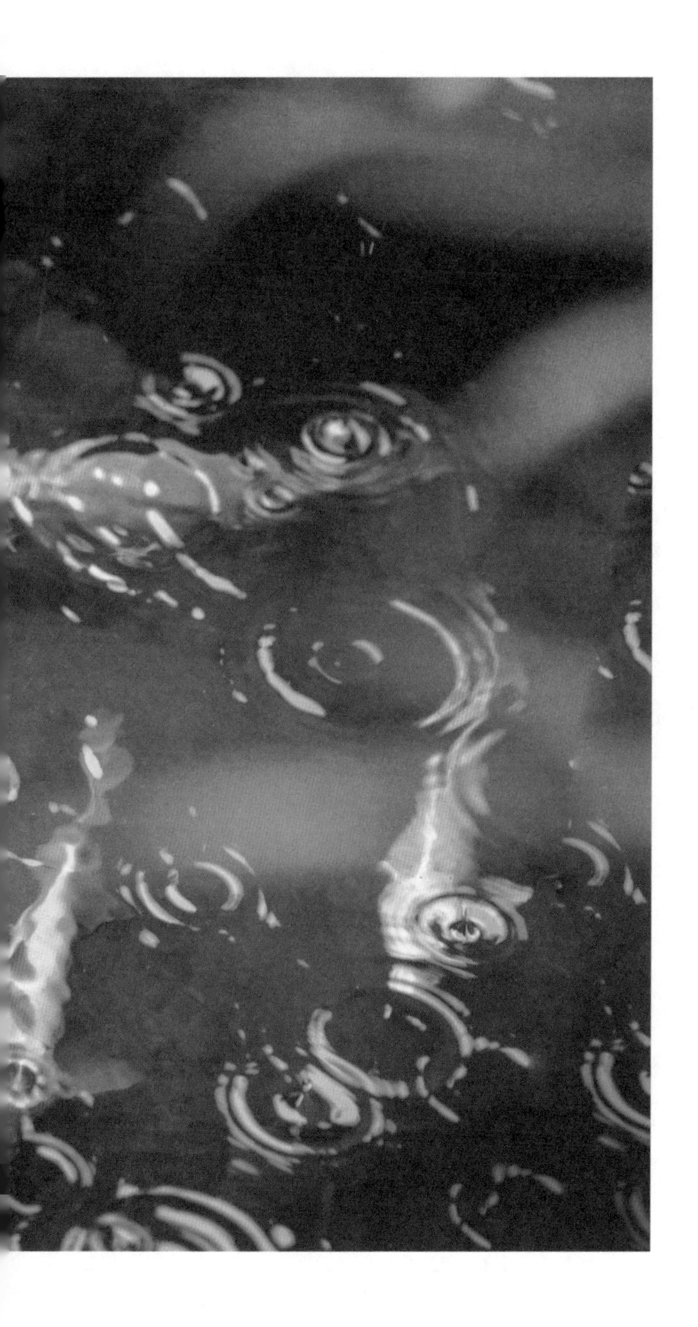

【甘雨时降】

天街小雨润如酥，
草色遥看近却无。

2月19日前后是雨水节气。古人说："东风解冻，冰雪皆散而为水，化而为雨，故名雨水。"《尔雅》曰："天地之交而为泰。"天地和同，联手"酿造"雨水，所以春之水为泰。"春"字体现阳光，"泰"字体现雨露，皆是万物所需。"甘雨时降，万物以嘉。"

所谓"春气博施"，就是春天以阳光雨露施予万物，彰显博爱精神。古人说"言四时和气，温润明照"，如果翻译成现代的专业语言，就是所谓理想气候，主要在于光、热、水之间的配置。

春风放胆来梳柳

雨水节气应当包含三层含义：一是融化，二是降水总量增多，三是降雪减少。先看降水总量，与立春相比，雨水时节全国平均降水量增加21%，连续两个节气保持两位数增长。降水增量最多的，是福建、上海、浙江、江西、安徽。

随着降水的增多，回暖的速度有所放缓。在隶属春季的六个节气之中，雨水期间的气温升幅是最小的。由雪到雨，由冻到融，是一件特别花工夫、耗能量的事儿，这也是雨水时节回暖乏力的原因之一。

春季各节气期间全国平均气温升幅

2.60℃	1.55℃	3.18℃	2.70℃	3.56℃	3.08℃
立春	雨水	惊蛰	春分	清明	谷雨

春天的"领地"只有约98万平方公里，刚刚超过全国总面积的约10%。在雨水节气，春天的"领地"只增加了约7万平方公里，而立春时节春天的"领地"增加了约31万平方公里。显然在雨水时，春姑娘还非

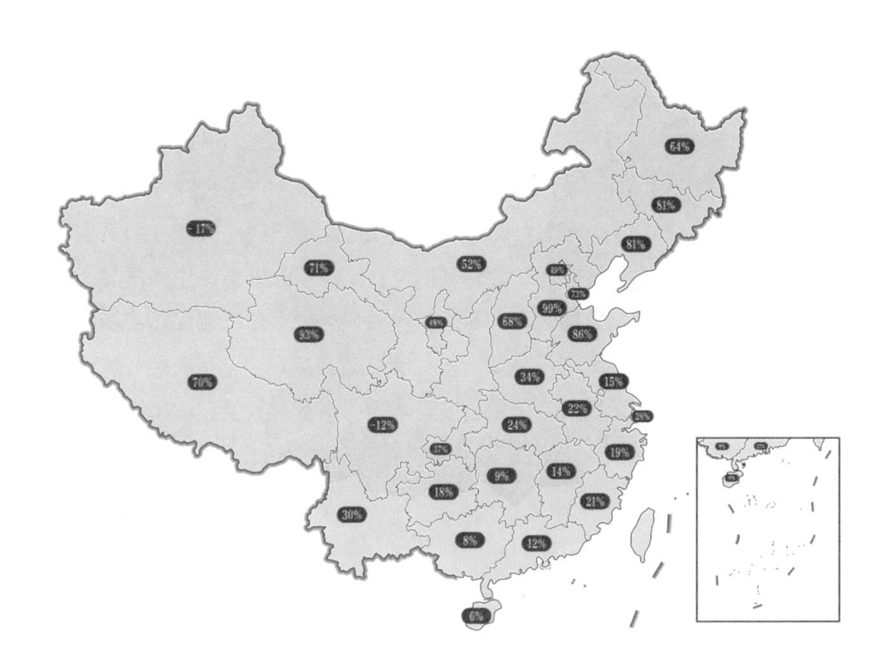

全国各省区降水百分率变化图

常贪玩，没有忙于“开疆拓土”。

但此时，夏已在“热土”上悄然萌生。在全国的季节版图上，冷眼一看未必能够留意这一“细节”。此时的夏依然被“边缘化”，只小心翼翼地占据 0.86 万平方公里，还处于“星星之火”的阶段，夏真正快速的“燎原”阶段是在三个月之后，即由小满向芒种过渡的时节。

此时，降雪开始减少，但并未终结。二十四节气起源的黄河流域，往往是“清明断雪，谷雨断霜”，霜、雪可能发生在春季的任何一个节气当中，老话儿说：“三月还有桃花雪，四月还有李子霜。”就气候平均而言，多数地区的终雪，即最后一场雪，是在雨水到惊蛰节气。

《九九歌》说：“一九二九不出手，三九四九冰上走，五九六九沿河看柳。”这都是两个两个数的。然后就一个一个地数——“七九河开，八九雁来”。为什么呢？因为物候的“看点”多了。最后是“九九加一九，耕

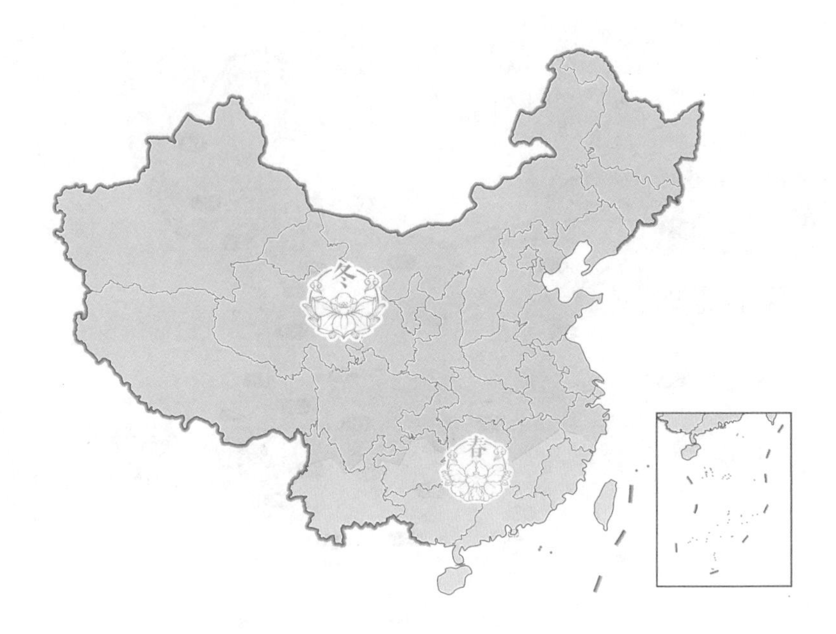

雨水季节分布图

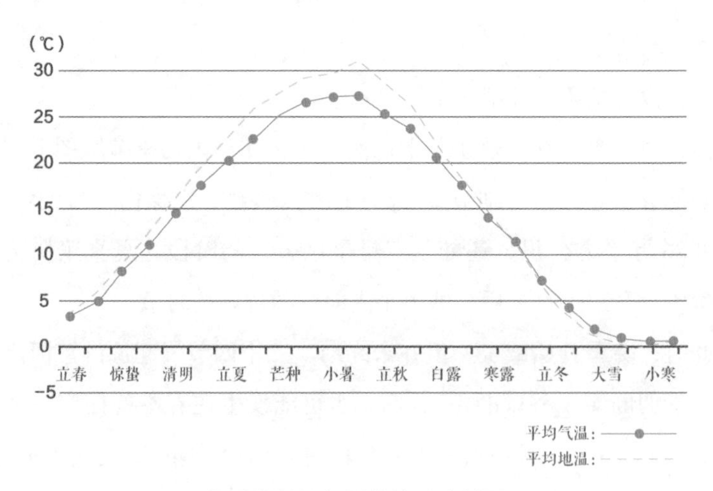

西安平均气温与平均地温走势图

二十四节气起源的黄河流域地区，在立春时节平均气温和地温双双“转正”。然后从雨水节气开始，地温逐步超越气温。地之暖超前，气之暖滞后，所以“春江水暖鸭先知”是有道理的。

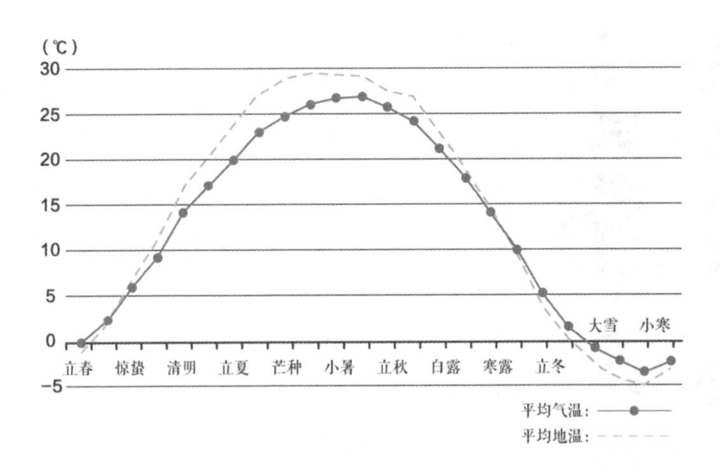

北京平均气温与平均地温走势图

北京的平均气温和地温，在雨水时节跃升到0℃之上，比黄河流域的立春“东风解冻”大约延后一个节气。从雨水到秋分，地温均高于气温。芒种时节，两者的差距最大，所以夏季人们对于温度的体感往往会显著高于气象台所报的气温。自然也就会猜测：“会不会是气象台故意压低温度预报呢？”

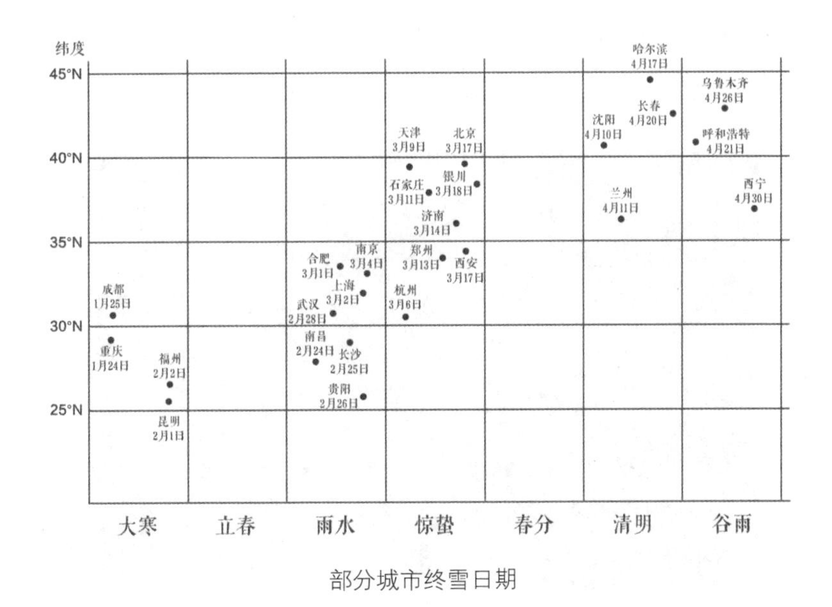

部分城市终雪日期

牛遍地走”。

在乍暖还寒之时，抽青早的草木格外受到人们的青睐，毕竟物以稀为贵，待到万紫千红之时，大家几乎已经审美疲劳了。柳梢头若有若无的一抹新绿，便是残冬早春时节人们的视觉盛宴。在我的眼中，它是这个时节的童真。一位出租车司机和我聊起他的情调：“早春，在柳树下谈恋爱；深秋，在桦树林里写情书。”

郑板桥有副对联：春风放胆来梳柳，夜雨瞒人去润花。我觉得“春风放胆来梳柳”这句特别传神。数九数到一半儿，冬将军还威风凛凛的时候，春风来撩拨柳树确实需要胆量。待到大暖之时，春风去撩拨枣树，那根本不算什么本事。

古人更是历数柳树的好处，说“柳有八德”：一不择地而生，二易殖易长，三先春而青，四深冬始瘁，五质直可取，六坚韧可制，七穗叶可疗治，八岁可刈条枝以薪，盖梓材之良器也。

南宋　马远《山径春行图》

野花触袖、幽鸟避人的情境，草之新绿，花之初香，春的妙处在近处，秋天却适合望远。山水本不能成为名胜，有了行旅赋兴的人，才成了名胜。

> 尽日寻春不见春，芒鞋踏遍陇头云。
> 归来笑拈梅花嗅，春在枝头已十分。

春，或许是一种气息、某种味道。踏遍岭头缭绕的云层，似乎也找不到春在何处。待回到自己的园中，拈来梅花闻一闻，发现春并不在远处，而是在自家的枝头。

我的一位同事在采访西双版纳的一位基诺族老伯时，问起他的生日，老伯说："啥时候生的认不得，大家只记得是在白花羊蹄甲刚刚盛开的时候。"他的说法引起了众人的兴致。在当地，白花羊蹄甲开时，是漫山遍野的"花海战术"，雨水时节便陆续绽放。乡野之间，人们往往以花期代替日期。

 獭祭鱼，雁北归，草木萌动

古人眼中的雨水物候标识是：一候獭祭鱼，二候雁北归，三候草木萌动。

獭祭鱼是说，东风解冻了，水獭捕鱼，既吃，也在岸边嘚瑟，弄得像一个典礼似的。《汉语大词典》："獭贪食，谓水獭常捕鱼陈列水边，如同陈列供品祭祀。后来用'獭祭'比喻罗列或堆砌典故。"如闻一多先生在其《龙凤》中所言："……成为词章家'獭祭'的资料。"原本是水獭弄的颇具仪式感的事儿，后来却成了贬义词。

雁北归，是说大雁向北飞。立春时河开了，雨水时雁来了。是雁，不是燕。古人所说的春分第一候是玄鸟至，也就是燕子来了。所以"似曾相识燕归来"是在春分，不是在雨水。粗略而言，小燕是春至秋去，大雁是冬来夏往。它们本身就是物候之"候应"，所以被称为候鸟。蝉、蛙等之隐现也

与时令相合，被称为候虫，只是候虫这个称谓的知名度远远低于候鸟而已。

草木萌动，即草木开始萌发。现在我们经常说：“发生什么事了？”这个“发生”，从前是专门描述春天的词语。

《尔雅》曰：“冬为安宁，春为发生。”发生，原来专指萌发、生长。

但雨水时节，往往还是“草色遥看近却无”，若有若无，或许这才是诗人心目中的“最是一年春好处”。雨水节气在南方，被称为“可耕之候”，就是可以陆续地春耕了。从前人们观察物候，鸟语花香，都和领导的重要批示差不多，“花开管节令，鸟鸣报农时”。

德语中的一则农谚，以土豆内心独白的方式，通俗地诠释了什么是“可耕之候”：

Die Kartoffel sagt：Legst du mich im März, treibst du mit mir Scherz. Legst du mich im April, komm ich wann ich will. Legst du mich im Mai, komm ich eins, zwei，drei.

英文版本：

The potato says：If you plant me in March，you’re playing a joke on me. If you plant me in April，I’ll grow when I want. If you plant me in May，I’ll grow one, two, three.

土豆说：“三月种我，你想怎么着？ 四月种我，我想怎么着怎么着。五月种我，你想怎么着怎么着！”

《吕氏春秋》中说：“不知事者，时未至而逆之，时既至而慕之。”

不通晓农事之理的人，天时没到却鲁莽地耕作，到了却愚昧地错失天时。把握天时这件事“不与民谋”，根本就不需要与大家商量。人们的作息，都听任天时，“皆时至而作，竭时而止”。“凡农之道，候之为宝”，恪守天时乃第一要务。否则，“营而无获”，仅勤劳有什么用呢？勤劳，应当是顺应时节的勤劳。

古时候，人们由于惧怕灾异、敬畏天气，所以在任何一个民族的文化习俗中，都有祭、祷气象的各类仪式。当然，所谓天帮忙，是建立在人努力的基础之上的。正如国外一则谚语所言：

德文版本：Erst Mistus，dann Christus.

英文版本：First fertilizer，then prayer.

即：先施肥，再祈祷。

望杏瞻榆

二十四番花信风之雨水花信：一候菜花，二候杏花，三候李花。

古人有“望杏瞻榆”的习俗，望着杏花开，看着榆钱落。所谓“杏花春雨江南”，只写了杏花开时的唯美，没有写杏花开后的繁忙春耕。中国现存最早的农学专著《氾胜之书》中说：“杏始华荣，辄耕轻土弱土，望杏花落，复耕。”而当榆树结荚时恰好赶上下雨，就可以开始忙着种豆子和谷子了：“三月榆荚时，有雨，高田可种大豆。”“三月榆荚时雨，高地强土可种禾。”

人们在鸟语花香之中猜测气候密码，草木之枯荣、蛰虫之启闭都是与农事高度关联的缜密序列。“椹黑时，注雨种”（大致是夏至之后、小暑之前），当桑椹熟得黑紫之时，雨一停就可以播种小豆了。

只是现在“椹黑时”我们首先想到的是什么呢？哈哈，是可以美美地吃桑椹了。

起初，节气家族的成员很少，《吕氏春秋》中只有八个节气，后来的诸多节气在当时还只是像杏花、榆荚这样的“候应”。所以那时的农事，要么基于一个节气，要么基于某种“候应”进行推演。

“冬至后五旬七日，菖始生。菖者，百草之先生者也，于是始耕。”也就是说，冬至之后 57 天，那位“百草之先生”菖蒲开始现身了，也就可以春耕了。冬至之后 57 天，恰是临近雨水之时。

惊蛰

【阳和启蛰】

微雨众卉新，
一雷惊蛰始。
田家几日闲，
耕种从此起。

3月5日或6日为惊蛰节气，万物以荣，到了“阳和启蛰，品物皆春”的时节，越来越多的地方迎来“可耕之候”。二月惊蛰又春分，种树施肥耕地深。惊蛰，这个节气最初的名字叫作“启蛰”，因为避汉景帝刘启的名讳，被改为惊蛰。

汉代之前和汉代之后，春季各节气的称谓和次序略有不同。所以《夏小正》中所说的“正月，启蛰”与后来的惊蛰并不相同。

汉代之前					
立春	启蛰	雨水	春分	谷雨	清明
汉代之后					
立春	雨水	惊蛰	春分	清明	谷雨

是春雷叫醒了百虫吗

古人笔下的月令物候，以冬眠动物的动与静来描述时节的转变：

立春时，蛰虫始振。苏醒了，伸懒腰，但是不起床。

春分时，蛰虫咸动，启户始出。起床了，洗漱完毕，出门游玩。

秋分时，蛰虫坯户。天凉了，犯困了，关好门窗。

霜降时，蛰虫咸俯。天冷了，吃饱喝足了，进入梦乡。

对于惊蛰的解读，往往是说：隆隆雷声，惊醒了蛰伏冬眠的动物。谚语说：“春雷惊百虫。”感觉春雷就像闹钟一样。轰隆隆的雷声响起，于是“蛰虫惊而出走矣”。

是这样吗？

元代吴澄在其《月令七十二候集解》中说："万物出乎震，震为雷，故曰惊蛰，是蛰虫惊而出走矣。"他将"震"解释为雷。由于他对节气及其各候的解读比较全面和详细，后来人们大多引用他的观点。

但《周易正义》认为，"万物出乎震。震，东方也。以震是东方之卦，斗柄指东为春，春时万物出生也。（万物）齐乎巽。巽，东南也。齐也者，言万物之洁齐也"。《易经》里确实有"震为雷"和"巽为风"的表述，但震和巽是卦，雷和风是象。一卦而多象。而且此中之象，并非特指天气现象。

按照古人以北斗七星的斗柄指向对于四季的界定：

（春分时）斗柄指东，天下皆春。

（夏至时）斗柄指南，天下皆夏。

（秋分时）斗柄指西，天下皆秋。

（冬至时）斗柄指北，天下皆冬。

那么代表雷的东方之卦——"震"，是春分之征，与惊蛰无关。

自汉代开始，古人对于立春的物候描述就有"蛰虫始振"，振者，动也。蛰虫此时似乎已在半梦半醒之间，开始抖一抖、扭一扭了。"蛰虫始振，蛰藏也，振动也，密藏之虫因气至而皆苏动之矣。"这个时节，蛰虫已经蠢蠢欲动，只是"动而未出"。而之所以开始"苏动"，其缘由是"因气至"，是渐渐温暖的气息。

那么，什么时候开始有雷声呢？恰恰是春分。春分的第二候是"雷乃发声"。也就是说，在二十四节气起源的黄河流域，雷声一般出现在 3 月末甚至更晚。惊蛰，万物复苏，"桃始华，仓庚（黄鹂）鸣"，确是有色有声的时节，但在二十四节气的发源区域，初雷往往在一个月之后。待雷声出现的时候，万物不是惊醒，或许是惊吓吧。

"惊蛰始雷"，只与长江中下游部分地区的气候比较吻合。二十四节气起源的黄河流域，大多是在姹紫嫣红的谷雨时节迎来初雷。如果 4 月底才被春雷叫醒，那该是多嗜睡的动物啊！

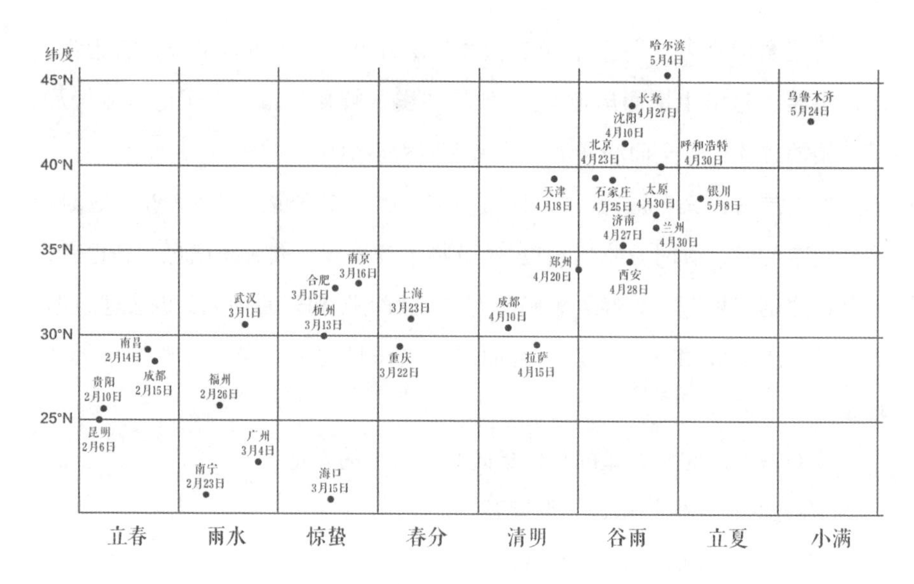

部分城市气候平均初雷日期

按照《夏小正》的解释，启蛰，言始发蛰也。无论是启、是发，都是一个温和的渐变过程，后来的“惊”，体现的是瞬间的突变。也许正是这个“惊”字，启发了关于雷声终结蛰伏的演绎和解读。实际上，雷的“闹钟”功能，与布谷鸟的“催耕”功能一样，都是人们丰富的联想吧。真正唤醒冬眠动物的，不是有声的惊雷，而是无声的温度。温暖比雷霆更有力量。

球状闪电

经常在网上看到有“减肥人士”很励志地发誓：“我要瘦成一道闪电！”其实，有一种闪电叫作球状闪电。闪电有瘦有胖，也有长有短。

世界气象组织认定的最长的闪电世界纪录：

空间上最长的：长达 321.86 公里（2007 年 6 月 20 日发生于美国俄克拉何马州）。

时间上最长的：单个闪电持续 7.74 秒（2012 年 8 月 30 日发生于法国东南部）。

九九艳阳天

如今我们衡量是否入春，是依照气温滑动的平均序列。尽管科学的、数据化的气候要素更为精准，但似乎欠缺了那么一点点亲切。

古人没有这般烦琐的计算方式，春天是否来临，无须数字的量化方式，而是以鸟语花香这种物化的方式进行判断，或许这是更生动、更鲜活的“气候标准”吧。

惊蛰时，已是九九，“红杏深花，菖蒲浅芽，春畴渐暖年华”。数九将尽，好日子，就是不用再一天一天数日子了。歌曲《九九艳阳天》中唱道：“九九那个艳阳天来哟，十八岁的哥哥呀坐在河边；东风呀吹得那个风车儿转哪，蚕豆花儿香啊麦苗儿鲜……”

《诗经》有云：“春日载阳，有鸣仓庚。”江南谚语说：“惊蛰过，暖和和，蛤蟆老角唱山歌。”惊蛰时节，是不是像歌中唱的，像《诗经》中写的，像谚语中说的，盛行艳阳天气呢？

春季各节气降水、日照、气温的变化						
降水增长率	39%	21%	15%	38%	11%	33%
日照增长率	4.7%	–4.5%	13.5%	–0.3%	13.5%	13.4%
平均气温升高幅度	3.47℃	1.31℃	3.48/℃	2.44℃	3.95℃	3.09℃
	立春	雨水	惊蛰	春分	清明	谷雨

注：均为全国平均值。

在隶属春季的各个节气之中，惊蛰时节的降水增量少，日照增长最显著，和暖、明媚。太阳似乎在童话般地对我们说：“我把春天交给你们了！看你们的啦！”于是人也歌，鸟也鸣，蛙也唱，在艳阳天气中欢快地抒情。惊蛰时节的回暖幅度大，气温升幅几乎相当于之前的雨水及之后的春分升温之和，气温常常是连蹦带跳地升。尚未脱去冬装的人们，忽然就有了一种燥热的感觉。

立春时节，春的“领地”扩张了约31万平方公里。雨水时节，春的

“领地”只增加了约 7 万平方公里。在惊蛰时节，春天的地盘由约 105 万平方公里迅速拓展到约 229 万平方公里。春姑娘跨过长江，春天的脚步开始加速了，让一部分地区先暖起来。而且，“局部地区”开始热起来了。仔细看，约有 1.22 万平方公里的“局部地区”俨然是季节上的“先行者”，当众多地区尚在期待冬春更迭之际，它们已经完成了春夏交替。

当然，由于快节奏的回暖，昼夜温差拉大，仿佛一天之中包含了两个季节，正所谓乍暖还寒。并且由于阳光先行，雨露滞后，在很多地方人们备感天干物燥。

这时节，暖日融天，和风扇物。杏压园林之香气，柳笼门巷之晴烟。

美则美矣，但繁忙的春耕就要陆续开始了。谚语说：“春风摆柳，媳妇变丑。”为什么春天来了，媳妇会变丑呢？因为春天的耕种开始了，媳妇在田地里忙活，无暇梳洗打扮，感觉变丑了。哪里是变丑？明明是一种劳作之美嘛！

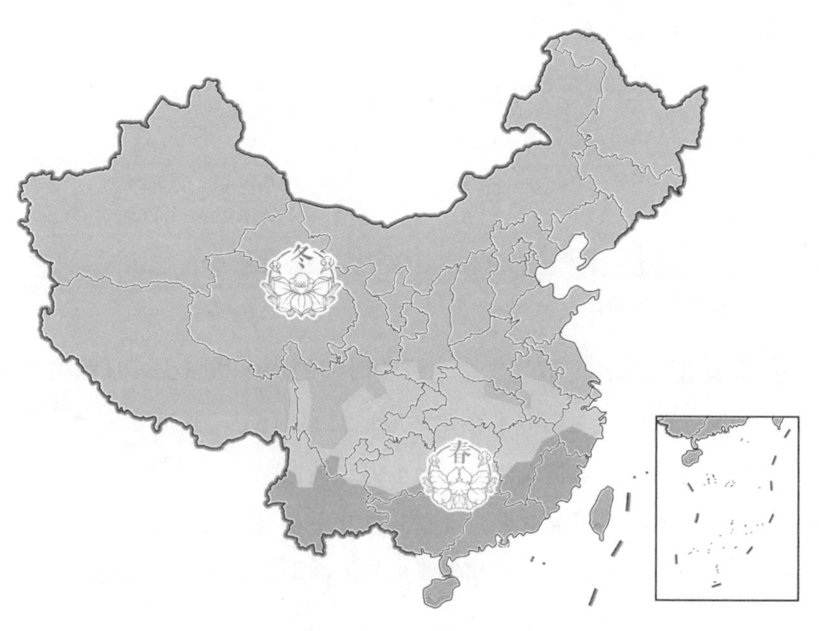

惊蛰季节分布图

各家各户开始忙了，平常可以闲聊，但是一到惊蛰，就没工夫了，所以“过了惊蛰节，亲家有话田间说”。“过罢惊蛰节，耕地不能歇。”老话说：“锄头三寸泽。”意思是锄头上有三寸雨。所谓靠天吃饭，并非完全靠天吃饭。耕田本身，就在减少对于气候的过度依赖，将收成掌握在自己的锄头上。正如贾思勰在《齐民要术》中强调：“耕田第一，收种第二，种谷第三。”可见，惊蛰时节陆续开始的春耕在一年之计中的重要作用。

谚语说：“惊蛰宁，百物成。”人们希望惊蛰时的天气要平和一些，不要过于跌宕和狂躁。春耕之后，期待春雨的润泽。从前人们揣摩天气韵律，感觉惊蛰与春分的气温（距平）是反向的，所谓“暖惊蛰，冷春分”。不过现今，天气往往不按常理出牌，暖惊蛰之后又是暖春分，气温不歇脚地连续上攻。当然，惊蛰时的回暖并不稳定，冷空气“复辟”的情况也并不鲜见，所以有“惊蛰刮风，从头另过冬”之说。

春分

【青葱时光】

雨霁风光，
春分天气。
千花百卉争明媚。

3月20日前后，为春分节气。从惊蛰的“桃始华，仓庚鸣”，到春分的“一候玄鸟至，二候雷乃发声，三候始电”，大自然逐渐结束“默片”时代，变得更加有声有色。

冬至和夏至的关键字是极与最，春分和秋分的关键字是平与均。春分体现的是“平均主义”。古人说：“春分者，阴阳相半也，故昼夜均而寒暑平。”目前，很多国家还都“一刀切”地将春分（昼夜平分日）作为春季的开端，有些国家甚至将其定为新年的起始。

古时帝王是春祭日、秋祭月，从周代开始便在春分日“祭日于坛”。春分时节，“各级领导”都很忙活，除了拜谢阳光之外，还会专程迎接燕子。

古代的“气象预报员”有很多，但燕子是唯一享受皇家正式欢迎仪式的，享受最高规格的礼遇。“是月也，玄鸟至。至之日，以大牢祠高禖，天子亲往。”“人间旧恨惊鸦去，天上新恩喜鹊来。”燕子没有乌鸦和喜鹊那般脸谱化的标签，却人见人爱，至今保持着好人缘、高人气。

春风与春雷

二月二，龙抬了头，开始忙于行云布雨。雨，渐渐地不再是“沾衣欲湿”的雨，而风更多的是“吹面不寒”的风。“燕子初归风不定，桃花欲动雨频来”，所谓“风不定”，既是指风的激越飞扬，更是指盛行风向尚未确定，风向的顽皮任性。“不知细叶谁裁出，二月春风似剪刀”，春风是世界上最温柔的剪刀。

什么是春风？词典是这样解释的：（1）春天的风；（2）比喻恩惠；（3）比喻和悦的神色。

人们意念中的春风，并不是春天所有的风，而是宜人的那部分。春风，应当是和煦、温润的，是可送暖、可化雨、可作为护肤品的风。正如老舍笔下："所谓春风，似乎应当温柔，轻吻着柳枝，微微吹皱了水面，偷偷地传送花香……"但是，人们意念中的春风，并不等同于春天的风。春天的风，未必很和悦，未必是恩惠。春天的风，也常常是西伯利亚出品，可致冷、可致沙尘、可致倒春寒。春天的风，可能是剪刀，也可能是尖刀。

从气温来看，"春不分不暖，夏不至不热"。春分时节，回暖驶入"快车道"，由春分的"玄鸟至"到清明的"桐始华"，正是一年之中气温攀升速率最快的时期，气温开始"大跃进"。从最早萌发的柳条，到最后盛开的梨花，这便是春天的历程。

春分二候"雷乃发声"，秋分一候"雷始收声"，古代人发现还可以借助雷声来推测天气。比如"凡雷声响烈者，雨阵虽大而易过，雷声殷殷然响者卒不晴"。如果是响雷，降水凶猛而短促；如果是闷雷，降水和缓但绵延不息。

雷大体上可以分为两种：一种是冷、暖空气交战造成的，气象学上称为锋面雷；一种是由于本地冷热不均的热对流，暖空气"内讧"造成的，气象学上称为热雷。锋面雷，往往是先下雨后打雷，冷、暖气团先有小规模接触，后有大规模战事。热雷，大多是先打雷后下雨，对流强盛，积雨云看起来声势很大，但一"亮剑"，战事很快就平息了。

古时候，人们往往将雷电视为朝廷失政或个人失德招致的"天罚"，这是以人的行为推断上天意图并借此进行解读的典型个例。

当然，同样是在"古时候"，王充在《论衡》中便已批驳这种"推人道以论之"的逻辑乃是"虚妄之言"。他的观点是："阴阳相薄为雷，激扬为电。"并进而论述："实说雷者，太阳之激气也。何以明之？正月阳动，故正月始雷；五月阳盛，故五月雷迅；秋冬阳衰，故秋冬雷潜。"

可见，雷电的多寡，与季节高度相关，与人之德行并无关联。否则，是人们夏天失德的事情做得最多？还是上苍将各种当谴之事攒到夏天一并处罚呢？

春分美味

“微雨众卉新，一雷惊蛰始。”惊蛰过后江南的春笋破土，也称为雷笋。诗意般的杏花春雨时节，其实还偶有寒潮侵袭，为了呵护幼笋，人们会以米糠作为“棉被”，盖在竹林地表，既通风透气，又御寒保暖。敷糠后还要洒水，以调节温湿。温度要拿捏得恰到好处。太暖，笋便只顾拔尖儿，体格不够敦实；太冷，笋就继续冬眠，去睡回笼觉了。

“春江水暖鸭先知”，但与鸭相比，是春江水暖螺先知。因为鸭只是水上“访客”，而螺才是水下“居民”。老话儿说：“清明螺蛳肥如鹅。”春分之后，清明之前，正是螺蛳最肥美的时节。人们也自然不会忘记这些潜水的食材。将捉到的螺蛳置入清水中，养三五天，使其吐尽泥沙。《山居四要》曰：“清明前二日，收螺蛳浸水。至清明日，以螺水洒墙壁等处，可绝蜒蚰。水焯之后，葱姜炝锅，快火炒制。”

有人说，即使没有一颗中国心，也必定有一颗中国胃。别说螺蛳之鲜，一闻到葱姜炝锅的味道，胃便苏醒了。

那些生长在田埂边、坡地间、树丛下的各种野菜，更是春天的批量馈赠。人们会准确地辨识，娴熟地采撷，将它们收归厨房。清炒，或者让它们参与拌馅、和面。

一位厨师曾和我聊起他眼中的气候变化：“现在差不多提前一个星期马兰头（初春尝鲜儿的一种野菜）、香椿就进厨房了，而且春茶也大概提前五天，就上菜单了。”可见，在盘中、杯中，我们也能感受到舌尖上的气候变化。

当然，此时的春茶非常金贵。古人说：“养蚕天气，采茶时节。”从初春到晚春，“采茶歌里春光老”，一芽一叶的清香，可以令人们回味很久。

口感更醇厚、价钱更亲民的春茶，要待到谷雨时节。从茶园中采摘的青嫩的芽叶，摊晾之后，经过“杀青”“挥锅”，达到96%的干度，再按“颜值”进行“分晒”。4.2—4.5斤的芽叶，经过妙手炒制，才能成就1斤干茶。

有的朋友参加乡村旅游，兴冲冲地去采茶，以为信手拈来。采摘之后感慨道："几乎是摸着黑上山，折腾下来感觉一点儿都不比当年割麦子轻省！"

"春分麦起身，一刻值千金"，对于麦子来说，正是青葱时光。小满麦秋至，它的秋天便匆匆来临。春分之后，各地陆续进入农忙时节。

在民间，有很多谚语都有着同一句式，例如：

惊蛰早，清明迟，春分播种正当时。
春分早，谷雨迟，清明播种正当时。
清明早，立夏迟，谷雨播种正当时。

这反映了不同地区的农事次第差异，也反映了不同作物的生长期差异。例如：

春分瓜，清明麻，谷雨花。
春分麦，芒种糜，小满谷种齐。

无论如何，春分，各地相继进入农事繁忙季节，"桑荫种瓜不思晚，也学爷娘忙春分"。白天忙活，晚上也不清闲。"夜半饭牛呼妇起，明朝种树是春分。"夜里喂牛的时候，还忍不住唤醒老伴，盘算一下春分种树的事。

沙尘：春天的烦恼

在文人笔下，春分气象是唯美的，甚至被寄予了某种理想化：

沾衣欲湿杏花雨，吹面不寒杨柳风。
南园春半踏青时，风和闻马嘶，青梅如豆柳如眉，日长蝴蝶飞。
你看山也清，水也清，人在山阴道上行，春云处处生。官也清，吏也清，村民无事到公庭，农歌三两声。

春分被刻画得如此清秀，但总觉得是被"美颜"过的。

我小时候背诵的歌谣："立春阳气转，雨水沿河边，惊蛰乌鸦叫，春分地皮干……立夏鹅毛住，小满鸟来全……”

为什么“春分地皮干”？因为风变大了。

为什么“立夏鹅毛住”？因为风变小了。

春分时，往往气温跌宕，急升骤降。风有时和煦，有时狂野，有时像润肤露，有时像划脸的刀。节气歌谣中所说的“春分地皮干”，便是对于风的写照。而且不只是地皮干，沙尘更是春天的烦恼。

《汉书·食货志》中记载了晁错对于人祸与天灾的一段激越的论述：“今农夫五口之家，其服役者不下二人，其能耕者不过百亩，百亩之收不过百石。春耕，夏耘，秋获，冬藏，伐薪樵，治官府，给徭役。春不得避风尘，夏不得避暑热，秋不得避阴雨，冬不得避寒冻。四时之间，无日休息。又私自送往迎来，吊死问疾，养孤长幼在其中。勤苦如此，尚复被水旱之灾，急政暴虐，赋敛不时，朝令而暮改。”

从另一个层面，这段论述也使我们看到当时人们眼中的四时之苦：春之风尘，夏之暑热，秋之阴雨，冬之寒冻。

什么是春天

春天其实有不同的定义，比如“可耕之候”便是春天，比如“桃始华”便是春天。现在气象学上是以平均气温的五天滑动平均序列来衡量的，稳定超过10℃即为入春。但各国的标准不尽相同，比如北欧一些国家将连续七天日平均气温超过10℃定义为夏天。我调侃道：“这明明相当于我们春天的门槛嘛！”对方笑答：“如果按照你们22℃的标准，我们几乎就没有夏天啦！那怎么可以！”

据说在北极圈内的拉普兰德（Lapland），人们将一年划分为八个季节，其中有五个季节与冰雪有关。3—4月还是“带壳的雪季”（crusty snow），表层的冰雪昼融夜冻。只有5月可谓春天，称为“冰融季”（departure of ice），春天的定义和标识便是冰雪消融。

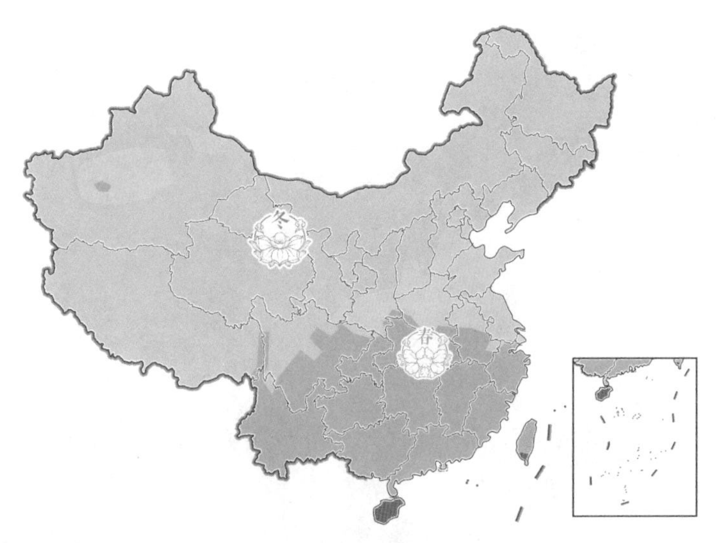

春分季节分布图

春分时节，春的领地扩大了约 115 万平方公里。粗略而言，是春天由长江到长城。但到春分结束时，还有约 616 万平方公里依旧是冬的地盘。冬，在季节版图中仍然处于“控股地位”。夏也不甘寂寞，悄然控制了约 7 万平方公里的“自留地”。

有时春天早早地攻陷冬的领地，立足未稳，冷空气便大举反攻，于是冬天成功“复辟”。2015 年更是在清明时节出现汹涌的倒春寒，令人发出“好不容易熬过了冬天，却差点儿冻死在春天”的感慨。

从很多地区入春时间的年代际对比来看，气象意义上的春天确实显著提前了。这或许也在印证着人们常说的气候变化，以北京为例：

北京的春天					
50 年代	60 年代	70 年代	80 年代	90 年代	00 年代
4 月 5 日	4 月 8 日	4 月 7 日	4 月 2 日	3 月 30 日	3 月 24 日

短短几十年，北京的入春时间由清明一候，逐步提前到了春分一候，提早了整整一个节气。看来，原有的节气物语和气候谚语也要与时俱进，跟上气候变化的节奏。

清明

【正好时候三月春】

半园新杏连绵雨，
送尽清明百姓家。

4 月 5 日前后为清明节气，气清景明之意，正是鸟语花香的盛春时节。“言万物去故而从新，莫不鲜明之谓也。”“万物生长此时，皆清净明洁，故谓之清明。”清明之名，便表征了这一时节的天气是清新、明媚、和暖的。

清明时节，我曾在一座古镇的小街上闲逛时，看到这样一段话：找个小店，挑张喜欢的明信片，寄给中意的人。背面写上：某年某月某日，天气晴，我在这里想念你。

或许是职业的原因，我特别容易被那些借用了天气元素的广告感动，算是“被煽情”。于是，我也写下一段话：让云画出一组手语，让风寄出一份快递，告诉你，这里的天气，特别适合想你。

清明时令之趣

古人描述的清明物候是：一候桐始华，二候田鼠化为鴽，三候虹始见。

古人的气象观测中非常留意雷之激、虹之美，节气物语中都有专门的描述。春分“雷乃发声”，秋分“雷始收声”；而属于虹霓的季节，开始得晚，结束得也晚，时间跨度更大，从清明时节“虹始见”，到小雪时节“虹藏不见”。

当然，“田鼠化为鴽”只是古人的一种“误读”，包括惊蛰的“鹰化为鸠”、大暑的“腐草为萤”、寒露的“雀入大水为蛤”、立冬的“雉入大水为蜃”。今天看起来很怪异，天暖了鼠怎么就变成鸟类了呢？天冷了，鸟怎么就变成贝类了呢？这些，显然有违科学识见，它反映的是古人关于万物运化的浪漫猜测。

北宋　张择端　《清明上河图》(局部)

在中国历史上，关于节气，最著名的一幅画是《清明上河图》。关于作者张择端，人们只能看到16个字的简历："东武人也，幼读书，游学于京师，后习绘事。"为后世奉上伟大作品的人，只是寂然无闻的一个习绘者而已。那时的东京汴梁，是一座香艳之城。"太平日久，人物繁阜；垂髫之童，但习鼓舞；斑白之老，不识干戈。"他用画笔为我们描绘了交叠的、繁密的关于一座城市、一个时代、一个节令的往事图谱。在中国历史上，记述节令物候、节令风俗的"岁时记"有很多，但像《清明上河图》这样直观、鲜活的图画版"岁时记"太少了。

在我记忆中，特别喜欢的清明物候便是榆钱儿。

戏问花门酒家翁 / 唐　岑参

老人七十仍沽酒，千壶百瓮花门口。

道旁榆荚巧似钱，摘来沽酒君肯否？

阳春时节，捋几串榆钱，鲜嫩、脆爽，又有淡淡的甜。捋榆钱，蒸榆钱饭，煮榆钱粥，拌榆钱馅儿，春天里的清鲜之食。榆钱，音同“余钱”。榆钱在人们眼中，真是意好味佳之物。以榆钱为食，以榆枝为薪，“清明一日，取榆柳作薪煮食，名曰换新火，以取一年之利”。

阳春时节，人们以花叶为养。

《洛阳记》：“寒食日，妆万花舆，煮杨花粥。”

《遵生八笺》：“青精饭：用杨桐叶，并细叶、冬青叶，遇寒食，采其叶染饭，色青而有光。食之资阳气，道家谓之青精干食饭。今俗以夹麦青草捣汁，和糯米作青粉团，乌桕叶染乌饭作糕，是此遗意。”

《月令图经》：“上巳日可采艾并蔓菁花，以疗黄病。”

《琐碎录》：“三月三日，取荠菜花铺灶上及坐卧处，可辟虫蚁。是日取苦楝花，无花即叶，于卧席下，可辟蚤虱。是月初三日或戊辰日，收荠菜花、桐花、芥菜，藏毛羽衣服内，不蛀。”

《法天生意》：“三月三日，采桃花浸酒饮之，除百病，益颜色。”

《万花谷》：“春尽，采松花和白糖或蜜作饼，不惟香味清甘，自有所益于人。”

清代的《帝京岁时纪胜》记述：“三月采食天坛之龙须菜，味极清美。香椿芽拌面筋，嫩柳叶拌豆腐，乃寒食之佳品。”宫廷所载的“时品”中，不少是来自各地的贡品，即使隆冬亦不乏食物“多样性”，但这些并不能代表本地的物候。反倒是民间的“花叶饮食”，体现着时令之趣。

《洞天清录》中的一段话，令我们思忖如何能够在看似平淡的生活中自寻其乐、自得其乐，以自己独特的清雅方式品味独特的时令之美。

> 人生世间，如白驹之过隙，而风雨忧愁，辄三之二。其间得闲者，才十之一耳。况知之能享者，又百之一二。于百一之中，又多以声色为乐，不知吾辈自有乐地。
>
> 悦目初不在色，盈耳初不在声。明窗净几，焚香其中，佳客玉立相映。取古人妙迹图画，以观鸟篆蜗书、奇峰远水，摩挲钟鼎，亲见商周。端砚涌岩泉，焦桐鸣佩玉，不知身居尘世，所谓受用清福，孰有逾此者也？

杨柳青，放风筝

春日短暂，人们岂可错过？正所谓“握月担风，且留后日；吞花卧酒，不可过时”。有人“缀杂花以为盖，幂丰叶而为幄”，有人“花落为褥，翠草成裀（内衣），醉眠春日”。人们守寒冬、熬暑夏，“风雨忧愁”之时，尚能“受用清福”，气清景明之时更是快意酣畅地让自己的心神与物候约会。

清嘉庆十二年（1807 年），陕西大荔县志：“种麦后，历冬无雪，次年又无雨泽，农夫蹙额相告，不胜焦灼。至清明后屡有东北风，麦苗屡盛，竟得大熟。人咸以为‘风收年’，为丰年颂云。”春风、春雨，都被比喻为恩泽。风也恩泽，雨也恩泽，风雨只有在春天才能够同时享受到被人们视为恩泽的礼遇。

“春之风自下而升上，纸鸢因之而起；夏之风横行空中，故树杪多风声；秋之风自上而下，木叶因之而陨。”这是古人的说法。那么为什么春天最适合放风筝呢？第一是风力，第二是升力。春天的风最大，在四季中高居榜首。

清代　焦秉贞《百子团圆图》之放风筝、堆雪人

为什么冬季容易积聚雾霾？单纯就气象特征而言，因为地面很冷，半空当中有暖而轻的空气像扣了一个锅盖一样，形成阻碍空气扩散的逆温层。而春天，地面回暖迅猛，阳春三月是升温幅度最大的时段，上冷下暖，完全是一年之中最好的"顺温层"嘛，这种大气层结为风筝提供了足够的升力。

"杨柳青，放风筝"，如果放不成风筝，可是会责骂老天爷的：

> 结伴儿童裤褶红，手提线索骂天公。
> 人人夸你春来早，欠我风筝五丈风。

当然，焦秉贞最著名的传世作品还是他的《耕织图》。

《耕织图》类的画作，起源于宋，鼎盛于清。以绘画艺术呈现农耕艺术，以画以诗，劝课农桑，可谓中国的农业大百科诗画集。《耕织图》使更多的人了解农之美、农之巧、农之艰，是最亲切的农业科普、最直观的男耕女织。

清代　焦秉贞　《耕织图》（局部）

《浸种》篇

暄和节候肇农功，自此勤劳处处同。
早辨东田穜稑种，褰裳涉水浸筠笼。
百谷遗嘉种，先农著懋功。
春暄二月后，香浸一溪中。
重穋随宜辨，筠笼用力同。
每多贤父老，占节识年丰。

捧读焦秉贞的《耕织图》时，我的感慨有二。

一是，他能够亲近农耕。作为清康熙时期的钦天监五官正，国家天文气象台分管气象与节令的中层领导干部，虽是受命绘制，但他既临摹，也写生，能够沉浸于不同区域、不同时令的农事，记录并诠释农人顺天应时地耕织劳作。用现在的话说，叫作深入基层。以农立国，气象为农业服务便是第一要务。我们应为能够脚踩泥土接地气的“气象台台长”点赞。

二是，他能用画笔细腻传神地再现农桑。现代社会很多领域的专业人士，往往只渊不博，很难触类旁通，或许著作等身，却未才艺及身。当他们论及某个专业的科普时，深入有余，浅出不足，以艺术的方式进行科普，更是短板。

清明断雪

清明恰是草长莺飞、杂花生树的时节，按照二十四番花信风，清明时应期而盛的是：一候桐花，二候麦花，三候柳花。

有人说，季风气候掌控之地，诗歌在冬与夏的过渡季是最高产的。其实不只诗歌，气象谚语也如此，清明就是气象谚语最丰盛的时节。

有些谚语言说的是农事次第，例如：

清明前后，种瓜点豆。
吃了清明饭，晴雨出田畈。
清明草，羊吃饱。
清明前后麦怀胎，谷雨前后麦见芒。
清明秧，立夏苗，小暑穗，大暑谷。
清明睁眼，一棵高粱打一碗。

有的是描述气候特征，判断旱涝、冷暖的年景，以及与其他节气的呼应关系，例如：“清明断雪，谷雨断霜。”

对于节气起源地区而言，气候平均的终雪日期大约在春分前后，最晚终雪日期一般是在谷雨二候的 4 月底。所谓清明断雪，不是指清明时节不再下雪了。2013 年的谷雨节气，晋、冀、鲁、豫等地还曾遭遇了一场漫天飞雪。

清明断雪之断雪，是指地面不再容易形成积雪了。节气起源地区的积雪一般在惊蛰时节消融殆尽，最晚的积雪在 4 月 10 日左右，也就是清明时节的前半段消融。

节气起源地区终霜的气候平均日期，一般是在 3 月底，最晚终霜基本上都是在4月20日谷雨前后。所以“清明断雪，谷雨断霜”这则谚语的正确语意是：清明时节不再有积雪了，谷雨时节不再有霜冻了。而且所谓“断”，不是按照气候平均，而是大体上根据历史最晚。换句话说，这则谚语的可信度是极高的，因为不是“少见了”，而是“绝迹了”。

那么为什么舍弃平均值，而几乎以极值来界定霜雪的终结呢？因为大多数农作物的存活与生长有赖于无雪无霜的状态。如果谚语仅仅统计了气候均值，那么相当比例晚于气候均值的终霜和终雪将给稚嫩的春播作物造成致命危害。只有基本上以最晚终霜和终雪作为指标，这则谚语才能带给人们足够的稳妥。指标设定得如此严苛和谨慎，正是为了让靠天吃饭的人们能够得到极大概率的安全。

清明不明，谷雨大晴。

清明一场霜，麦子一包糠。

清明风若从南起，定主田禾大欢喜。

清明北风当年旱。

清明怪风，伏里怪雨。

清明寒食风动土，刮到小满四十五。

有的人希望清明时节最好是晴天：

清明宜晴，谷雨宜雨。

清明不明，四十五天黄风。

清明日雨百果损。

有人希望清明时节最好是雨天：

不怕清明雨，只怕谷雨风。

清明无雨旱三月。

清明前后一场雨，好似秀才中了举。
清明前有雨兄弟麦，清明后有雨子孙麦。

显然，进入春季，人们对于天气好坏的判定标准出现明显分化。不同地区不同作物的不同生长时段对于冷暖、晴雨有不同的需求，往往你之所盼，恰是他之所怨。正所谓："耕田欲雨刈欲晴，去得顺风来者怨。若使人人祷辄应，造物应须日千变。"

由春到夏，做人难，做天亦难。正如那段唱词："做天难做四月天，蚕要温和麦要寒。种菜哥哥要落雨，采桑娘子要畦干。"有诗云："从来说道天难做，天到台州分外难。"岂止台州？扬州、荆州、广州、福州、达州、柳州、郴州、赣州、忻州、沧州、抚州……都难（我的一位同事，江西抚州籍，阅读本书初稿，看到这么多"州"却没有抚州，叮嘱我必须加上她的家乡。可见，别说做天难，呵呵，俺作文也难啊）。

清明时候雨初足

清明时节，二十四节气起源地区大多是"清明断雪，谷雨断霜"，雪初断，雨尚少。平时"杜甫很忙"，清明时杜牧最忙，人们最乐于引用他的"清明时节雨纷纷"来描述清明气象。不过，雨纷纷的清明，往往只属于江南。

就全国而言，清明是春季气温升幅最快、日照增幅最大的节气，也是降水涨幅最小的节气。而在杜牧写就"清明时节雨纷纷"的池州，春分到清明时节，降水量虽然无法与梅雨期同日而语，却是一年之中降水日数的峰值期。此时的降雨，往往是蒙蒙烟雨。

《汉书》中说："仲春之月始雨水。桃如华，盖桃方华时，既有雨水，川谷涨泮，众流盛长，故谓之桃花水。"《农政全书》中说："三月……月

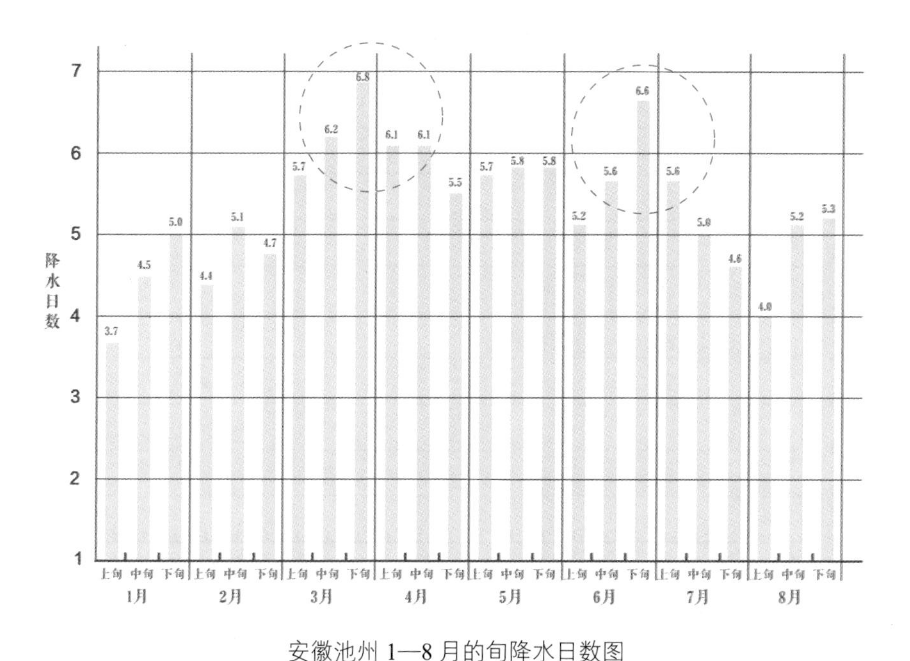

安徽池州 1—8 月的旬降水日数图

内有暴水谓之桃花水。”桃花水下清明路，很多诗句都写到此时的多雨：“清明时候雨初足，白花满山明似玉。十里春风睡眼中，小桃飘尽馀新绿。”

对于岭南而言，往往是在清明时节，迎来“桃花汛”。华南前汛期的平均开始时间是 4 月 6 日。当然，近年来的华南前汛期起始时间非常不遵守平均值。2015 年是 5 月 5 日，2016 年是 3 月 21 日，似乎并未在意桃花的花期。

疾风携尘

清明时令，莫过于南方的雨，北方的风。

“万物齐乎巽，物至此时皆以洁齐而清明矣。”巽代表风，古人对季风气候的感知是，盛行风的转变，从盛春到初夏，造就了万物春生，一

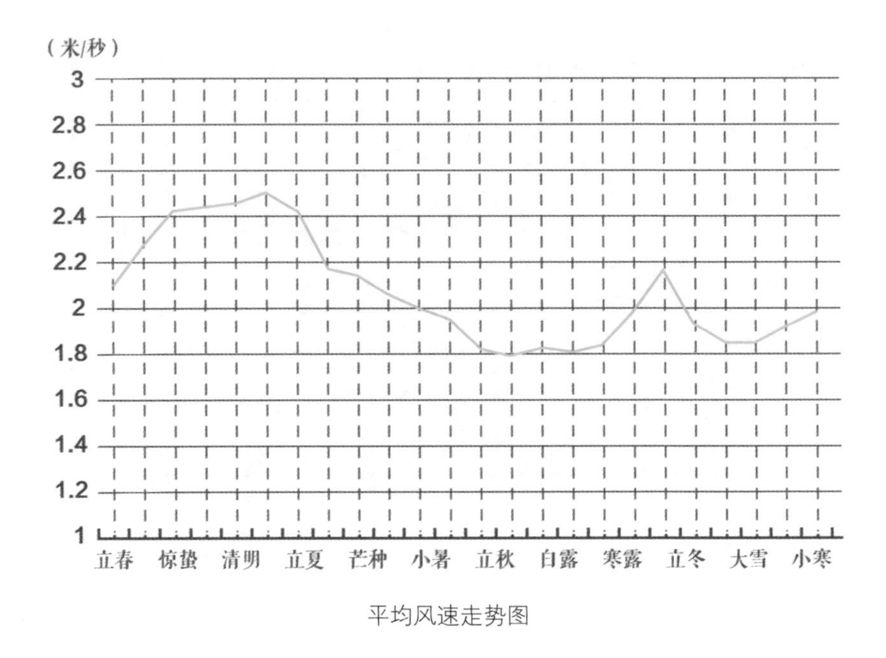

平均风速走势图

切因风而齐。就全国平均而言，清明到谷雨时节，是一年之中风最大的时期。

京华尘土春如梦，寒食清明花事动。马上风来乱吹壒，秾桃靓李沓然空。虽然说“最美人间四月天”，但 4 月的风沙，几乎是人们在春天最大的困扰。

4 月的沙尘天气，往往占全年的 1/3。古人说：“仁如春风，惠如冬日。”但风太大了，同样是烦恼。盛春时节，气温往往涨跌急促，人们仿佛经常在几个季节之间穿越。“春时，晴霁即如夏，阴雨即如冬。”理想中的春季气候，还是“春敷和气”，平和、温润，天气好得使人可以忘记天气。

清明后，谷雨前，柳结浓烟，花絮似新棉。人们在享受温润的东风造就的“满路桃花春水香”的时候，却也会因飘飞的柳絮而发出“一天柳絮东风恶”的感慨。眼见着又到了树一嘚瑟就掉毛毛的时节，人们会有些烦，但一想到“卷絮风头寒欲尽”，便释然了。

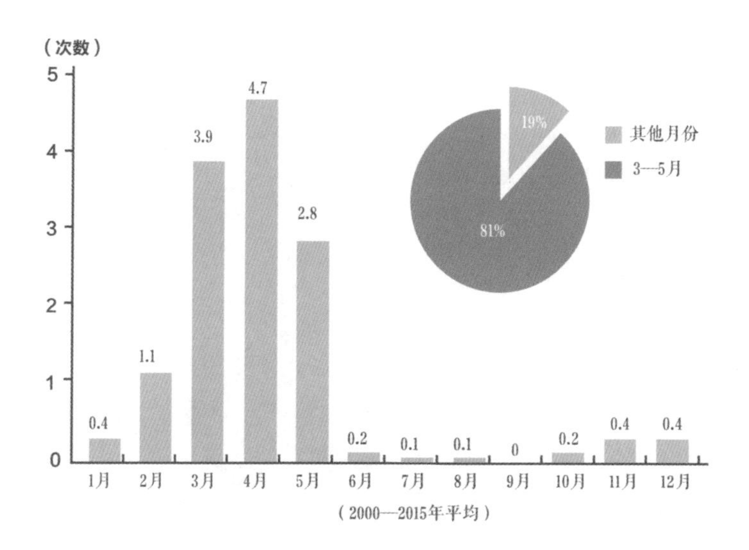

沙尘天气月际分布图

这只是春天的一段花絮，花絮落尽，便是暖洋洋的日子了。

春的“普惠制”

在清明时节开始时，春之领地约为400万平方公里，冬依然坐拥约547万平方公里。当清明时节结束时，春之领地迅速扩张到约511万平方公里，而冬的地盘减至约420万平方公里。春天，终于在“势力范围”上实现了对冬的反超。

清明时节，春开始实施“普惠制”，除了海拔特别高或者纬度特别高的地区，其他地方相继完成冬春交替。“凛秋暑退，熙春寒往，微雨新晴，六合晴明”便是清明时节的写照。民谣有云：“正月寒，二月温，正好时候三月春；暖四月，燥五月，热六月，湿七月，不冷不热是八月；九月凉，十月冷，严冬腊月冰冻天。”

此时，恰是“正好时候”。

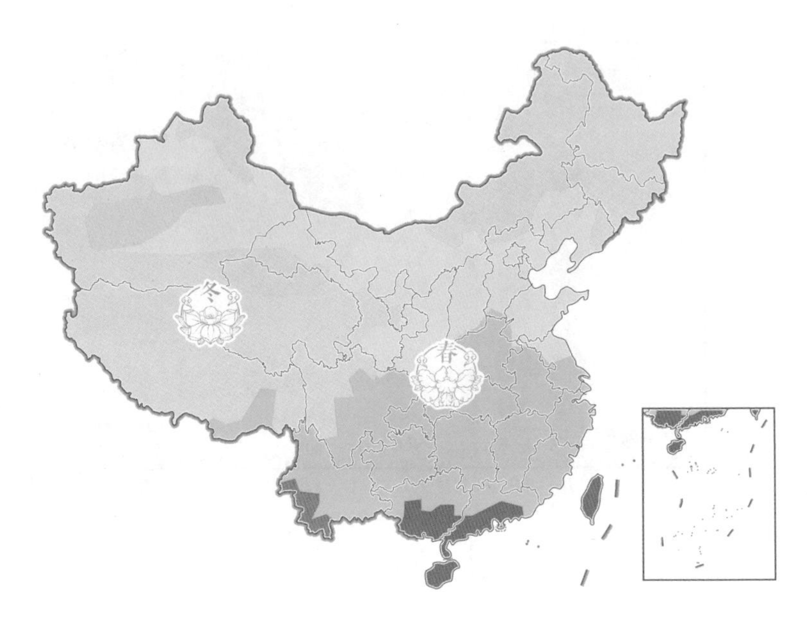

清明季节分布图

古人说："春梦暗随三月景。"想及唯美的情境，就会下意识地"脑补"阳春三月的景物。"正是春光最盛时，桃花枝映李花枝。"早春二月是"二月柳争梅"，阳春三月是"三春桃照李"。桃花，几乎是文人笔下春天的"百搭"型物候，"春华之盛莫如桃"。初春时，桃花与莺的组合：初春丽日莺欲娇，桃花流水没河桥。仲春时，桃与柳的组合：桃红复含宿雨，柳绿更带朝烟。暮春时，桃花与柳絮、杜鹃的组合：白雪柳絮飞，红雨桃花坠，杜鹃声又是春归。

"曲水流觞"

周公成洛邑，因流水以泛酒，故诗云："羽觞流波。"秦昭王置酒河曲，见金人奉水心之剑，曰："令君制有诸夏。因立此为曲水。"

《荆楚岁时记》记载："三月三日，四民并出江渚池沼间，临清流为流杯曲水之饮。"三月初三是上巳节，它是古代一个祓除祸灾、祈降吉福

引以为流觞曲水，列坐其次。虽无丝竹管弦之盛，一觞一咏，亦足以畅叙幽情。

是日也，天朗气清，惠风和畅。仰观宇宙之大，俯察品类之盛，所以游目骋怀，足以极视听之娱，信可乐也。

的节日。古人会在这一天聚集到溪水边，把倒满酒的杯子放在水面，酒杯顺流而下，停在谁的面前，谁就取杯饮酒，是为“曲水流觞”。“三月上巳，宜往水边饮酒燕乐，以辟不祥，修禊事也”，这渐渐成为一种雅致的风俗。公元353年，正是在这个节日里，微醺的王羲之，写就了著名的《兰亭集序》。那一天，恰好天气不错，天朗气清，惠风和畅（353年农历三月初三，是4月22日，临近谷雨，那一年的谷雨为4月24日，清明为4月8日）。

这种快然自足的状态，或许与天朗气清、惠风和畅的天气相关。古人说，阳春时节，“宜懒散形骸，便宜安泰，以顺天时”。网友觉得这是“甚慰朕心”的一则古训，终于为自己的懒散，找到了古老的依据。

谷雨

【雨生百谷】

落絮游丝三月候，
风吹雨洗一城花。

4月20日前后谷雨，雨生百谷，故曰谷雨，是隶属春季的最后一个节气。

谷雨时春生之气盛极，“句者毕出，萌者尽达”。也就是说，弯曲的芽儿皆出世，娇嫩的叶儿初长成。草木“卖萌”的时节结束了。

冬吃萝卜夏吃姜，白菜豆腐满屋香。翠芽留得春意在，此心安处是吾乡。

已是暮春时令，花草繁茂，是为荣华。

如果按照气温的标准，一些高纬度或者高海拔的地区依然在“探春”，而南方地区已然开始“惜春”了。

谷雨时节刚刚开始之际，冬、春、夏的面积分别约为420万平方公里、

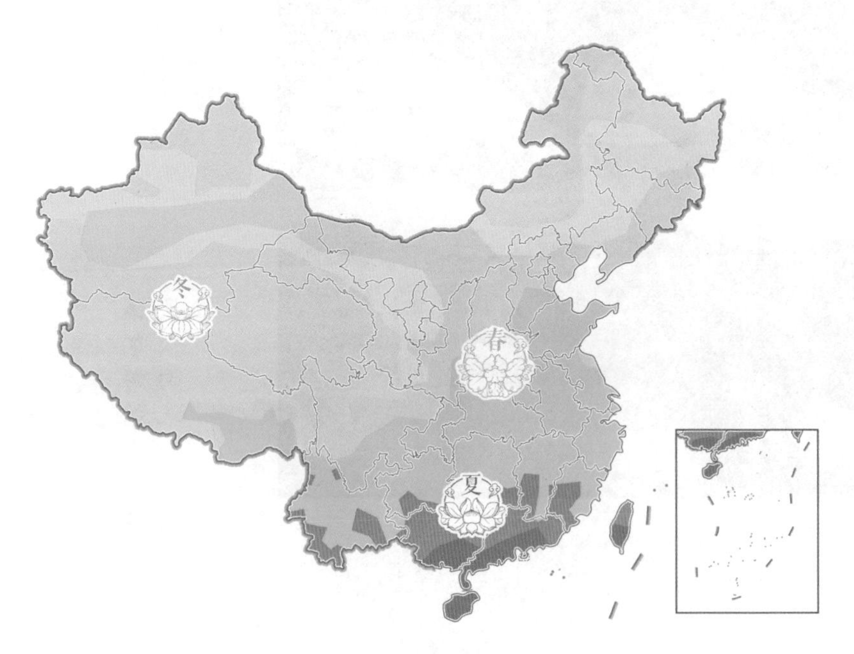

谷雨季节分布图

511 万平方公里、29 万平方公里。当谷雨时节结束之际，冬、春、夏的面积约为 295 万平方公里、585 万平方公里、80 万平方公里。

在南方，夏在逐步蚕食春的领地。在北方，春在鲸吞冬的疆土。谷雨时冬、春、夏的“三国演义”，冬已衰落，夏待崛起，春正强盛。

“春眠不觉晓，处处闻啼鸟。夜来风雨声，花落知多少”描述的，便是谷雨时节的风物。南方渐渐进入雨季，落花、流水时节，有人为春之将逝而感伤，但落絮依酒、飞花入衣，似乎是很具有侠士风格的一种意境。

台湾的一位前辈同行对唐诗中吟咏四季的诗章做过一个统计，他说假如描写春的诗章有 100 首，那么描写夏、秋、冬的分别有 10 首、80 首、20 首。

其实，季风气候中短暂匆促的春、秋，反而是诗歌高产的季节。花草繁盛的春天，也是诗歌十分繁盛的季节。

古人说：“春物方荡，民情以郁陶。”或许人们原本细腻的情感更容易为春天的景物所撩拨，喜忧萦怀。

雨助仓满

“谷雨，谷得雨而生也。”所以人们对于此时的雨水格外珍视。

谷雨无雨，后来哭雨。

谷雨要雨，不雨犁耙挂起。

谷雨前后一场雨，胜过秀才中了举。

春天里的泥，秋天里的米。

水满塘，谷满仓，修塘等于修谷仓。

谷雨阴沉沉，立夏雨淋淋。

谷雨无雨，旱透河底。

谷雨有雨兆雨多，谷雨无雨水来迟。

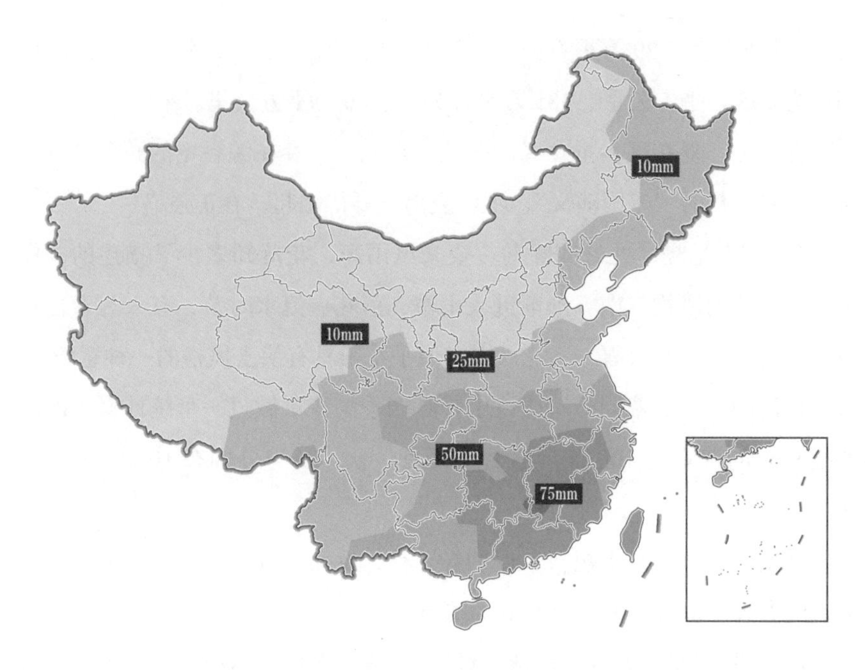

谷雨时节降水量分布图

在人们眼里，谷雨的雨固然珍贵，但更重要的或许是，它是一种预兆：有雨，之后的雨水也丰沛；无雨，之后的雨水也匮乏。

自古以来，在各种气象要素中，人们还是最在意降雨的。甲骨文中的占卜和记录事项，约 75% 是预测降雨和记录降雨的实况。所谓占卜年景，其实也是基于降雨的。自汉代开始，朝廷便规定各地“奏报雨泽”，无须奏报其他气象要素。所以，在人们的潜意识中，所谓气候，其实是雨候。

古时，人们关于降雨的称谓，不像现今小雨、中雨、大雨、暴雨这样客观中性，往往体现着鲜明的情感倾向，如喜雨、德雨、及雨、延雨、淫雨、恶雨、孽雨等，好恶尽在其间。对不同季节的雨，古人的态度也迥然不同，于是才有春雨如恩诏、夏雨如赦书、秋雨如挽歌的说法。在古人眼中，阳春三月，是上苍“承阳施惠”的时节。虽然都是“阳春布德泽”，但清明和谷雨又略有不同，清明的回暖更显著，谷雨的雨泽更丰沛。谷雨

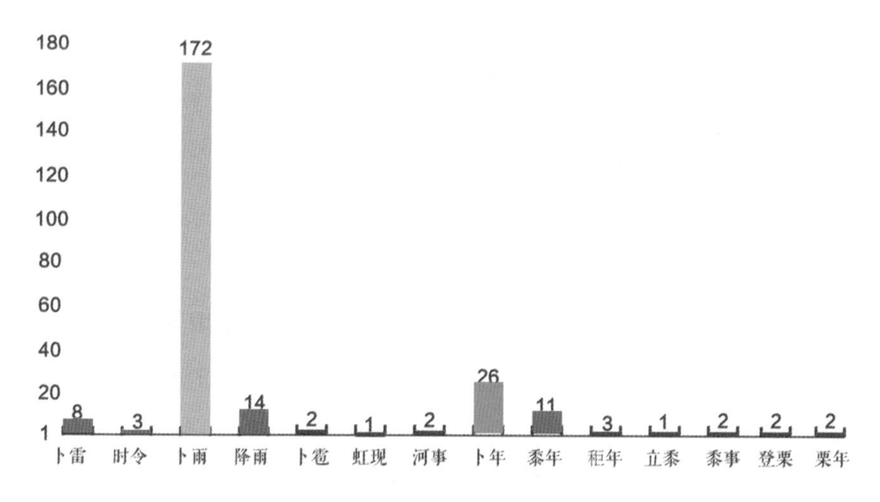

甲骨文中的占卜和记录事项

时节的降水量，既多于之前的清明，也多于其后的立夏，不负“雨生百谷”之名。

万物渐渐适应了这种先洒阳光、后赐雨露的流程，于是“清明宜晴，谷雨宜雨”。谷雨节气，“时雨将降”。所谓时雨，有两层含义：一是指应时而至的雨水；二是指飘忽、急促的雨水。雨水多了，也急了。雨，时常会成为一天之中的小插曲，甚至主旋律。

余光中先生在《六把雨伞》中写道：

雨天长，灰云厚
三十六根伞骨只一收
就收进一把记忆里去了
不知在那扇门背后
只要我还能够
找到小时候那一把
就能把四川的四月天撑开
春雨就从伞边滴下来

蛙声就从水田里
布谷鸟就从远山
都带着冷飕飕的湿意
来绕着伞柄打转
喔，雨气好新鲜

春雨中的记忆往往非常唯美，但或许“最美的不是下雨天，是曾与你躲过雨的屋檐”，最美的不是雨巷，而是撑着油纸伞，“一个丁香一样的结着愁怨的姑娘”。

不过从前，雨伞中也有尊卑。按照《大清律例》，职官伞盖：“一二品，银葫芦杏黄罗表、红里；三四品，红葫芦杏黄罗表、红里；以上皆三檐。五品，红葫芦蓝罗表、红里；六品以下八品以上，用蓝绢；皆重檐。庶民不得用罗绢凉伞，许用油纸雨伞。”

遮雨的平常之物，也弄出这么多繁文缛节，真是烦琐得不要不要的。现在的伞，已经不再是身份的象征，倒经常是广告的载体了。

谷雨春忙

鸟语花香的春季，古人从鸟之语、花之香中领悟到“花开管节令，鸟鸣报农时”的农耕智慧。

谷雨物语是：一候萍始生，二候鸣鸠拂其羽，三候戴胜降于桑。谷雨时，静以承阳的浮萍开始生长。布谷鸟开始催耕，“布谷布谷，磨镰扛锄”。桑叶繁盛，蚕事既登。

“江国多寒农事晚，村南村北，谷雨才耕遍。”谷雨时节，自南而北，陆续春忙，“百工咸理，无有敢惰”。南北朝时期的《荆楚岁时记》中记载：“有鸟名获谷，其名自呼。农人候此鸟，则犁杷上岸。”有农谚认为，“谷雨到，布谷叫；前三天叫干，后三天叫淹”。布谷在叫，青蛙也在叫，“农事蛙声里，归程草色中”。

雨频霜断气温和，柳绿茶香燕弄梭。
布谷啼播春暮日，栽插种管事繁多。

人忙活，鸡也开始忙活，早起的鸡儿有虫吃。“谷雨三月半，蝎子有千万。雄鸡唱一遍，蝎子不见面。”“谷雨好，蝎子少。来一个，鸡吃了。”按照古人的说法，春天“蛰虫咸动，启户始出”，虫类出来了，禽类终于不必只吃素食了。

物候有先后，农事有早晚，有些地方是“谷雨种大田”，陆续开始。有些地方是“谷雨谷满田”，几近结束。

谷雨前后，“三月十八，麦抱娃娃”。
谷雨前，麦挑旗；谷雨后，麦出齐。
谷雨麦打苞，立夏麦呲牙，小满麦秀齐，芒种见麦茬。

此时，“谷雨蚕生牛出屋”，亦农亦桑，繁忙异常，所以“谷雨立夏，不可站着说话”。

对于节气起源地区而言，清明断雪，谷雨断霜。所以谷雨为可种之候，仿佛是上苍发放的一张许可证。

但有时“谷雨前后一场冻”，天气并不严格地遵守节气。2013 年，晋、冀、鲁、豫等地曾在谷雨时节雪纷纷，一些最晚终雪的历史纪录被刷新。有网友感慨：“昨天吃雪糕，今天堆雪人，天气破纪录不上税嘛！”

虽说“谷雨下秧，大概无妨”，但种田不能只求“大概”，所以“谷雨不冻，抓住就种”这则谚语，就如同一个补充条款，参考节气，还要把握天气。错过了谷雨，便辜负了时节。“三月种瓜结蛋蛋，四月种瓜扯蔓蔓”，说的正是朴素的大道理。

农事既兴，或许也打扰甚至“得罪”了一些“朋友”。在云南西双版纳的小勐宋，哈尼族的阿突老师和我聊起他们的一个习俗。谷雨之后，要为虫儿们过个节。人们到田地里找几条蚯蚓、几只蝈蝈等作为虫类代表，然后主持仪式的人念念有词，大意是他们在耕作的时候，可能打扰到它们，甚至无意间伤害到它们。他们郑重忏悔，希望得到它们的原谅，然后将“代表们”放生。

人们知道，蚯蚓虽小，却有着翻土机、肥料厂、蓄水池的三重功能。它使田地的土质更疏松，更利于蓄积雨水，更利于微生物活动蓄积肥力。所以人们选择一个“节日”，暂停田耕，人和小动物都放个假，既是感恩，也是自省。

谷雨花信

谷雨的花信风是：一候牡丹，二候荼蘼，三候楝花。“洛花以谷雨为开候”，谷雨始以国色天香。

说起谷雨花信，我想到《红楼梦》第六十三回，怡红院里群芳夜宴时的两个小细节。

一个说的是宝钗：

> 说着，将筒摇了一摇，伸手掣出一根，大家一看，只见签上画着一支牡丹，题着“艳冠群芳”四字，下面又有镌的小字一句唐诗，道是：任是无情也动人。

一个说的是麝月：

> 数去该麝月。麝月便掣了一根出来。大家看时，上面是一枝荼蘼花，题着“韶华胜极”四字，那边写着一句旧诗，道是：开到荼蘼花事了。注云：在席各饮三杯送春。麝月问：“怎么讲？”宝玉皱皱眉儿，忙将签藏了，说：“咱们且喝酒罢。”说着，大家吃了三口，以充三杯之数。

“荼蘼不争春，寂寞开最晚。”谷雨时，虽艳冠群芳、韶华胜极，但“开到荼蘼花事了”，便意味着春将不再，当是把酒与春作别之时。自然有人会皱眉，会心生伤感。

落花人独立，微雨燕双飞。

谷雨时节，花已落，燕又来。

孤单地等着你，等到花儿都谢了。细雨之中看着燕子双飞，好不虐心啊！

谷雨时节，有暖意，但热未至；有凉风，但寒已消。正是不冷不热的时候。

之前是一个漫长的取暖季，之后又是一个漫长的制冷季，阳春三月，是最低碳、最省电的短暂时光。

【万物并秀】

无可奈何春去也，
且将樱笋饯春归。

5月5日或6日立夏，是象征夏季开始的节气。“万物至此皆长大，故名立夏也。”

春，蠢也。万物萌生、蠢动。夏，假也。假者，方呼万物而养之。宽假万物，使其繁盛。“养之长之假之仁也”，是说天与地联手，在夏季宽厚地纵容万物生长，是天地最为仁慈悲悯的季节。

《淮南子》曰：“夏为衡，衡以平物，使之均也。”

如果说春天是让一部分地区先暖起来，那么夏天便是“普惠制”，让万物均等地得到繁盛的机会。古人认为，春是天气下降，地气上升，天地和同，草木萌动；夏是天气下降，地气上升，天地始交，万物并秀。地气张而天气盈。夏季是天之气与地之气互动关系最好的时候。

如果说春季是天之气与地之气的初恋，那么夏季便是它们之间的热恋。

天地仁慈

“天务覆施，地务长养。”天负责施予，地负责抚育。“德取象于春夏，刑取象于秋冬。”对于万物而言，春夏体现着天与地的功德。“滔滔孟夏兮，草木莽莽。”夏季万物之盛，乃是承纳天地之恩赐，人们对此谦卑地感恩。

《礼记》中记载，临近立夏，太史需要提示天子，“盛德在火，天子乃斋”。立夏之日，天子还要亲率“各级官员”，“以迎夏于南郊”，斋戒、迎候，然后分封、颁赏。在天地仁慈的时节，领导对员工褒扬、奖励，应和天时，众皆欢悦。

对于夏季的来临，应态度恭谨、礼数到位，感恩天地的护佑与滋养。

禮記訓纂 卷六

驪粗七奴反

是月也以立夏先立夏三日大史謁之天子曰某日立夏盛德在火天子乃齋立夏之日天子親帥三公九卿大夫以迎夏與南郊還反行賞封諸侯慶賜隨行無不欣說

统曰古者與帝也發爵賜服順陽義也與當也出田邑發秋政順繪義也今此行賞可也而封諸侯則違與古蔡邕章句曰迎夏者迎炎帝祝融神也于南郊七里因火數也玉用赤牲騂各放其色樂奏中宮歌朱明其他皆如孟春也高註呂氏春秋曰還從南郊還也封侯命以茅土傳曰賞以春夏刑以秋冬此之謂也白虎通曰封諸侯以夏何陽氣盛养故封諸侯盛养賢也封立人君陽德之盛者月令曰孟夏之月行賞封諸侯

乃命樂師習合禮樂註為將飲酎高註呂氏春秋曰禮所以經國家定社稷利人民樂所以移

《左传》中记载的僖公五年："凡分、至、启（立春、立夏）、闭（立秋、立冬），必书云物，为备故也。"也就是说，凡是在这些表征季节的节气，都要记录当时的天气与物候，以作为农事的依据。由此可见，无论是气候层面的礼仪，还是天气层面的记录，人们对于四立、两至、两分这类界定季节更迭和气象极致的节气更为重视。无形之中，也就把节气分出了三六九等。

《礼记》描述的立夏物候，是蝼蝈鸣、蚯蚓出、王瓜生。

根据《礼记训纂》，"蝼蝈，蛙也"。立夏之后，"听取蛙声一片"，著名的"天气预报员"开始亮相、发声了。但《月令七十二候集解》认为蝼蝈是"生穴土中"的蝼蛄。其实甭管特指哪个，立夏之后，各路"歌唱家"都开始纷纷登场了。

在因夏而鸣、而出、而生、而秀的物候次第中，古人以顺应而不冲犯的礼敬之心乐享着天地赐予的"麦秀风摇，稻秀雨浇"的繁盛田园。立夏时节，恰是草们、苗们的青年节。

入夏的标准

气象谚语说："立夏斩风头。"到了立夏，南方和北方的气压梯度减小了，风不再像春季那样喧嚣狂躁了。

古人说："四月惟夏，运臻正阳。"因为夏至就开始生阴气了，所以农历四月是阳气最盛的时候。

《淮南子》曰："立夏，大风济。"立夏之后，风力减弱。民谚也有"立夏斩风头 "之说。

"仲春孟夏，和气所在"，如果以"一团和气"来形容立夏、小满之气象，或许是比较恰当的。

"和气穆而扇物，麦含露而飞芒"描述的是一个理想状态。此时的风，只"动叶"不"鸣条"，更不"折枝"，像扇扇子一般柔和。

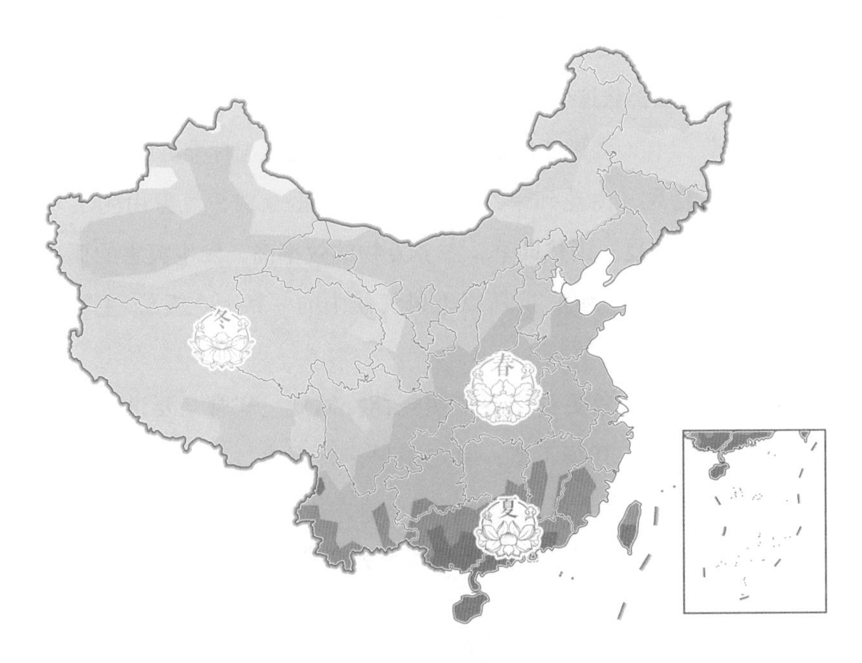

立夏季节分布图

风小了，雨多了，“立夏无雨，碓头无米”。万物领受着雨露阳光的滋养。当然，如果按照日平均气温稳定高于22℃的气象学标准，很多地方是：虽然立了夏，依旧春当家。春与夏大体是“划江而治”的格局。但近些年，夏往往在立夏时节便急促地“北伐”至华北，春既无招架之功，也无还手之力。

立夏日，夏的面积约为80万平方公里，而春的面积约为585万平方公里。

一年之中，什么时候春天的面积最大？不是清明，不是谷雨，而是立夏。确切地说，是立夏的三候（5月15日至20日左右）。所以，如果以平均气温来定义节气，立夏或许应改名为“盛春”更为贴切。

“四月维夏，六月徂暑。”孟夏之时，人们常常感慨“无可奈何春去也”。但按照气温的标准，立夏到小满时节，反而是春天疆域最全盛的时期。

一位朋友说：“你们气象学的入夏标准太烦琐，我们的标准是‘樱桃红熟’。”吃上樱桃，便是夏天。“无可奈何春去也，且将樱笋饯春归。”好吧，其实我也特别喜欢这个鲜美的换季标准。

“桃始华”是春，樱桃熟是夏，花果标准终究比气温标准更优美、可爱。

由春华到夏秀，由花到果，雨水由婉约转型豪放，气象由阴柔趋向阳刚。季风气候的夏，雨热同季，滋养万物的效率高，发生灾害的概率也大。“莫不为利，莫不为害。”所以季风气候中的“靠天吃饭”，主要还是靠夏天吃饭。

在古人看来，气象更迭需要依照规律，循规、守常，要讲求“信”。春之德风，风不信，其华不盛；夏之德暑，暑不信，其土不肥；秋之德雨，雨不信，其谷不坚；冬之德寒，寒不信，其地不刚。也就是，该热的时候就热，该冷的时候就冷。不当至而至为“有余”，当至而未至为“不

30℃以上的炎热何时到来					
城市	首个上 30°C 的日期	首个上 35°C 的日期	城市	首个上 30°C 的日期	首个上 35°C 的日期
哈尔滨	5月22日	—	南京	5月2日	6月23日
长春	5月29日	—	杭州	4月24日	6月16日
沈阳	5月26日	—	南昌	4月22日	6月30日
呼和浩特	5月16日	7月4日	上海	5月4日	6月27日
北京	5月4日	6月10日	长沙	4月18日	6月14日
天津	4月29日	6月4日	武汉	4月26日	6月12日
石家庄	4月24日	5月25日	合肥	—	—
太原	5月6日	6月20日	广州	4月13日	6月25日
西安	4月30日	5月31日	南宁	3月11日	5月14日
乌鲁木齐	5月22日	7月3日	福州	4月5日	6月14日
兰州	5月5日	7月16日	海口	2月14日	3月30日
银川	5月9日	6月23日	重庆	4月21日	5月23日
西宁	7月5日	—	成都	5月7日	7月18日
郑州	4月25日	5月24日	昆明	5月13日	—
济南	4月26日	6月3日	贵阳	4月22日	—

人们对于夏意的感触，往往并不是来自平均气温。最高气温代表的“热度”或许是人们关于春夏交替的下意识的标准。大约1/3的城市，常年是在立夏日前后10天左右最高气温开始“奔三”（达到或突破30℃大关），也算是一个关于入夏的心理指标吧。

北京气温何时“奔三”			
北京	首个上 30℃的日期	首个上 35℃的日期	首个上 40℃的日期
1981 年	4 月 26 日	5 月 23 日	无
1982 年	5 月 8 日	6 月 3 日	无
1983 年	4 月 24 日	5 月 29 日	无
1984 年	5 月 7 日	6 月 30 日	无
1985 年	4 月 30 日	7 月 21 日	无
1986 年	5 月 7 日	5 月 7 日	无
1987 年	5 月 12 日	7 月 11 日	无
1988 年	4 月 27 日	6 月 12 日	无
1989 年	5 月 20 日	5 月 26 日	无
1990 年	5 月 15 日	6 月 16 日	无
1991 年	5 月 11 日	7 月 25 日	无
1992 年	5 月 18 日	5 月 28 日	无
1993 年	4 月 17 日	5 月 28 日	无
1994 年	5 月 6 日	6 月 15 日	无
1995 年	5 月 5 日	7 月 10 日	无
1996 年	5 月 14 日	6 月 12 日	无
1997 年	5 月 14 日	6 月 12 日	无
1998 年	4 月 21 日	6 月 16 日	无
1999 年	5 月 6 日	6 月 8 日	7 月 24 日
2000 年	4 月 30 日	6 月 6 日	无
2001 年	5 月 12 日	5 月 17 日	无
2002 年	5 月 12 日	6 月 5 日	7 月 14 日
2003 年	4 月 30 日	6 月 6 日	无
2004 年	4 月 19 日	6 月 10 日	无
2005 年	4 月 26 日	6 月 20 日	无
2006 年	5 月 14 日	6 月 17 日	无
2007 年	5 月 3 日	5 月 26 日	无
2008 年	4 月 30 日	7 月 3 日	无
2009 年	5 月 3 日	5 月 18 日	无
2010 年	5 月 1 日	5 月 23 日	7 月 5 日

北京在 1981—2010 年的 30 年间，刚好有一半的年份是在立夏时节，气温“准时”突破 30℃。比较极端的个例是：1986 年在立夏一候便出现了 35℃的高温热浪，1993 年在清明三候气温便早早突破了 30℃。

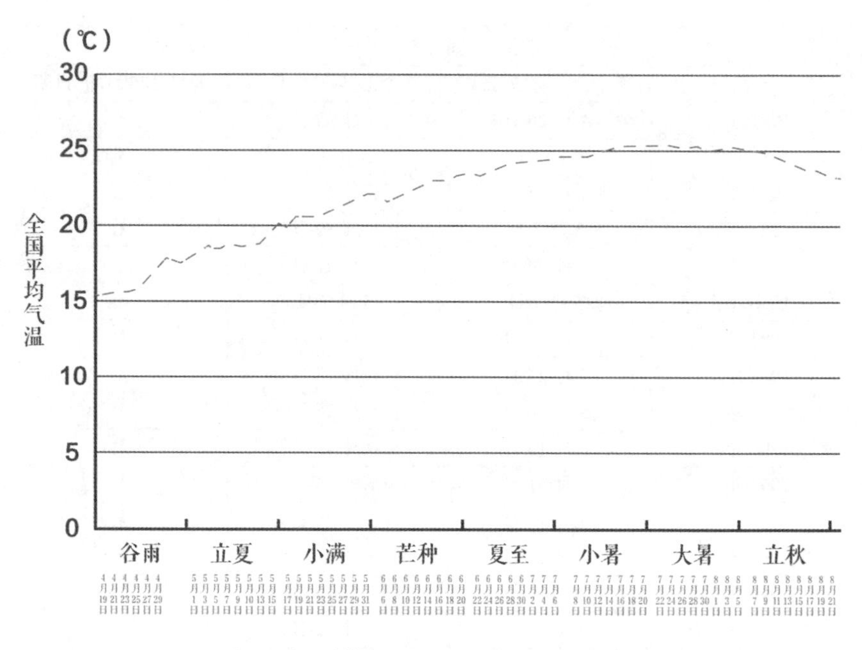

谷雨到立秋期间逐日全国平均气温演变图

如果说春季气温是“跳”，那么夏季气温是“爬”。气候平均而言，立夏时节，夏之领地的扩张速度是比较缓慢的。半个月的时间，夏的地盘仅仅扩大了35万平方公里，大约相当于湖北、江西的面积之和。

足”。“不足”固然无益，“有余”同样为患。古人在记载异常气象现象及其影响时，将其统称为“灾异”。从本质上来说，天气便是因异而灾。比如春宜温而热，称为春行夏令，“有余”；夏宜热而温，称为夏行春令，“不足”。

《淮南子》对于这种时节错乱的影响，解说得很简洁：“春行夏令，泄；行秋令，水；行冬令，肃。夏行春令，风；行秋令，芜；行冬令，格。”

佛教中的所谓八大恐怖，有两项与气象相关，一是非时风雨，一是过时风雨。说的其实都是不遵从气候规律的风雨，不按照正常时节出现的风雨。

春短夏长

有时候人们觉得春天很短，正如郁达夫的感触：“春来也无信，春去

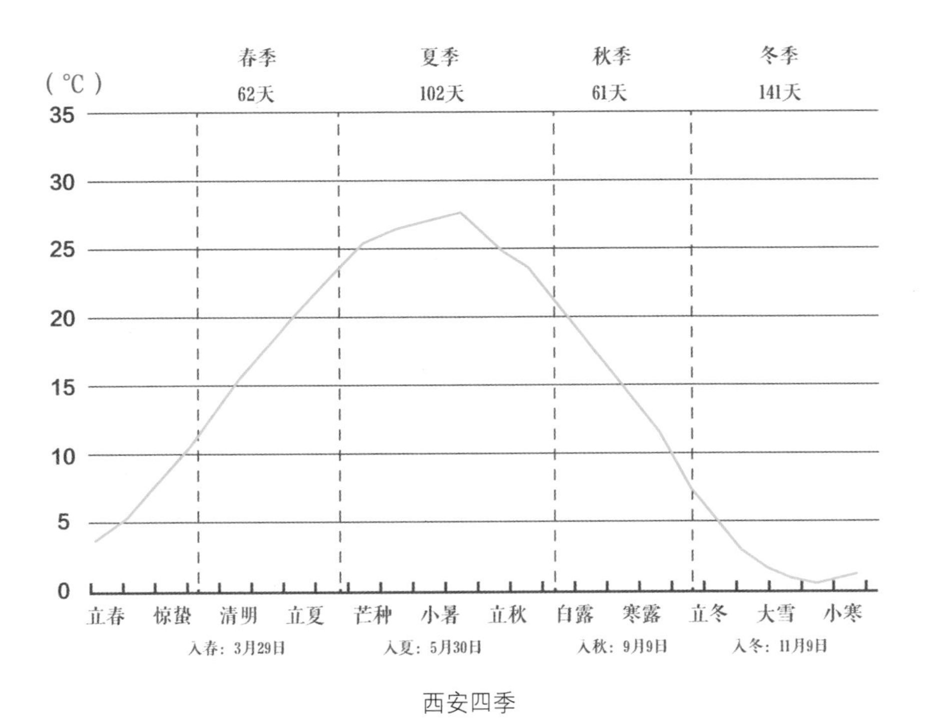

西安四季

也无踪，眼睛一眨，在北平市内，春光就会得同飞马似的溜过。屋内的炉子，刚拆去不久，说不定你就马上得去叫盖凉棚的才行。”

“北阙三春晚，南荣九夏初”，南方初夏时令，北方依然是暮春时光。虽然古人并未以精确量化的方式划定春季、夏季的时长，但三春、九夏之说足以体现春之短、夏之长。“采茶歌里春光老，煮茧香中夏景长。”“茶歌才了又田歌，节物真成一鸟过”，令人感慨，从茶歌到田歌的变换之间，便已春夏交替。

立夏习俗

立夏之日，人家各烹新茶，配以诸色细果，馈送亲戚比邻，谓之七家茶。

立夏日俗尚啖李。时人语曰：“立夏得食李，能令颜色美。故是日妇女作李会，取李汁和酒饮之，谓之驻色酒。一曰是日啖李，令不疰夏。”

在太湖流域，立夏的时令“三鲜”是蚕豆、竹笋、青梅。“俗于立夏日啖青梅，云令人终岁神清不惛睡。”当梅子由青泛黄之时，便是绵绵的梅雨时节。

古人认为，“三月万物悉达，天功毕处，则地功之成也”。春季主要仰仗天，播撒阳光雨露，春华繁茂之后，是否能秋实丰硕，就开始主要依赖地了。“八月生物尽成，地之功终焉。”待到秋风起时，地的长养之功也就鞠躬尽瘁了。但农历四月，也被称为“乏月”，“冬谷既尽，宿麦未登”，正是青黄不接的匮乏之时。需要赈乏绝，救饥穷，不能忍人之贫，贪货殖之宜，忘种福之利。

麦吐芒

立夏时节，“其盛以麦”。

江淮地区的农谚说：“谷雨麦怀胎，立夏麦吐芒。小满麦齐穗，芒种麦上场。”麦熟进入最后一个月的倒计时。“四月麦醉人”，麦子是乡间风景；“麦足半年粮”，麦子更是百姓依归。在一处风景区，许多游客问导游：“这是什么呀？”答曰：“油菜籽。立夏之后，人们就要陆续收获了。”大家很感慨，平常我们只关注花了，未曾留心过花落之后的故事。

媒体的镜头往往也是对准油菜花，很少聚焦油菜籽。我们或许对油菜花更熟悉，但农民种植它的初衷，并不是因为花，而是因为籽。“四月南风大麦黄，枣花未落桐叶长。”农历四月南风一吹，催促着田中的大麦逐渐黄熟。枣花未落，梧桐叶茂。

“四月立夏为节。夏，大也，至此之时物已长大，故以为名。”“是故万物莫不任兴”，万物可以恣意任性地生长。“蕃殖充盈，乐之至也。”

夏日修养

立夏之后，是“祝融司令继芳春”，天气渐趋炎热，体现着一个“火”字。此处的司令，不是领兵打仗的头，而是管理时令。祝融乃火神，它开始掌管时令了。人们或乐于夏，或苦于夏，皆因这个“火”字。“不但春妍夏亦佳，随缘花草是生涯”，无须畏惧，以随缘之心体验自然，春日是良辰，夏日亦是佳期。“春尽杂英歇，夏初芳草深”，自是各有其美。“晴日暖风生麦气，绿荫幽草胜花时。”

“天之道，春暖以生，夏暑以养……异气而同功，皆天之所以成岁也。”所以，春日修“生”，夏日修“养”。

“无厌于日，使志无怒。”夏季，我们不厌恶阳光，修一个“养”字，多一些修养，过一个无怒之夏。

满

【正阳时节】

最爱垄头麦，

迎风笑落红。

5 月 21 日前后是小满，隶属夏季的第二个节气，也是夏季节气中升温速度最快的一个。寒来暑往是气候，鸟语花香是物候，小满是一个表征物候的节气。其关注点不在气，而在物。“小满者，物至于此小得盈满。”所以小满也是最接地气的节气。

为什么叫小满

小满之名，有两层含义。

第一，与农候相关。“二十四气其名皆可解，独小满、芒种说者不一。”24 个节气中，22 个节气名的含义都没有争议，仅仅小满、芒种之名有分歧。小满与芒种名字的由来，“古人名节之意”，“皆为麦也”。小满时节的物候，一候苦菜秀，二候靡草死，三候麦秋至。对于我们而言，小满是夏，对于麦子而言，小满是秋，所谓“麦秋”。“小满，四月中，谓麦之气至此方小满，因未熟也。”“所谓芒种五月节者，谓麦至是而始可收，稻过是而不可种也。”

第二，与降水相关。谚语说：“小满大满江河满。”南方的暴雨开始增多，降水频繁。和风细雨少了，疾风骤雨多了，雨水常常以急促而凶悍的方式降临，超出地表的承载能力。河水暴涨、乡村没田、城市“看海”的事情开始多起来了。有人觉得降水量几十毫米似乎很微小，但实际上，如果一小时降水几十毫米便可能迅速造成灾害。

记得《西游记》中有这样一个故事，泾河龙王与神卦先生打赌。

那位神卦先生是“钦天监台正”（国家天文气象台台长）的叔叔，

特别擅长占卜天气，不仅能够预测降水的起止时间，还能预测降水量，精确到雨点的点数。

泾河龙王出题目，先定性："下不下雨？"

答："云迷山顶，雾罩林梢。若占雨泽，准在明朝。"

泾河龙王又出题目，再定量："明日甚时下雨？雨有多少尺寸？"

答："明日辰时布云，巳时发雷，午时下雨，未时雨足，共得水三尺三寸零四十八点。"

（直到今天，精细化预报，能够判断降水起止时段和毫米级小时降水量，已经算是非常精彩的案例了。精确到点数，确实是文学高于科学之处。）

龙王觉得自己胜券在握，因为下不下雨、什么时候下雨、下多少雨，都是自己职权范围内的事情。

谁知，这时玉皇大帝的圣旨到了，要求泾河龙王次日负责降雨，降雨的时辰和数目与神卦先生说的丝毫不差。

龙王震惊之余，为了胜赌，执意将降雨时间拖延了两个小时，将降雨总量克扣了三寸八点。它胜了赌，却违抗了圣旨，触犯了天条，被判处斩。

这个故事，实际上与降水的真实影响相距甚远。玉皇大帝发旨施雨，是为了"普济长安城"，但如果真是从上午 11 点到下午 3 点，降雨三尺三寸零四十八点，是什么概念呢？是四个小时内的降水量超过 1100 毫米，这远超世界纪录。令人刻骨铭心的河南"75 · 8"暴雨，林庄 4 小时降水 640 毫米，这一纪录至今依然未被打破。如果真那样下雨，人们只能在水下寻找长安城了！再说一句题外话，一位神卦先生，能够精准地预测降雨量，却没有意识到如此的降雨量对长安意味着什么，不能算是一位合格的"预报员"啊！

我们时常谈论气候变化，气候变化并非变暖那样简单，它的一种表现

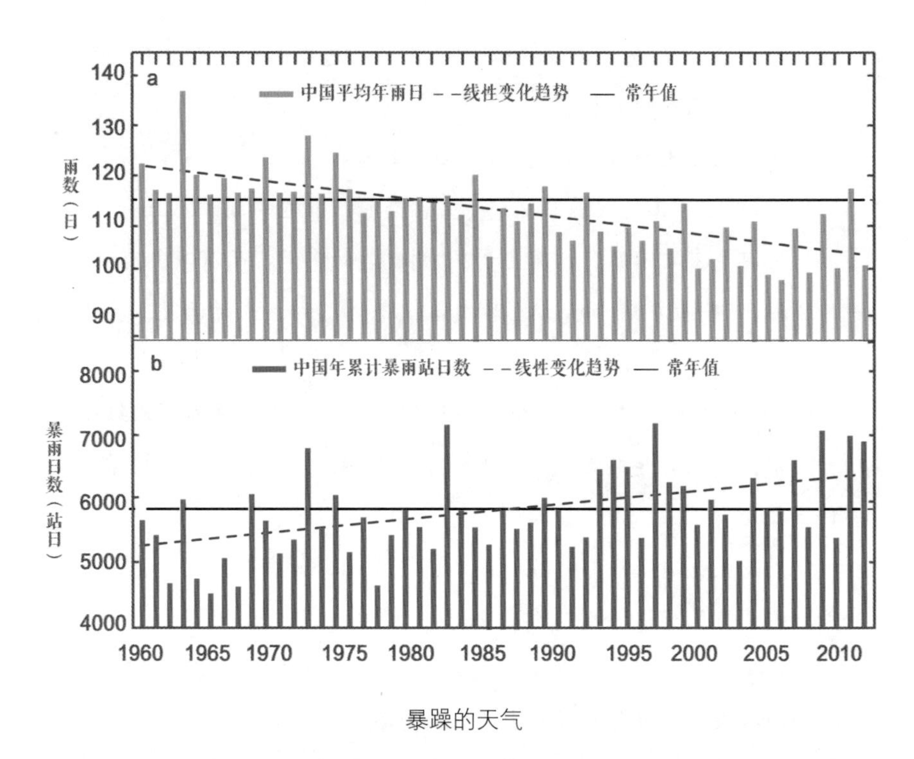

暴躁的天气

形式就是“和平方式”的降水在减少，“暴力方式”的降水在增多。原本的小概率事件越来越大概率地发生，以往的“百年不遇”，我们经常不期而遇。

在半个多世纪里，中国的降雨日数在减少，暴雨日数却在增加，小雨日数减少 13%，暴雨日数增加 10%。要么就不下，一下就下大，致灾能力在提高。就像一个人，平时不怎么说话，一说话就像吵架。天气越来越呈现暴躁的脾气。

小满很忙

从农候上看，小满是麦子籽粒乳熟、将满未满的时节，芒种是收麦子、种稻子的时节，所以才有“小满赶天，芒种赶刻”之说。“夏收要紧，秋收要稳”，与秋收相比，夏收的节奏更快。毕竟“法律有宽大，节气不饶人”。

农耕社会起源的节气中，小满、芒种是物候节气，也是与农桑关联度最高的节气。作为两种主要的粮食作物，稻、麦对于天气的习性喜好是完全不同的——稻要热，麦要凉；稻要泡，麦要燥。

虽然麦喜燥，但小满时节容易盛行的一种天气，却是麦子无法承受之重。有一种面，叫热干面；有一种风，叫热干风，学名叫干热风。风与干燥、炎热相叠加，会使本应鲜嫩多汁的“小鲜麦”，变得干瘪甚至枯萎。

4—5 月偶尔会出现气温骤降、天气寒凉的时段。所以有人调侃道：“好不容易熬过了冬天，却差点儿冻死在春天。好不容易立了夏，一不留神又入冬了！”“农历四月以清和天气为正，必作寒数日，谓之麦秀寒，即月令麦秋至之候。”所以才有“未食五月粽，寒衣不可送”的民谚。

“秧奔小满谷奔秋。”此时，麦田由青到黄，“此于时虽夏，于麦则秋，故云麦秋也”。对于麦子而言，渐渐入秋了。“百谷初生为春，熟为秋，故麦以孟夏为秋。”

“小满一片黄，芒种场里忙。”“最爱垄头麦，迎风笑落红。”

古人认为宿麦（冬小麦）兼备四时之气，是五谷中的珍品。《图经本草》评述道：“大小麦秋种、冬长、春秀、夏实，具四时中和之气，故为五谷之贵。地暖处亦可春种至夏收，然比秋种者四气不足。”

2013 年小满时节，我在贵州出差。贵阳郊外的一个布依族村落，前一晚刚刚下过一场大雨，花老汉赶着水牛，连抽口烟的时间都舍不得。他说：“这是在抢水打田，哪敢耽搁？”一个“抢”字，体现着耕种的节奏。

常言道：“春争日，夏争时。”有些地方是：“小满赶天，芒种赶刻。”有些地方是：“小满金，芒种银，夏至插秧草里寻。”

满，既可指籽粒之熟，也可指雨水之盈。

小满大满江河满。

小满不满，干断田坎。

小满雨滔滔，芒种似火烧。

小满要满，芒种不旱。

小满不满，麦有一险。

在台湾，一些气象节目为了贴近农事，会选择在乡间录制，但是“立夏小满，雨水相赶”，恰逢台湾的梅雨季，所以大家在做节目时笑称，苦瓜脸（摄像）拍落汤鸡（主播）。当人们念及“小落小满，大落（雨）大满（仓）”的农谚时，便心有慰藉了。

台湾原气象主播林志冠曾将芒果作为春夏物候的写照。

3—4月，农人将过密的芒果摘掉，酿制成青青脆脆的芒果青。在小满、芒种时节之后，“樣仔（台语：芒果）落蒂”，肥美香甜的芒果就陆续地上市了。等到芒果由论斤卖变为论堆卖的时候，便进入了一年之中最酷热的时节。

江南地区有句农谚：“小满动三车，忙得不知他。”“三车”指的是油车、丝车、水车。各种车都转动起来，榨油、缫丝、灌溉。男也耕，女也织，总之，小满很忙。

小满田家物语 / 北宋　欧阳修

南风原头吹百草，草木丛深茅舍小。

麦穗初齐稚子娇，桑叶正肥蚕食饱。

古人认为，丰饶的物产都是温润的南风带来的，所以有“熏风阜物”之说。所以南风时节，人们最忙碌。“乡村四月闲人少，才了蚕桑又插田。”

春已暮，夏初萌

清明、谷雨时节，往往风最大。到了立夏、小满时节，春风渐止，杨花、柳絮不再，轻扬善舞之物也变得沉静了，鸟语替代了风声。

对于北方地区而言，小满往往是 24 个节气中日照时间最长的，是给点阳光就灿烂的时节。加热北方的干空气比加热南方的湿空气要容易得多，所以小满时，北方一些地方的气温很容易异军突起，超越南方。

按照平均气温稳定超过 22℃的标准，小满前后，无论南北，正是众多地区“集体”入夏的高峰期。小满时节，春的面积将由约 684 万平方公里减少到约 638 万平方公里。

时值小满，春风已度玉门关。冬在坚守高原大本营，夏在江南乍现锋芒。春天的疆土刚过全盛时期，冬、春、夏分别约占国土面积的 17%、71%、12%。春已暮，夏初萌。夏，终于从一个“散户”，逐步成为颇具规模并继续扩大“市场份额”的“大户”。

北方的春天非常短促，让人觉得不像一个完整的季节，很像冗长冬季和漫长夏季之间的一个随赠品。不禁令人感慨：“为什么欢乐总是乍现就凋落？为什么走得最急的，都是最美的时光？”

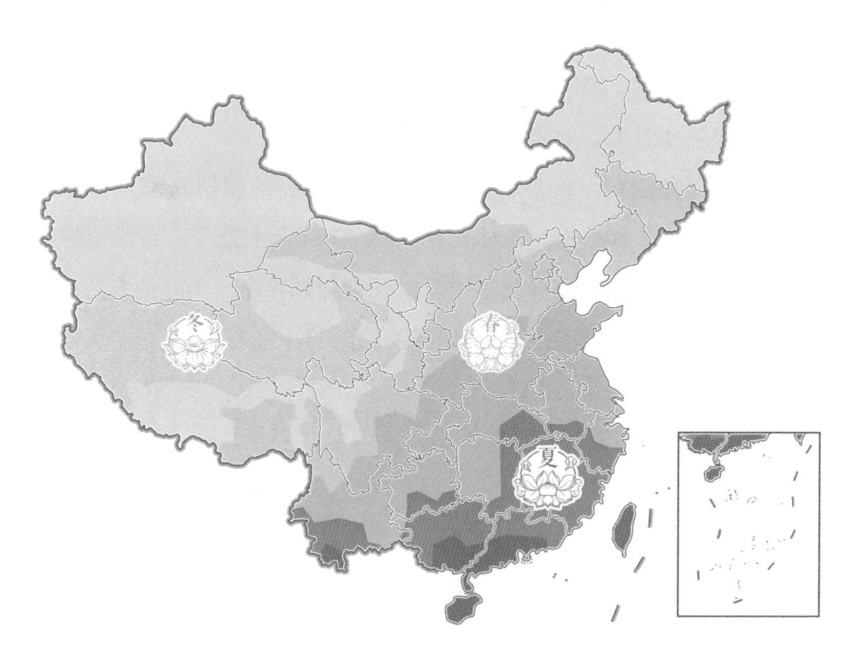

小满季节分布图

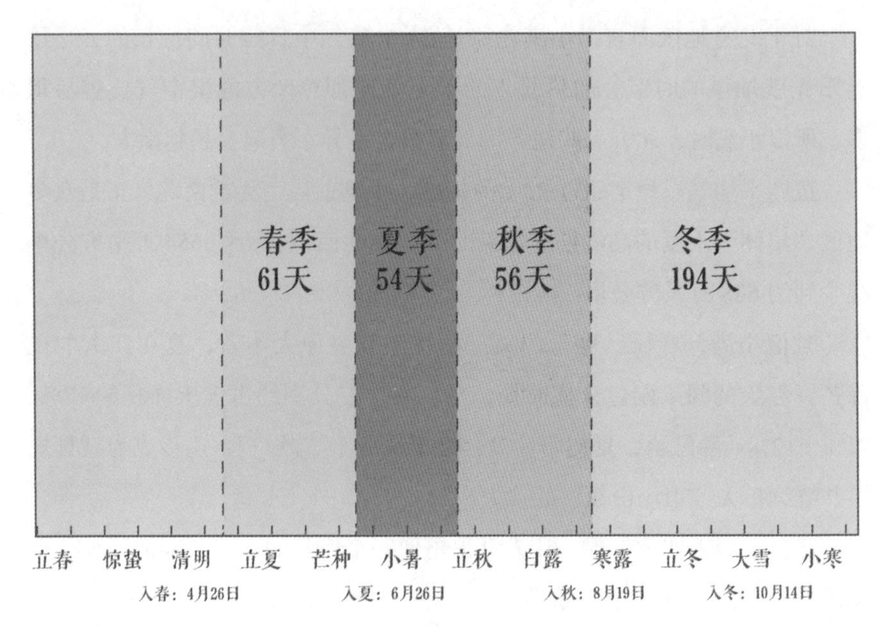

长春的四季

春末夏初，北方往往盛行灼人的干热天气，华北平原更是热浪排行榜上的“旗舰”地区。2014年，北京最炎热的一天，便是在小满期间，5月29日，气温达41.1℃，地表温度接近70℃！

人们希望春常在，很多地名当中都有对于春的慰留之意。但是按照气温标准划定的季节时长，吉林长春53%（194天）是冬，台湾恒春84%（305天）是夏。可谓：恒春几乎恒夏，长春却是长冬。美好的春之名，并没有成为真实的气候之实。“四季如春”的昆明，也有70天是冬天（一般为12月3日至次年2月10日）。

小满会

至今，中原地区还保留着小满日赶集的传统，称为“小满会”。

小满当日或错后一两日的集市，热闹喧天，仿佛是庄稼人的“嘉年华”。对于乡村孩童来说，可以在“小满会”的集市中疯跑、闲逛、看热闹，还可以缠着大人买玩具和小吃。火烧、油条、花米团、水煎包、胡辣汤、糖葫芦……那些小吃摊儿，是孩子们关于“小满会”的童年记忆。大人们眼看就要卖力气收麦子了，也正好趁着“小满会”打打牙祭、解解馋。

“小满会”是乡情乡味的大卖场。有种子，有农具，有牲口，也有即将派上用场的消夏用品。规模大一点的“小满会”，还搭戏台、请戏班，可以热热闹闹看大戏。

“小满会”似乎是麦收之际的一次“战前”总动员。

木耙、镰刀、篮筐、簸箕、麻绳、草帽、卷席……有的是割麦子时用的，有的是捆麦子时用的，有的是囤麦子时用的。当然，现在大型收割机陆续取代了传统的麦收农具，“小满会”也逐渐失去了置办农具、备战麦收的功能性，但它依然是一方水土的节气习俗。

小满，节气之名，写照着人们对于籽粒的那份殷切。“小满谷，当年福。”以五谷为养，便以作物的籽满粒足为满足。这既是一时物候，也是一种心态，清丽而静，和润而远。

“小满暖洋洋，不热也不凉。”

麦已小熟，天未大热，乐享小满。

芒种

【亦稼亦穑】

时雨及芒种，
四野皆插秧。
家家麦饭美，
处处菱歌长。

6 月 5 日或 6 日为芒种。

所谓芒种，是指有芒的作物（麦）应收，有芒的作物（稻）当种。这是一个关于农候的节气。有些地方，是小满时节麦已大满。有些地方，是小暑时节麦方大熟。时间跨度很大，并非能够被圈定在一个节气之中。

作家陈忠实在《初夏》中描述了此时关中的节令物候：

> 太阳正当午时，小河川道里，绿色的麦穗梢头，浮现着一层淡淡的轻烟一样的蓝色雾霭。这儿那儿的棉田里和稻地田，穿花衫的女人和赤臂裸身的男人，在移栽棉苗，在撅着屁股插秧。弯腰曲背在大太阳下的劳动是沉重的，田野里繁忙而又沉寂。

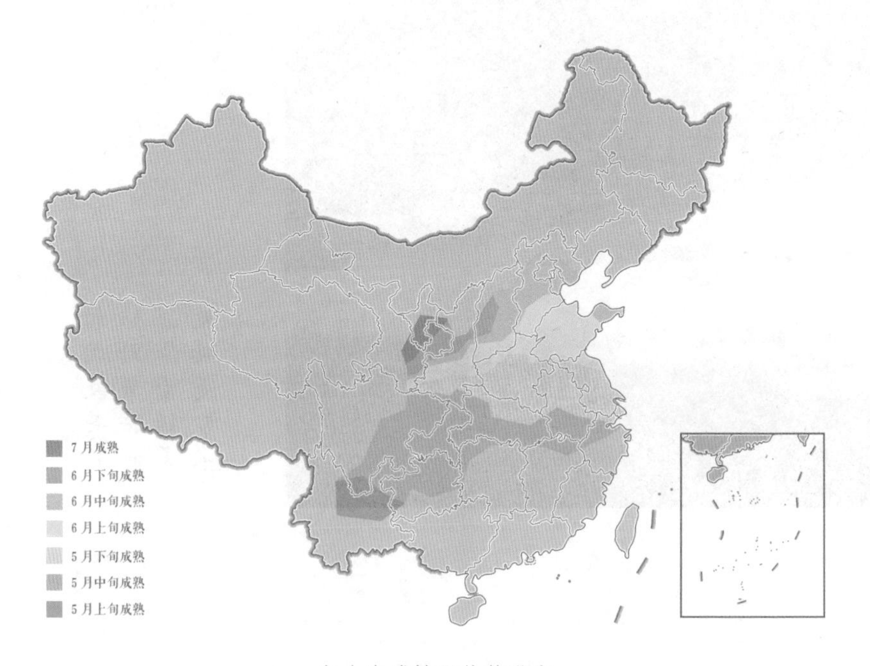

冬小麦成熟及收获进度

芒种之忙

此时麦气浮动，人们繁忙而又沉寂。芒种，也可称为忙种，所谓“麦黄农忙，绣女出房”。

白居易的《观刈麦》刻画的正是芒种时节的情景：

田家少闲月，五月人倍忙。
夜来南风起，小麦覆陇黄。
妇姑荷箪食，童稚携壶浆，
相随饷田去，丁壮在南冈。
足蒸暑土气，背灼炎天光，
力尽不知热，但惜夏日长。
复有贫妇人，抱子在其旁，
右手秉遗穗，左臂悬敝筐。

庄稼人清闲的日子很少，农历五月尤其繁忙。家里的壮劳力在田里，脚被热气蒸着，背被烈日烤着，不敢去想累不累、热不热，只想趁着太阳落山晚，赶紧多收获些。婆婆和媳妇担着吃的，小孩子提着喝的，一起送到田里去。贫穷的妇人抱着孩子，挎着筐，在收获的麦地里，仔细地捡拾着遗漏下的麦穗。

这个时节，人不闲，地也不闲。在很多地方，是麦穗收尽，稻秧登场。旱地耕过，灌作水田。无暇庆贺麦收，又要开始插秧了。

有一则谚语，形象地刻画了“双抢”时节的情景：“早上一片黄，中午一片黑，晚上一片青。”早上，成熟的麦子还没收割，一片金黄；中午抢收完毕，露出土地原本的黑色；晚上抢种结束，又呈现新苗的一片青色。

“时雨及芒种，四野皆插秧。家家麦饭美，处处菱歌长。”

金黄的麦浪转眼之间又化作嫩绿的稻秧。

一把青秧趁手青，轻烟漠漠雨冥冥。
东风染尽三千顷，折鹭飞来无处停。

楝花零落鱼初发，梅子青黄雨不干。
早麦熟随芹菜馅，晚茶香和树芽蒸。

花落了，雨频了；麦是新麦，茶是晚茶。

“五月节，谓有芒之种谷可稼种矣。”种之曰稼，敛之曰穑，而芒种，是亦稼亦穑的时节。夏熟作物该收了，夏播作物该种了。

一方面是夏收，一方面是夏种，“杏子黄，麦上场（cháng），栽秧割麦两头忙”。夏收、夏种、夏管，正所谓“三夏”大忙时节。所以芒种之农事，体现一个“忙”字；芒种之“考事”，也体现一个“忙”字。春争日，夏争时，小满赶天，芒种赶刻。

麦收有五忙：一割、二拉、三打、四晒、五藏。麦收有三怕：雹砸、雨淋、大风刮。随着降水的增多，麦收确如“龙口夺粮”。所以夏收和秋收的节奏有显著的差异：“夏收要紧、秋收要稳”，“麦松一场空，秋稳籽粒丰”。

“羊盼清明牛盼夏，马到小满才不怕，人过芒种说大话”便与夏收有直接关联。羊到清明就能饱餐鲜草了。牛在开春之后或者要耕田，或者因为草太嫩太矮，既费力气又不容易吃饱（可见，嫩草并非老牛的主粮）。青草渐渐茂盛，牛要到立夏，马要到小满，才能痛快地吃青草。人呢，要到芒种之后，挨过青黄不接的时节，夏收这一茬作物颗粒归仓，可以估摸出收成，吃食不用太发愁了，才敢说大话。

还有一则谚语：“芒种后见面。”就是指芒种之后，收了麦子，打了麦子，可以见到面，可以吃上面了。哈哈，不是说谁和谁约定芒种之后相见哦！

芒种之后，人们欣喜地享用着时品之美。《燕京岁时记》中说：“（农历）五月玉米初结子时，沿街吆卖，曰五月先儿。其至嫩者曰珍珠笋。”

我作为一位玉米爱好者，还是觉得秋后的玉米才有“咬头儿”，才有玉米熟美的香气，嫩浆终究有些寡淡。

我的节气，便是小满之后采樱桃，芒种之后摘桃子，夏至之后啃西瓜。

梅雨

芒种之后，由江南至江淮，长江中下游地区陆续进入通常历时近一个月之久的梅雨季节。小暑之后才陆续出梅，所以有“三时已断黄梅雨”的诗句（“三时”指夏至起的 15 天之后，恰好时值小暑时节）。

“五月炎气蒸，三时刻漏长。麦随风里熟，梅逐雨中黄。”

天气渐热，白昼渐长，麦熟、梅黄时节，长江中下游等地的梅雨便淅淅沥沥地降临了。

梅雨这一称谓，借用了梅子黄熟之物候，且是借用物候的气象概念中通晓度最高的，历史也极其悠久。唐太宗诗云：“和风吹绿野，梅雨洒芳田。”再往前追溯，东汉时《四民月令》的占候歌谣中便已有“黄梅雨”的说法。“梅雨”一词，已是一个 2000 岁的词语，并超越国界，作为相关区域相似天气的通用词语。

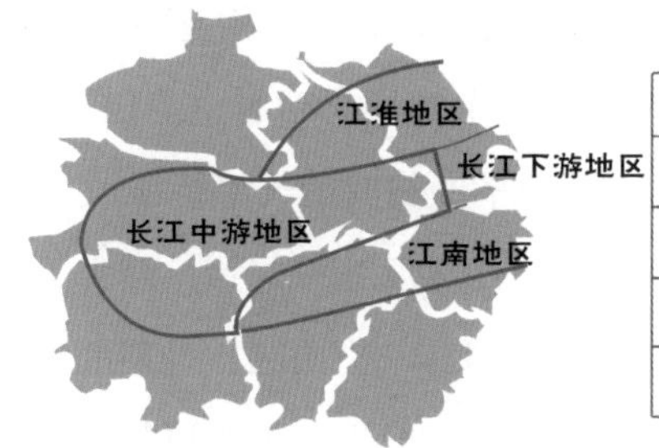

入梅时间		出梅时间
6月8日	江南地区	7月8日
6月15日	长江中游地区	7月14日
6月19日	长江下游地区	7月12日
6月21日	江淮地区	7月15日

常年入梅、出梅日期

目前的气象业务中，以长江中下游地区的 277 个代表站的观测资料，作为确定梅雨的依据。并将长江中下游地区细化为四个区域，各区域的入梅、出梅时间存在显著的时间跨度。

元代高德基的《平江纪事》有云："吴族以芒种节气遇壬，为入梅，凡十五日。夏至中气遇庚，为出梅。入时三时亦十五日，前五日为上时，中五日为中时，后五日为末时。入梅有雨为梅雨，暑气蒸郁，而沾衣多腐烂。故三月雨为迎梅，五月雨为送梅，夏至前半月为梅后，半月为时雨。遇雷电谓之断梅。"

清代《清嘉录》中记述了长三角地区民间关于梅雨的几种不同的概念。

（1）界定起始日：以芒种节气后为梅雨。

（2）界定终了日：夏至前，名黄梅雨。

（3）泛指农历四到五月的雨：4—5 月间，梅黄欲落，蒸郁成雨，谓之黄梅雨。

（4）特指农历五月的雨：江南五月梅熟时，霖雨连旬，谓之黄梅雨。

（5）界定关键日：芒种后遇壬为入霉[①]。

人即以入霉日数度霉头之高下。如芒种一日遇壬，则霉高一尺；至第十日遇壬，则霉高一丈。庋物过夜，便生霉点，谓之"黄梅天"。又以其时忽晴忽雨，谚有云："黄梅天，十八变。"

江南春夏的两个多雨时段分为（农历）三月的迎梅雨和五月的送梅雨。从降水量上看，是"迎梅一寸，送梅一尺"。从降水的量化数据来看，并无寸尺之殊。

梅雨期的天气特点，往往是"梅雨之际，必有大雨连昼夜，逾旬而止，谓之船棹风。以此风自海上来，舶船上祷而得之者，岁以为常"。所以才有苏轼"万里初来船棹风"诗句描述的断梅时的气象特征。

现代对于梅雨的判定，涉及天气形势、天气系统配置、降水量以及降水的持续程度。对于一个区域或一个地方而言，梅雨起止日期的年际变率很大，入梅（立梅）日或者出梅（断梅）日的早晚，最多可能有两三个节气的差异，完全不是"芒种后遇壬为入霉"那么简单。

---

① 入霉即入梅。

广东、福建等地的习俗与此不同。《四时纂要》中记述：“闽人以立夏后逢庚日为入梅，芒种后逢壬为出梅。”这相当于你方唱罢、我登场，由华南到江南的雨水接力。

在长江中下游地区，有一则谚语表述了（农历）三月的迎梅雨和五月的送梅雨之间的韵律：“发尽桃花水，必是旱黄梅。”类似的说法还有：“春水铺，夏水枯。桃花落在泥浆里，麦子打在蓬尘里。”

梅雨量的年际差异往往很大，以南京为例，最多时可以超过700毫米，最少时可以低于30毫米。依照前期降水，推测梅雨之丰枯，是很有意义的。那么这则流传甚广的雨谚到底是否有一定的参考价值呢？我们进行了一个粗略的验证，选取南京、杭州、上海，1951—2015年3月下旬至4月中旬（迎梅雨）与6月中旬至7月上旬（送梅雨）进行对比。

南京、杭州、上海1951—2015年迎梅雨与送梅雨

	南京	杭州	上海
发尽桃花水年份	32	29	29
对应旱黄梅年份	25	12	21
发尽桃花水，却对应丰黄梅年份	7	17	8
出现旱黄梅年份	41	39	43

典型例子

上海：1959年桃花水历史第二多，对应当年旱黄梅历史第二少

南京：2010年桃花水历史第二多，对应当年旱黄梅历史第七少

比如南京，1951—2015年，有32年“发尽桃花水”。在这32年中，有25年是旱黄梅，7年是丰黄梅。

比如上海，1951—2015年，有29年“发尽桃花水”。在这29年中，有21年是旱黄梅，8年是丰黄梅。相关关系比较显著，算是比较灵验的。

但对杭州的统计，1951—2015年，有29年“发尽桃花水”。在这29年中，有12年是旱黄梅，17年是丰黄梅。“发尽桃花水，必是旱黄梅”这句话难以应验。可见这则谚语，时间上，各年无法实现“必是”；空间上，则无法体现普适。

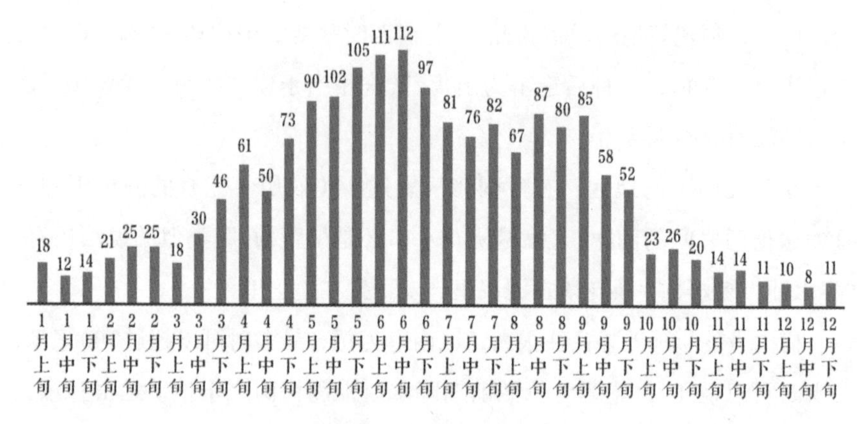

广州降水量逐旬分布图（mm）

但在没有天气形势概念的年代，能够着眼于两段降水多寡的相互呼应，并具有一定的准确性，其思维方式是非常值得称道的。

梅雨，是冷、暖气团之间战略相持的产物。在梅雨初期，往往是暖气团只能招架、无法还手，于是天气湿凉，被称为“黄梅寒”或者“冷水黄梅”。有一次，我偶然在日本的气象节目中看到主持人在讲解“梅雨寒”的概念，可见日本人在同一时节的诸多天气体验与中国人是相似的。

有谚语说“未食端午粽，寒衣不可送”，以及“吃了端午粽，还要冻三冻”，在一定程度上便与“黄梅寒”有关。

被淅淅沥沥的雨阻隔在家里，安闲地守看窗外，那种心境其实也很好，忽然感觉心里不再盛产浮躁了。

在华南等地，端午前后的雨水被称为“龙舟水”。6月上中旬是这里降水量的尖峰时期。这时的降雨，往往有组织、无纪律，非常急促，极易致灾。古诗云：“孩童不晓龙舟水，笑指仙庭倒浴盆。”

冰雹

就气候而言，此时北方也不平静，“雨打一大片，雹打一条线”。

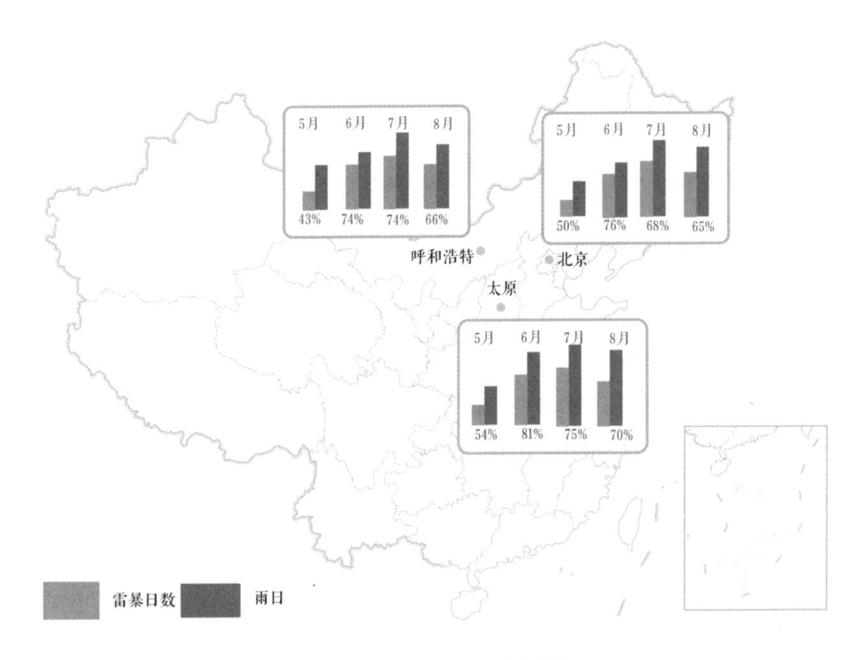

华北降雨 6 月雷暴比例最高

庄子说："夏虫不可语冰。"是说夏天的小虫活不到冬天，无法见识和理解什么是冰，所以不要和夏虫谈论冰。夏虫不可语冰，但是夏虫可以语冰雹啊！

就北京而言，一年之中 42% 的冰雹天气便集中于 6 月。

北方雷暴天气的幕后推手，是一个叫作东北冷涡的天气系统。以往 6 月是冷涡活动的鼎盛时期，但近些年，冷涡 5 月就早早开始小试身手。

当然，冷涡既是魔鬼，也是天使。雨中，雷鸣电闪外加冰雹；雨后，白云蓝天附赠彩虹。在北京，2015 年，网友们最大规模的一次"晒蓝天"，就是冷涡之下的 6 月 11 日。元稹诗云："嫁得浮云婿，相随即是家。"嫁给一个有如浮云般漂泊的夫婿，家便是相随。

东北冷涡驱动，高天流云，云朵飘飞得极快，最有漂泊的画面感。

在华北地区，6 月并非降水最多的月份，却是降水时雷暴发生概率最高的月份，四场雨中至少有三场都是雷雨。

芒种时节，北方地区会变得比较干热，与之前忽冷忽热的状况形成反差。国外的一则气象谚语说得很直接：

> 德语版本：Die Julisonne arbeitet für zwei.
>
> 英语版本：The June sun does the work of two.
>
> 即：6月的太阳，一个顶俩。

长江中下游地区往往陆续进入梅雨季节，有些年份，阴雨甚久，感觉尚未入夏便淅淅沥沥，等到云销雨霁，便直接到了盛夏。正所谓“连雨不知春去，一晴方觉夏深。”

祈雨、祈晴

此时，冬、春、夏的面积分别约为132万平方公里、593万平方公里、235万平方公里。可见芒种期间，中国的季节版图发生的变化是比较小的。笼统而言，是南方初夏，北方暮春。虽然立夏是名义上的夏季首个节气，但在二十四节气起源的中原地区，往往是将端午或芒种作为夏季的起始。

季风气候中，夏季是阳光和雨露最极致的叠加。所以人们最在意的，是夏季的天气。

《礼记》中说：“立夏，命有司祀雨师。”“旧制求雨，太常祷天地、宗庙、社稷、山川，已赛，如其常祭，牢礼。四月立夏旱，乃求雨，立秋虽旱不祷。求雨到七月毕，赛之。秋、冬、春三时不求雨。”进入夏季，人们格外尊重“雨师”，这时候也是“雨师”最见功力之时。亢则旱，霖则涝，匀则丰稔，分寸感极强。

我们来看皇帝的两则祈天文书。

一则是祈雨的：

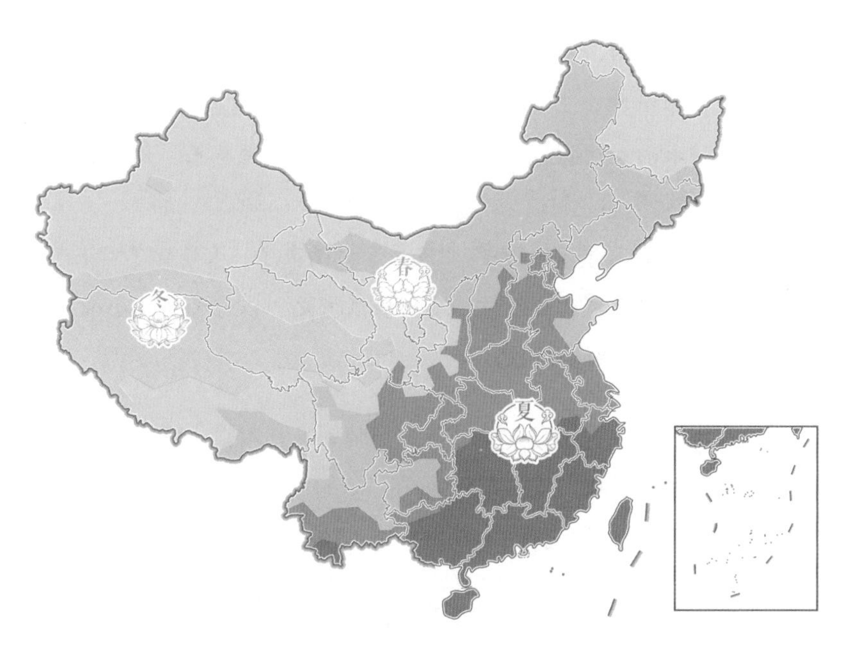

芒种季节分布图

> 朕以寡德，莅政多违，亢阳三时，光阴错绪，农植之辰而零雨莫降。其令有司彻乐，大官以菜食常供祭奠。

皇帝的话说得很谦卑，既自我批评，也提出整改措施，来为“农植”求情。据说很灵验，“既而澍雨大降”。

一则是祈晴的：

> 幽明失序，就阴则滞，连云霖淫，注而不替，润既违时，泽而非惠。

真是旱时一点如甘露，涝时一点不如无。

古时候，人们真不容易。虽说“锄上三寸泽”，但毕竟靠天吃饭。现在对于旱涝，防汛抗旱有各级指挥部，未至即防，既至则抗。但在古时，人们更多的还是求。

雨少求霖，雨多求晴，孩童都得参与其中。

明代《帝京景物略》记述：

> 凡岁时不雨，家贴龙王神马于门。瓷瓶插柳枝，挂门之旁。小儿塑泥龙，张纸旗，击鼓金，焚香各龙王庙。群歌曰：“青龙头，白龙尾，小孩求雨天欢喜。麦子麦子焦黄，起动起动龙王。大下小下，初一下到十八。”
>
> 初雨，小儿群喜而歌曰：“风来了，雨来了，禾场背了谷来了。”
>
> 雨久，以白纸作妇人首，剪红绿纸衣之，以苕帚苗缚小帚，令携之，竿悬檐际，曰扫晴娘。

而且对于扫晴娘，还有“奖惩”：“扫晴娘，扫晴娘，三天扫晴啦，给你花衣裳。三天扫不晴，扎你光脊梁。”

《清稗类钞》中详细记载了民间的“扫晴娘”：

> 久不雨，出纸翦作人形者五六，佐以鼓一，钟一，梯一，举而黏之于廊，且祝之。偶或大雨滂沱，则翦人物如前，而益以作女子状者一，且持一帚曰：“我将以祈晴也。”盖谓天空之云，皆为彼女之帚扫却矣。

不过，《清稗类钞》并未将其归入时令类或者气候类、风俗类，而是将其归入“迷信类”。

当然，所谓扫晴，不限于止雨，还承担除阴霾的职责，只是从前没有那么多雾霾需要清扫。

扫晴娘的习俗传到日本，便渐渐地变成了晴天娃娃（てるてる坊主），因为负责求雨祈晴的往往是僧人。日本的芒种物语图，便是一群晴天娃娃。芒种，正是那里的梅雨时节。

其实做天也不容易，卖伞的盼雨，卖帽的盼晴。只有卖保护伞和乌纱帽的与天气无关。

在农历四月，“麦宜寒，蚕宜温，惟同在四月之际，两者必有一偏”。

做四月天不容易，做五月天更不容易。

暖气始盛，虫蠹并兴

俗话说：“旱苍蝇，水蚊子。”随着天气趋热，雨水渐多，蚊蝇、蛇蝎、蟑螂、蜈蚣等虫字旁的家伙开始盛行。所谓“阳气将亏，阴气欲萌，暖气始盛，虫蠹并兴”。

梅雨时节，湿气弥漫，所以（农历）五月也有恶月、毒月甚至“百毒之月”之说。所谓“圩田好作，五月难过”。于是人们想出各种招式来应对这个时节，民俗以端午为最。

世人作粽，并带五色丝及楝叶，皆汨罗之遗风也。

五月五日，朱索五色柳桃印为门户饰，以止恶气。

五月，以五色线系臂，名曰续命缕，又曰长命缕，可以辟除不祥。

此日蓄采众药，以蠲除毒气。

五日，户悬蒲、蓬、桃、蒜等物以辟邪。

以五月五日并蹋百草，采艾以为人，悬门户上，以禳毒气。

浴兰汤兮沐芳华。

五月五日蓄兰为沐浴。

五月朔，家家悬朱符，插蒲龙艾虎，窗牖贴红纸吉祥葫芦。幼女剪彩叠福，用软帛缉缝老健人、角黍、蒜头、五毒老虎等式，抽作大红朱雄葫芦，小儿佩之，宜夏避恶。家堂奉祀，蔬供米粽之外，果品则红樱桃、黑桑椹、文官果、八达杏。午前细切蒲根，伴以雄黄，曝而浸酒。饮余则涂抹儿童面颊耳鼻，并挥洒床帐间，以避虫毒。

大户人家更是如此，《红楼梦》中便有“这日正是端阳佳节，蒲艾簪门，虎符系臂。午间，王夫人治了酒席，请薛家母女等赏午”这样的叙述。

端午时，有所谓“佩服”之说：一个是佩，佩戴些什么；一个是服，服用些什么，以避灾厄。

雄黄酒、五毒符、辟瘟丹、蒲剑蓬鞭、独囊网蒜等，这些现今人们已经渐渐生疏了的东西，曾经被视为（农历）五月之必备。而且百事多禁忌，人们在各种宜忌之间小心翼翼地走过这个时节。

其实不仅端午，漫长岁月累积下来的各种宜忌遍布各个时令。下面举几个例子。

比如喝碗粥都有玄机。《田家五行》：“十二月二十五日，夜煮赤豆粥合家食之，出外者留之，名曰口数粥，能祛瘟鬼。”

比如洗浴，竟有诸多讲究。按照《珠囊隐诀》《云笈七签》《月令纂》《千金翼》《帝京景物纪胜》等书的记述：

（正月）元日煎五香汤洗浴，令人至老须黑。

正月十日沐浴，令人齿坚。

以立春日清晨，煮白芷、桃皮、青木香三汤沐浴，吉。

（农历）二月八日沐浴，令人轻健。初六日亦同。

（农历三月）初三日，取枸杞煎汤沐浴，令人光泽不老。

（农历四月）是月初四日、七日、八日、九日，取枸杞煎汤沐浴，令人不老，肌肤光泽。

（农历八月）是月二十二日沐浴，令人无非祸。

（农历十一月）十一日不可洗浴，勿以火炙背。

腊月初一、初二、初八、十三日、十五日、二十日沐浴，去灾悔。

岁暮斋沐，多于廿七八日。谚云：“二十七，洗疚疾；二十八，洗邋遢。”

就连拔几根白头发都得选择时令：

（农历三月）初一日、初十日，拔白生黑。

> （农历五月）是月十六日、二十日，宜拔白。
>
> （农历七月）是月二十三、二十八日拔白，永不再生。

翻阅古代岁时养生的书籍，深感人们是生活在万千宜忌之中。人们忌惮梅雨，但更懂得梅雨也是一种赐予。“农以得梅雨乃宜耕耨，故谚云：‘梅不雨，无炊米’。”

“芒种夏至天，走路要人牵。牵的要人拉，拉的要人推。”这则谚语有多种解读：一是农民在田地里忙碌了一天，满身疲惫，累到走不动路；二是芒种时往往多雨，道路湿滑泥泞，走路时要相互搀扶；三是入夏之后，人们容易力倦神疲、周身无力，有病怏怏的感觉。

与春作别

说到芒种，《红楼梦》中，黛玉葬花、宝钗扑蝶都发生在芒种时节。第二十七回“滴翠亭杨妃戏彩蝶　埋香冢飞燕泣残红”中写道：

> 至次日乃是四月二十六日，原来这日未时交芒种节。尚古风俗：凡交芒种节的这日，都要设摆各色礼物，祭饯花神，言芒种一过，便是夏日了，众花皆卸，花神退位，须要饯行。

芒种节摆设礼物为花神饯行，众花皆谢，女孩子们美美地把自己打扮得桃羞杏让、燕妒莺惭，延续着花季之美。

“言芒种一过，便是夏日了”，是把芒种视为春夏之交界，大概是秉持花落即春归的理念。

黛玉第一次葬花，是在阳春三月，风吹桃花，落红成阵，满身、满书、满地皆是。为了让花儿“质本洁来还洁去”，黛玉“肩上担着花锄，锄上挂着花囊，手内拿着花帚”，将落花装入绢带，埋入花冢。

芒种时节，“许多凤仙石榴等各色落花，锦重重的落了一地”。春残花渐落，“花谢花飞花满天，红消香断有谁怜”，勾起了黛玉顾影自怜的伤感。气候恶劣，“风刀霜剑严相逼”；花期匆促，“明媚鲜妍能几时”。与春作别之时，一半是怜春，一半是恼春：怜春忽至，恼春忽去；无言地来，无声地去。

每次品味一个节气，便有一番别样的感慨，时光仿佛如花飘过，似水流过。春天亦如美眷，真的是“如花美眷，似水流年”。

端午换新装

按照宋代陈元靓《岁时广记》记载：“国朝之制，文武官……在京者端午赐衣服。”

立夏虽曰夏，但官员们并不造次，一个月之后才换装，自端午开始着夏装。端午换装，入伏用冰，这算是人们生活细节上的两个时间节点。

立夏秤人

从前南方在立夏有“秤人”的习俗。

“家户以大秤权人轻重，至立秋日又秤之，以验夏中之肥瘠。”立夏日秤一次，立秋日再秤一次，看看熬过这一个夏天之后，体重是增了，还是减了。大家边秤边七嘴八舌地评论，“评量燕瘦与环肥”。“时逢立夏出奇谈，巨称高悬坐竹篮。老少不分齐上秤，纽绳一断最难堪。”设想一下这样一个情境，原本很体面的一个人，蹲到竹篮里在众目睽睽之下秤体重，如果胖到把纽绳拉断了，众人哄笑一番，该是多么尴尬啊。

因为南方湿热，人们“常眠食不服”，称为“蛀夏”。在北方，夏天来得晚，由暮春到初夏，绿肥红瘦，由花繁到叶茂，“芒种一过，便是夏日”。如果要“秤人”，芒种时节才比较恰当，毕竟气象意义上的夏天才刚刚开始。

正午很晒，夜晚依然凉爽，并无古人所说的“蛀夏”之苦。北方那种令人汗津津的桑拿天很少，立秋之后没多久就干爽了，“上蒸下煮”的暑

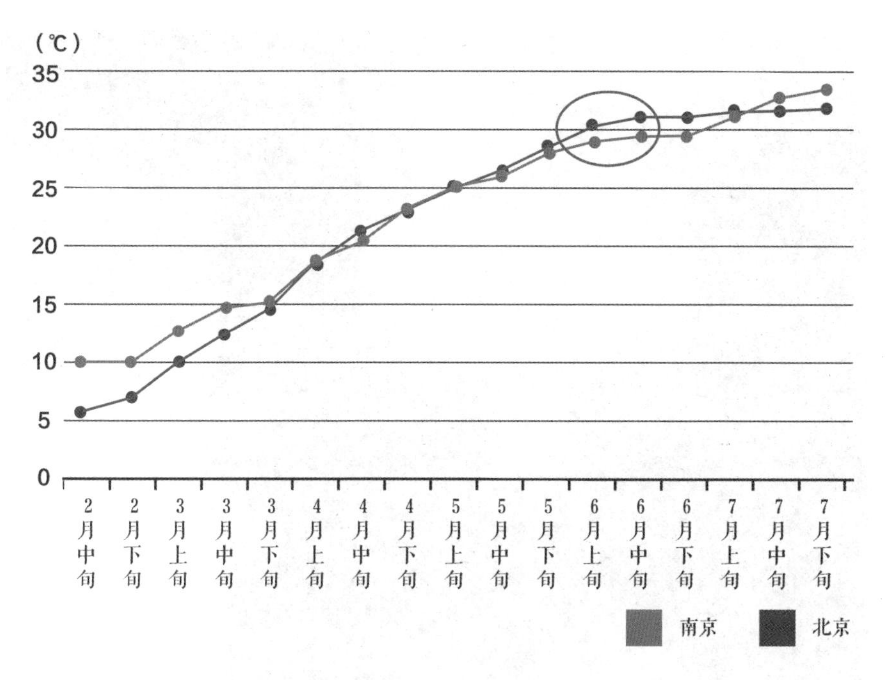

北京与南京平均最高气温走势图

此时如果仅仅对比北京与南京白天的最高气温，立夏之后北京便渐渐反超南京，芒种时节北京的气温“优势”达到最大。所以此时只看白天的最高气温，会给人留下南方没有北方热的印象。芒种时节，北方多是干和晒，南方多是湿和闷。

热不多，所以如果按照旧时风俗“秤人”，也往往会发现：温度增了，体重也增了；温度减了，体重还没减。

夏至

【景风南来】

小荷才露尖尖角，
早有蜻蜓立上头。

6月21日或22日，夏至节气。这是一个源于天文的节气，它代表了一种极致。这是北半球白昼最长、黑夜最短的日子，标志着盛夏季节的开始。

一句情话便与夏至相关："这一天，想你的时间最长，梦你的时间最短。"

记得2013年的夏至日，我恰好在新疆伊犁的霍城县出差，大约22:30太阳才慢吞吞地落山，23:30左右天色才一片漆黑（《草原之夜》歌唱的就是霍城县，"美丽的夜色多沉静，草原上只留下我的琴声。想给远方的姑娘写封信耶，可惜没有邮递员来传情"）。

天山腹地的那拉提草原的海拔在1800米左右，平均年降水量800多毫米，比北京还多1/3，是伊犁河谷雨雪最丰润的区域。这里被人称为"夏半年是景区，冬半年是灾区"。冬季要么有风，要么有雪，要么风雪交加。夏至时节，这里的花开得特别欢畅，草长得非常奔放，天蓝得超出想象。

《吕氏春秋》中说"夏至，日行近道，乃参于上"。

古人认为，所谓夏至，"至有三义，一以明阳气之至极，二以助阴气之始至，三以见日行之北至，故谓之至"。也就是阳气将衰，阴气始萌，阳光的直射抵达最北，感觉是阳光最亲民的一个节气。

既然夏至时我们从太阳那里获取的热量最多，但为什么最炎热的天气却发生在夏至之后的小暑、大暑呢？古人给出的解读很形象。

"大寒在冬至后，二气积寒而未温也。大暑在夏至后，二气积暑而未歇也。寒暑和乃在春秋分后，二气寒暑即未即平也。譬如火始入室，未甚温，弗事加薪，久而愈炽，既迁之，犹有余热也。"

此时，地表由阳光获得的热量达到最多。之后一段时间，热量收益虽

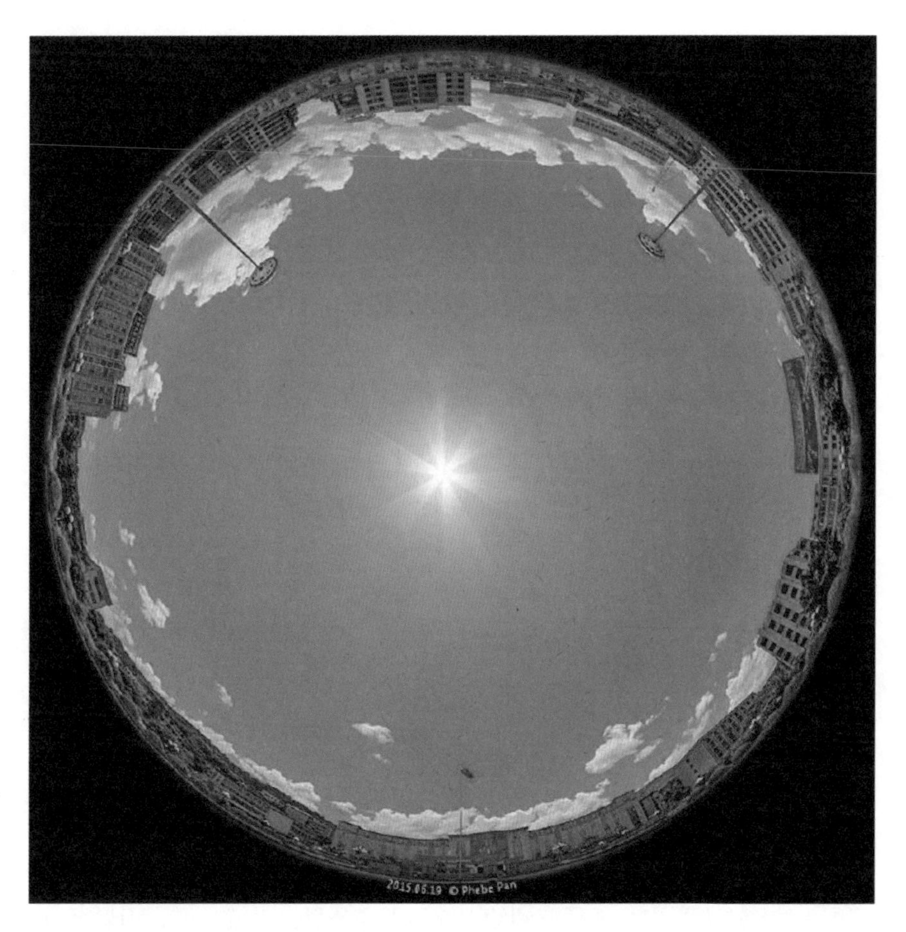

夏至日，阳光直射北回归线（大约为北纬23度26分，大致上在云南红河—广西百色—广州—台湾阿里山一线。正午时分在那里，日在穹顶，立杆不见影。2015年的夏至日，我恰好在福建出差。在北纬26度，我很想拍摄一下日在中天，但天气阴沉沉、湿漉漉、热烘烘的，未能如愿。（摄影：@菲比幸福）

然逐步减少，但依然大于热量散失，所以天气继续趋热。直到热量收支达到平衡、盈亏相抵时，气温达到峰值。

谚语云："夏至不热，五谷不结。"炎热虽似煎熬，实则为馈赠。

至今，北半球诸多国家都"一刀切"地将白昼最长日（夏至）作为春与夏的分界线。虽然不名之为"节气"，但也是一个非常重要的时令节点，尤其是那些身居高纬度、享受极昼待遇的国家。

夏至祭祀

自古以来，夏至虽被称为夏节，但这个节日的庆典活动却很少：一是因为农事繁忙；二是因为“夏至阴气起，君道衰，故不贺”。此时最具仪式感的活动便是祭祀，往往是北方祈雨，南方求晴。

夏至日祭祀的传统非常悠久，周代已有之。古人认为夏之大祭，可以消除国之饥荒、民之疫疠。夏至、冬至的祭祀规格最高，但祭祀对象又有差异。所谓冬至祭天，夏至祭地。按照《周礼》的说法，“以冬日至，致天神人鬼；以夏日至，致地方物魅”，借此消除国之凶荒、民之札丧。

所以，“冬日至，于地上之圜丘奏之，天神皆降；夏日至，于泽中方丘奏之，地祇皆出”。

夏至季节版图

芒种时节，季节版图发生的变化很小。夏至时节，冬、春、夏之间“三国演义”的剧情大变。冬，只在高原上还剩下约 80 万平方公里的“自留地”。春的面积由约 584 万平方公里锐减到约 275 万平方公里。夏的面积则由约 355 万平方公里猛增到约 525 万平方公里。也就是说，到夏至时，夏才终于脱颖而出，已呈纵贯南北之势。

我们常常感慨于“又是一年春来早”，但“又是一年夏来早”，实际上有过之而无不及。

北京春、夏的年代际变化非常显著。与相对寒冷的 70 年代相比，40 多年的时间，北京的入春，由清明一候，提前到了春分一候，提前了一个节气（15 天）。北京的入夏，则由芒种一候，提前到了立夏二候，提前了 25 天，近乎两个节气。于是，本来就短的“春脖子”，又被压缩了 10 天，变得更短了。因此，比春天“早产”更严重的，是春天的“早退”现象。

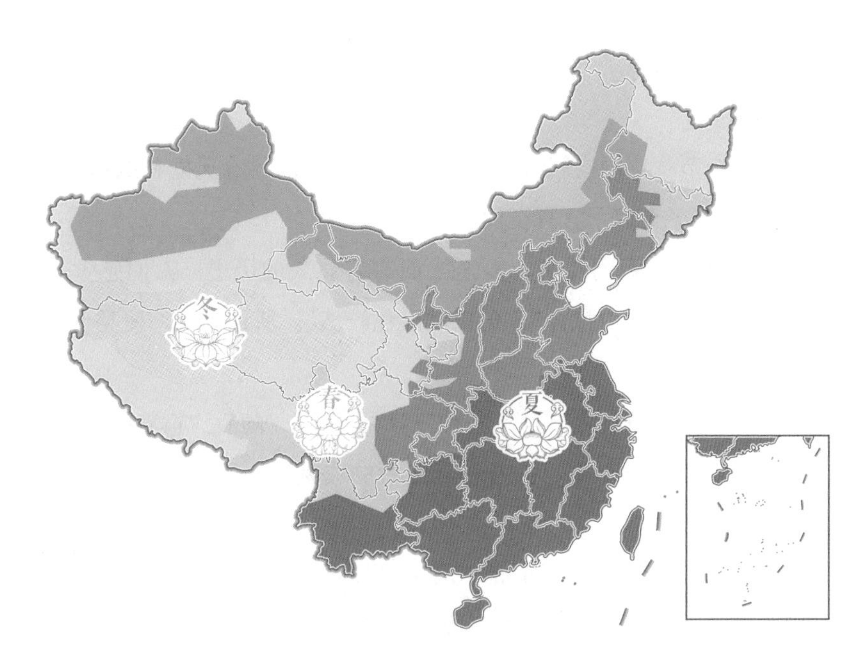

夏至季节分布图

北京的春、夏			
	入春日期	入夏日期	春季时长
50 年代	4 月 5 日	6 月 4 日	60 天
60 年代	4 月 8 日	5 月 30 日	52 天
70 年代	4 月 7 日	6 月 8 日	62 天
80 年代	4 月 2 日	5 月 27 日	55 天
90 年代	3 月 30 日	5 月 27 日	55 天
00 年代	3 月 24 日	5 月 19 日	56 天
2011—2016 年	3 月 23 日	5 月 14 日	52 天

从前北方的夏至，还只是初夏。随着气候的变化，夏至越来越容易“发烧”，一如小暑、大暑般灼热。

一位陕西的农民网友（@农民王二狗），在夏至时深有感慨，他说：“西瓜仿佛忽然之间变大了，玉米也在麦茬地里露出了一寸的青苗。田园的变化总是耐人寻味，特别是在这仲夏时分。你若两天没去地里走走，一定会觉得是大自然对它做了手脚。”

夏至面

每到一个节气，网友问得最多的一个问题就是："今天吃什么？"

民谚说："冬至饺子，夏至面。"

在节气起源的黄河流域，夏至吃面有着悠久的历史。人们感觉此时"食汤饼"，然后"取巾拭汗"，可以"面色皎然"。所谓汤饼，便类似现今的热汤面片儿。

就物候而言，黄河流域是"芒种三日见麦花"，随后"宿麦既登"。夏至时节恰好可以喜尝新麦，极有耕耘之后的成就感。所以"夏至面"，首先是有物质基础的。

据记载，旧时北京在夏至时"家家俱食冷淘面，即俗说过水面是也，乃都门之美品。向曾询及各省游历友人，咸以京师之冷淘面爽口适宜，天下无比。谚云：'冬至馄饨，夏至面'。京俗无论生辰节候，婚丧喜祭宴享，早饭俱食过水面。省妥爽便，莫此为甚"。

直到今天，过了水的炸酱面，依然是很多人夏日之最爱。

与"猫冬"的冬至时相比，夏至时满地的农活，人们更忙，包饺子、蒸包子有些烦琐，煮面很简便。炎热的夏季，吃食往往不像冬天那样肥甘厚味，夏至面恰好比较清爽。

夏九九

"星火五月中，景风从南来。数枝石榴发，一丈荷花开。"

夏至之后便进入盛夏，就如同冬至之后便进入隆冬一样。

谚语说："夏至未来莫道热。"

夏至之后的第三个庚日开始数伏，所以入伏日期并不固定。如果夏至日恰好为庚日，入伏便早。如果夏至日恰好为辛日，入伏便晚，但大体上在 7 月中旬。

数伏的习俗，始于秦汉时期。“伏者，谓阴气将起，迫于残阳而未得升，故为藏伏，因名伏日。”因此，所谓伏，并不是指人们热得懒洋洋地趴着，而是指阴气潜伏。

如同冬至起数九一样，夏至起也有数九的习俗，一个是冬九九,一个是夏九九。

古时冬也数九，夏也数九。尽管夏季南北气温梯度远比冬季小，冬九九歌谣具有显著的地域限定，夏九九歌谣具有更广泛的适用性，但夏九九歌谣为什么远不及冬九九歌谣那般流传呢？我觉得或许有这样几个原因：第一，冬闲夏忙，无暇仔细数；第二，严冬之苦甚于酷暑之苦；第三，夏季的天气更为多元和复杂，人们的关注点比较分散，不大可能只聚焦在气温方面；第四，夏九九说的是温度转变过程，而冬九九说的是生机的酝酿过程。那份守候，更为唯美，更值得人们憧憬。

当然，关于数伏，听起来是“一刀切”的，都在同一天。所以见到报刊上“我市明日入伏”，大家就会觉得特别有喜感。实际上，古时候人们已经逐步意识到各地气候的差异太大，同一天入伏，不十分合理。

《风俗通义》记载了关于部分地区可以自行选择三伏起止日期的故事：“汉《户律》云‘汉中、巴蜀、广汉自择伏日。俗曰：汉中、巴蜀、广汉土地温暑，草木早生晚枯，气异中国，夷狄畜之，故令自择伏日也。’”这在历法一统的古代，算不算是一种灵活的气候“自治”呢？当时，只听说这些地区土地温暑，其实比它们更温暑的地方还有很多。

夏九九歌谣的版本虽多，但含义大同小异，举娄元礼《田家五行》中的一例。

一九二九，扇子不离手；三九二十七，冰水甜如蜜；四九三十六，汗出如洗浴；五九四十五，头戴秋叶舞；六九五十四，乘凉入佛寺；七九六十三，夜眠寻被单；八九七十二，思量盖夹被；九九八十一，阶前鸣促织。

古代夏日之冰

说到夏日之冰水，在没有现代制冰设备的时代，人们是冬季藏冰，夏季食冰。早在周代，就有为王室管理冰政的专职人员，叫“凌人”。

《周礼》中记载：“凌人掌冰，正岁、十有二月，令斩冰，三其凌。”是说在隆冬时切好冰块，然后深藏在地窖之中，而且因为贮存过程中有融化形成的损耗，所以还要留出富余量，一般是夏日所需冰量的三倍。

宋代《岁时广记》中记载了唐代盛夏时冰块之紧俏：“长安冰雪至夏月，则价等金璧。每颁冰雪，论筐，不复偿价，日日如是。”

当然，夏日之冰首先要满足皇家之需。多余的冰，大臣是赐冰，民间是买冰。明代一般是立夏之后陆续赐冰，清代一般是在数伏之后陆续赐冰。“京师自暑伏日起，至市秋日止，各衙门例有赐冰，届时，由工部颁给冰票，自行领取，多寡不同，各有等差。”官员们按照职级高低领取不同数量的冰票。旧时，在夏天喝上一杯加冰的饮料，仿佛是一种“政治待遇”。

分龙

季风气候，古人非常在意不同节气的盛行风。

> 冬至，广莫风至，诛有罪，断大刑。立春，条风至，赦小罪，出稽留。春分，明庶风至，正封疆，修田畴。立夏，清明风至，出币帛，礼诸侯。夏至，景风至，辩大将，封有功。立秋，凉风至，报土功，祀四乡。秋分，阊阖风至，解悬垂，琴瑟不张。立冬，不周风至，修宫室，完边城。八风以时，则阴阳变化道成，万物得以育生。王当顺八风，行八政，当八卦也。

啧啧，这几乎是依照节气行政！不仅是跟着节气过日子，帝王理政还得看节气和风向。

在人们看来，随着时节的变化，龙的行政风格也变了。古时，（农历）五月二十即夏至前后，为分龙日，之后的雨被称为分龙雨。“自此以后，分方行雨”，即气象谚语所说“夏雨隔田晴”。分龙日的具体时间各地会略有不同，按照《清稗类钞》记载，“京师谓五月二十三日为分龙兵，盖五月以后，大雨时行，隔辙有雨，故须将龙兵分之也”。

“前此夏雨时行，所及必遍。自分龙之后，或及或不及，若有命而分之者。故五六月间，每雷起云簇，而不移时，谓之过云雨。虽二三里，亦有不同。”也就是说，在夏至之前，如果下雨，往往实施“普惠制”，降水量在一个区域的空间分配比较均匀。而在夏至之后，降水更容易体现显著的局地性，对流降水增多。于是相隔不远的两个地方，往往是我在烈日下静静地看着你那里在下雨。“若有命而分之者”，能否得雨似乎还要拼人品或者靠宿命。

所谓分龙，是古人基于夏季降水形态变化的一种联想。人们觉得盛夏之前的降水，是由一个龙王统筹规划，降水力戒不均，追求面面俱到。但龙之家子嗣太多，不能龙浮于事，于是让每个龙子、龙孙都把守一个山头，负责行云布雨。所以分龙之后，各地的降水令出多门，多寡不均。人们认为分龙分为两次：（农历）四月二十为小分龙，五月二十为大分龙。分龙之后，干打雷不下雨的现象，俗称“锁龙门”。

元末娄元礼的《田家五行》中记录了这样一则故事：

> 前宋时，平江府昆山县作水灾，邻县常熟却称旱。上司谓接境一般高下之地，岂有水旱如此相背之理？不准后申。其里人直赴于朝，诉诸史丞相。丞相怪问，亦然。众人因泣下而告曰：“昆山日日雨，常熟只闻雷。”丞相曰：“有此理。”悉听所陈。

交界相邻的昆山与常熟，一个总下雨，一个只打雷，形成旱涝的两个极端。“有关部门”的官员不知晓“夏雨隔田晴”的天气规律，以为蹊跷。昆山人说的是实话，常熟人也没有谎报灾情。直到大家哭诉详情，丞相才领悟了其中的道理。

在云南的南糯山，勐海与景洪的交界处有一个“气候转身的地方”的标牌。盘山而行，往往绕过一个弯，气候的“政策”便大不一样。山里的天气，“远近高低各不同”。

南阡朗日带彩虹，北陌顽云斗疾风。

偶凑分龙得新雨，山村水荡话年丰。

所以古时夏季占卜天气，常常更侧重自己脚下的“一亩三分地”，“晴雨各以本境所致为占候”。天气的行事方式，左右着人们的思维方式。

如果“分龙次日雨”，那么“主丰稔”，分龙之后就下雨，说明镇守此地的龙还算勤勉，丰收可有指望。

有一次网友给我留言，调侃道：“最近我们这儿的龙是新来的吧？上任之后太想出政绩了，每天都下雨！”

水节

“芒种夏至是水节”，梅雨季节来了。小暑时节才会陆续出梅，副热带高压随即北抬西伸，湿热的东南风盛行，代之以“桑拿天”。

关于梅雨，历法学家总希望给出一个时段上的基准。“做天无师父”，

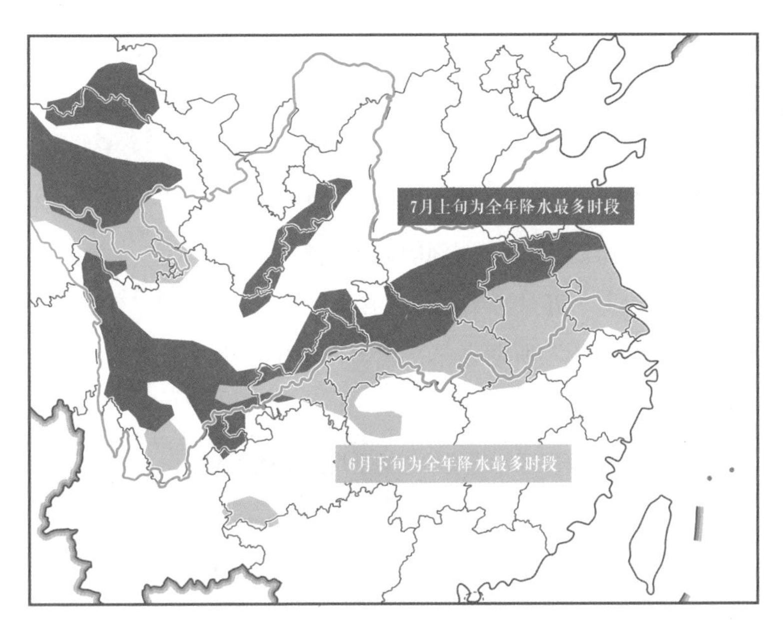

长江中下游地区的“七上六下”

平均而言，7 月上旬和 6 月下旬，是长江中下游地区的降雨盛期，即一年之中降水量最大的时段，降水量几乎能占到全年的 30% 左右。恰值夏至时节，长江中下游地区的流行性天气，便是梅雨。

除了要了解地的习性，还要揣摩天的规律，小心、仔细、虔诚，应和而不违逆天时。现在日本气象厅会定期发布所谓的“入梅宣告”，因为提前了解入梅日，是自江户时代开始，农家逐渐形成的习惯和依赖。

民俗之中，人们将此时的东南风称为“黄雀风”。《风土记》载：“南中六月则有东南长风至时，海鱼化为黄雀，故俗名黄雀风。”

按照农事谚语的描述，“夏至东南第一风，不种潮田命里穷”“夏至水满塘，秋天谷满仓”。

这时的降水，往往是热对流，黑云翻墨，白雨跳珠，“夏日熏风暑坐台，蛙鸣蝉噪袭尘埃。青天霹雳金锣响，冷雨如钱扑面来”。

有一则通晓度很高的谚语，叫作：“芒种夏至是水节。”这是合乎什么地方气候的谚语呢？

如果把气候平均降水量排在前两位称为“水节”，那么广东是“芒种小满是水节”，湖南是“芒种夏至是水节”；再往北，湖北是“夏至小暑是水节”，河南是“小暑大暑是水节”，河北是“大暑小暑是水节”。可见各地的“水节”节气各不相同。真正符合“芒种夏至是水节”的，大体上是江南一带。很多谚语，体现了明确的地域上的适用性。

民间有“（农历）五月喜旱，六月喜雨”之说。谚云：“有钱难买五月旱，六月连阴吃饱饭。”所谓喜旱、喜雨，往往并非源于体感，而是作物

部分省区各节气的气候平均降水量（mm）

		广东	湖南	湖北	河南	河北
2月4日—2月18日	立春	40.5	44.2	25.6	9.5	2.2
2月19日—3月4日	雨水	45.3	48.1	31.7	12.7	4.4
3月5日—3月19日	惊蛰	40.4	56.4	35.6	17.3	3.9
3月20日—4月3日	春分	77.8	72.9	42.5	14.8	6.7
4月4日—4月18日	清明	88.4	84.3	54.7	15.7	7.3
4月19日—5月4日	谷雨	114.2	91.1	73.3	30.4	16.8
5月5日—5月19日	立夏	114.7	96.1	68.4	38	20.2
5月20日—6月4日	小满	149.8	100.1	76.1	34.2	19.7
6月5日—6月20日	芒种	178.6	116.9	84.9	40.1	33.6
6月21日—7月6日	夏至	144.8	105.9	123.3	78.7	55
7月7日—7月21日	小暑	111.7	73.6	104	89	70.9
7月22日—8月6日	大暑	135.4	71.5	80.2	85.9	83.4
8月7日—8月22日	立秋	130.6	70	77.7	70.6	63.4
8月23日—9月6日	处暑	111.8	56.8	57.5	49.7	39.1
9月7日—9月21日	白露	82.3	36.2	45.9	39.5	25.8
9月22日—10月7日	秋分	63.4	36.5	39.8	32.7	16.9
10月8日—10月22日	寒露	25.8	39	41.7	24.9	13.6
10月23日—11月6日	霜降	19.8	39.7	31.2	12.4	5.9
11月7日—11月21日	立冬	21.6	39.2	31.1	17.7	7
11月22日—12月6日	小雪	14.5	19.6	15.1	7.7	2.4
12月7日—12月20日	大雪	14.7	22.5	12.9	5	1.5
12月21日—1月4日	冬至	17.4	22.6	12.4	5.5	1.4
1月5日—1月19日	小寒	21.8	32.8	19.9	8	1.5
1月20日—2月3日	大寒	20.8	34.1	15.6	4.9	0.8

的喜好而已。

夏至时节的天气，既能够给人们带来惊喜，也能够带来惊悚。

下击暴流和龙卷风

夏天的风最突然，如何避免与之相遇？

冬天的风虽强劲，但一般会渐渐刮起，人们还有防备的机会。夏季，强对流所诱发的狂风却是“起于顾盼之间”，令人猝不及防。

沈括在《梦溪笔谈》中记录了这样一则轶事：

> 江湖间唯畏大风。冬月风作有渐，船行可以为备。唯盛夏风起于顾盼之间，往往罹难。曾闻江国贾人有一术，可免此患。大凡夏月风景，须作于午后。欲行船者，五鼓初起，视星月明洁，四际至地，皆无云气，便可行，至于巳时即止。如此，无复与暴风遇矣。国学博士李元规云：“平生游江湖，未尝遇风，用此术。”

我们经常说起所谓强对流天气，常常会提及雷暴、大风以及冰雹。其实，还有两种强对流天气，一种是下击暴流，一种是龙卷风。

随着监测和预警能力的提升，往往大尺度的天气造成小灾难（伤亡人数），而小尺度的天气却造成大灾难。范围小、历时短的高影响天气，对于某个“局部地区”而言，却是灭顶之灾。

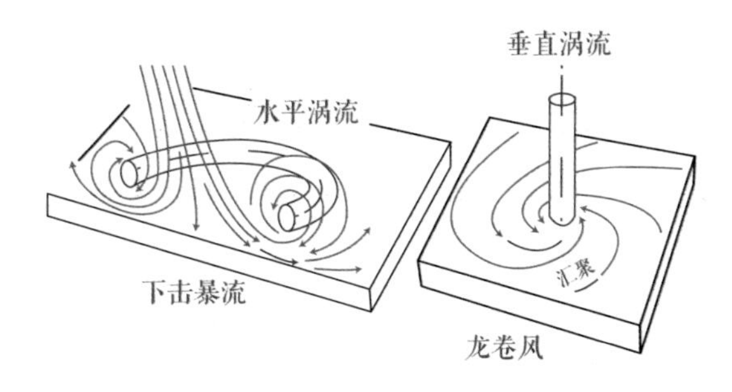

下击暴流与龙卷风的差异

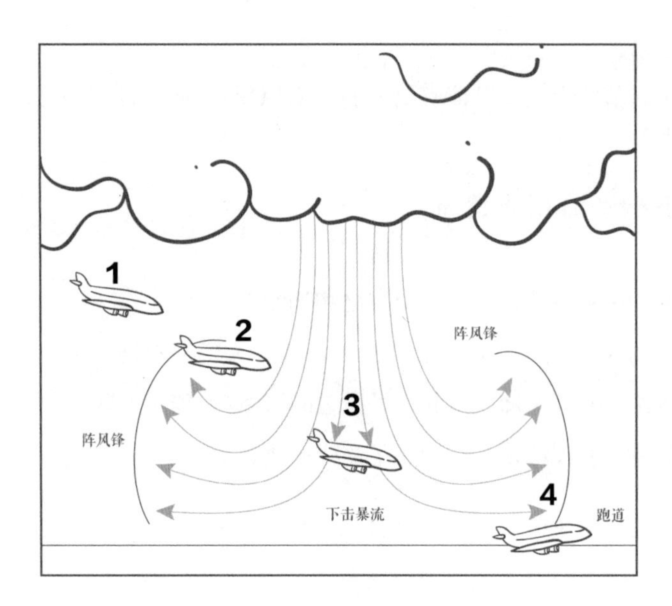

下击暴流

2015 年 6 月 1 日造成游轮在长江湖北监利段翻沉、442 人遇难的罪魁，便是下击暴流。

以往，飞机在降落过程中非常忌惮下击暴流。如图所示，飞机在降落到位置 2 时，突遇强烈上升气流。飞行员下意识的反应，便是加速下降。但当飞机迅速进入位置 3 时，会立刻遭遇凶猛的下击暴流，两种下降的力量相叠加，很可能使飞机顿时"砸"向跑道而失事。

《梦溪笔谈》中也有一段关于龙卷风的记载：

> 熙宁九年（1076 年），恩州武城县有旋风自东南来，望之插天如羊角，大木尽拔。俄顷，旋风卷入云霄中。既而渐近，乃经县城，官舍民居略尽，悉卷入云中。县令儿女奴婢卷去，复坠地，死伤者数人。民间死伤亡失者不可胜计，县城悉为丘墟，遂移今县。

古时，人们便知道龙卷风的威力是毁灭性的。

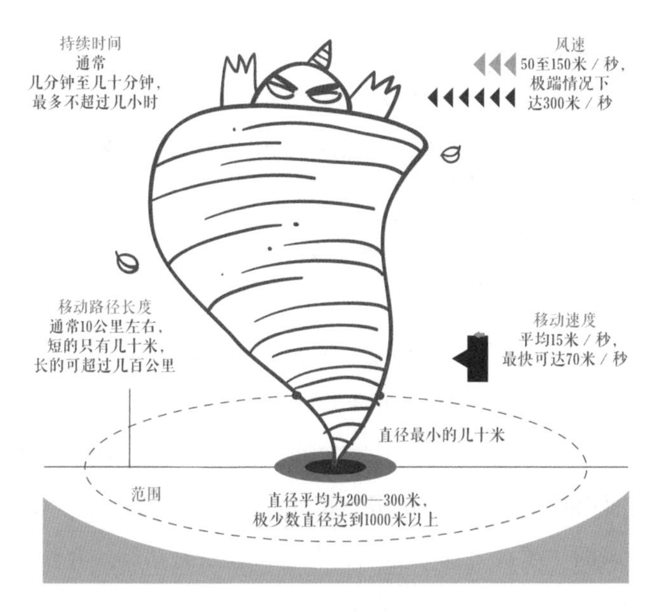

龙卷风

“漏斗云”是龙卷风的典型特征。

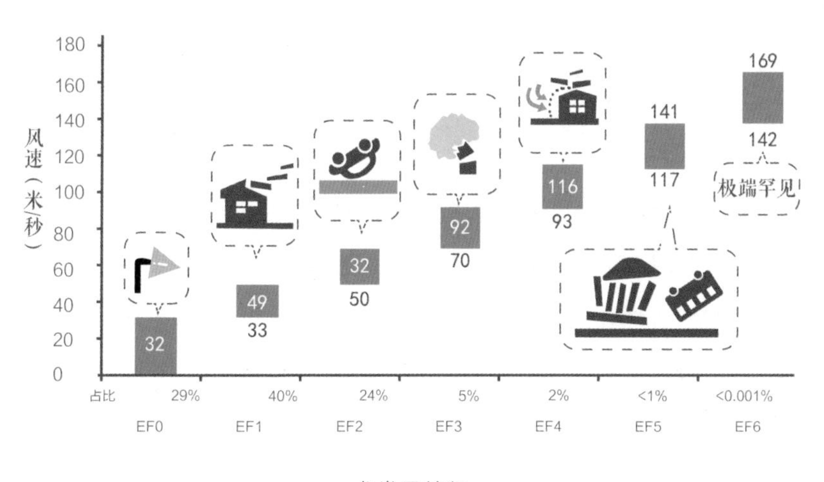

龙卷风等级

目前，国际上通常将龙卷风分为七个等级：EF0—EF6。在全球发生的龙卷风之中，有 29%（小数点后一位四舍五入）为 EF0 级，40% 为 EF1 级，24% 为 EF2 级，5% 为 EF3 级，2% 为 EF4 级。EF5 级龙卷风不到 1%，EF6 级龙卷风更是低于十万分之一，极端罕见。

中国并非龙卷风大国，平均每年发生龙卷风 43 个。美国平均每年发生 1122 个，为中国的 26 倍。

在中国，长江中下游地区为龙卷风相对高发的区域。长江中下游地区占全国陆地面积的 9.5%，但全国 44% 的龙卷风发生于此。

1961—2010 年，发生强龙卷最多的是江苏，其次是湖北、湖南。如果考虑到辖区面积的因素，上海的强龙卷危害不亚于江苏。

在龙卷风的“超级大国”美国，龙卷风在 5 月达到一年当中的峰值。中国龙卷风的月际分布与美国存在显著差异。

从中国龙卷风发生的月际分布来看，7 月最多，其次是 4 月、8 月、6 月。但进入 21 世纪之后，最牵动人心的两次龙卷，都不是发生在 7 月。2016 年 6 月 23 日，夏至，江苏盐城的强龙卷造成 99 人遇难、846 人受伤。重创盐城的龙卷为 EF4 级，最大瞬时风力超过 17 级。2015 年 10 月 4 日，秋分，台风彩虹在广东湛江登陆，之后在广东多地诱发龙卷。众多网友实拍“龙吸水”，在漏斗云的笼罩下，有一种“末日感”。

共和国历史上，造成遇难人数最多的是 1977 年 4 月 16 日（清明）发生在湖北东北部孝感的安陆和云梦等地的龙卷风。

我小时候曾经在少儿科普丛书中读到，1956 年 9 月 24 日发生在上海的龙卷风，将一半罐体埋于地下的 10 吨储油罐粗暴地拔出并裹挟至空中，“搬运”了 120 米之后，再把储油罐摔到地面。从那时起，我便对龙卷风的威力有了感性的认知。

这些“著名”的个例告诉我们，即使不是在最高概率的 7 月，龙卷风也同样为患。

古代对于灾异造成伤亡的文字记载，最为格式化的写法，便是“死伤

EF0级	风速<32米/秒 受害程度轻微 烟囱、树枝折断，根系浅的树木倾斜 出现概率29%
EF1级	风速33—49米/秒 受害程度中等 房顶被掀走，行驶中的汽车刮出路面 出现概率40%
EF2级	风速50—69米/秒 受害程度较大 木板房的房顶、墙壁被吹跑，汽车翻滚 出现概率24%
EF3级	风速70—92米/秒 受害程度严重 较结实房屋的屋顶、墙壁被吹跑，列车脱轨，重型汽车刮离地面 出现概率5%
EF4级	风速93—116米/秒 破坏性灾害 结实的房屋如果地基不坚固，将刮出一定距离，汽车像导弹一般乱飞 出现概率2%
EF5级	风速117—141米/秒 毁灭性灾害 坚固的建筑物被刮起，大型汽车如导弹喷射般掀出超过百米 出现概率1%
EF6级	风速142—169米/秒 受害状况未知 ? ? ? ? ? ? ? ? ? ? 出现概率<0.001%

如何判定龙卷风强度

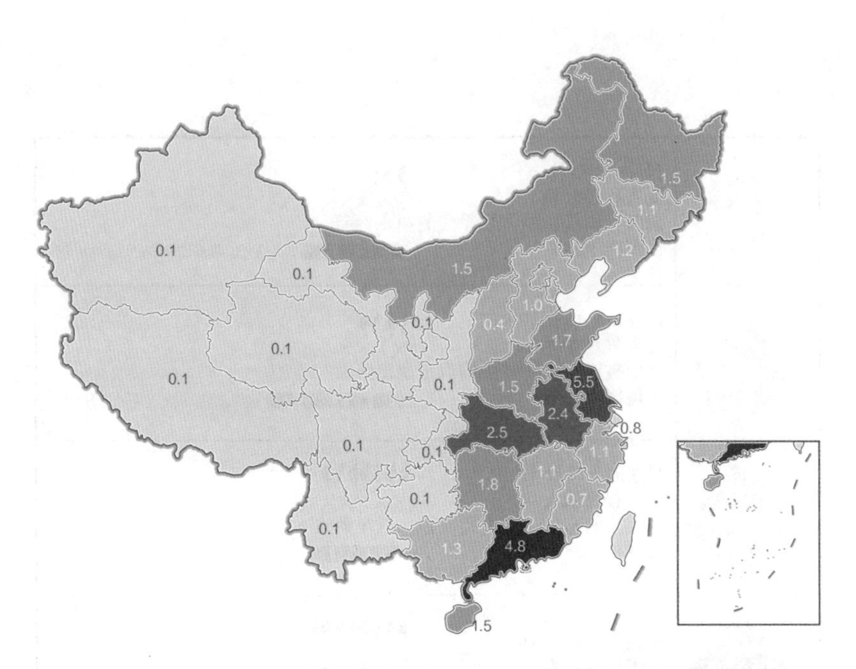

中国龙卷风的空间分布 [1991—2014 年部分省（市、区）年均龙卷风个数]

长江中下游是我国龙卷风多发地区。

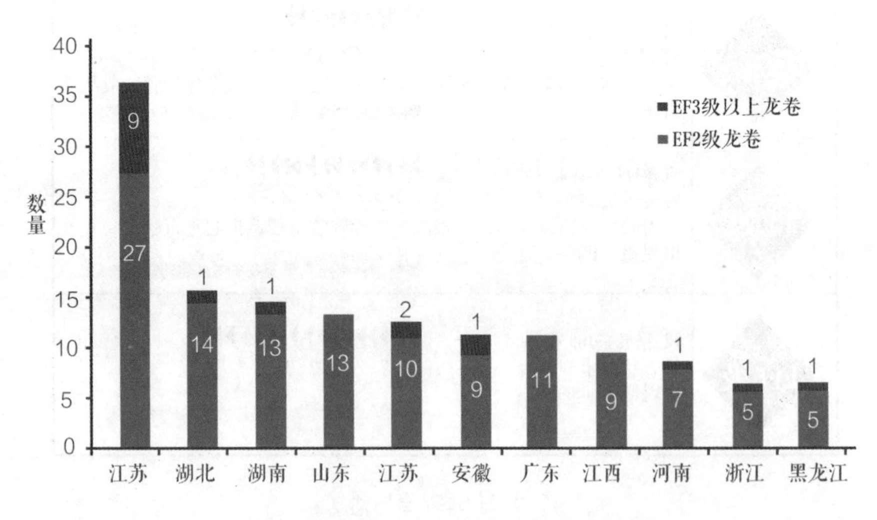

1961—2010 年发生强龙卷最多的 11 个省

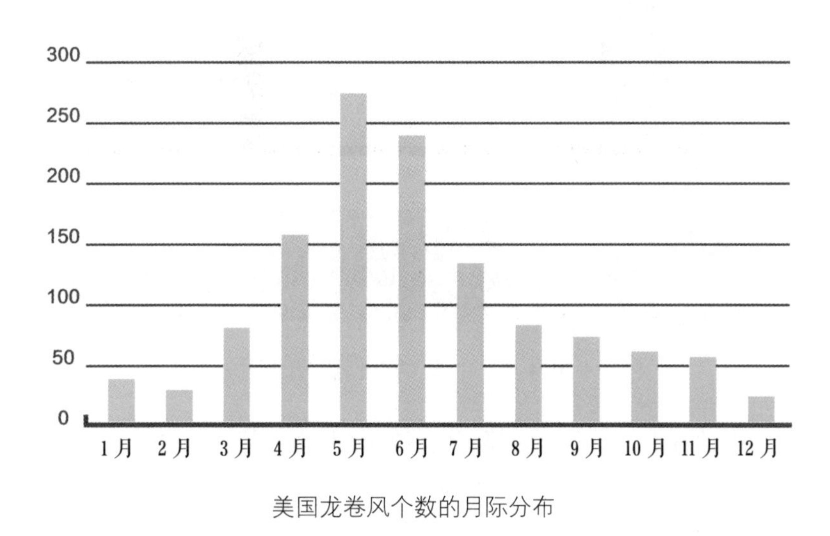

美国龙卷风个数的月际分布

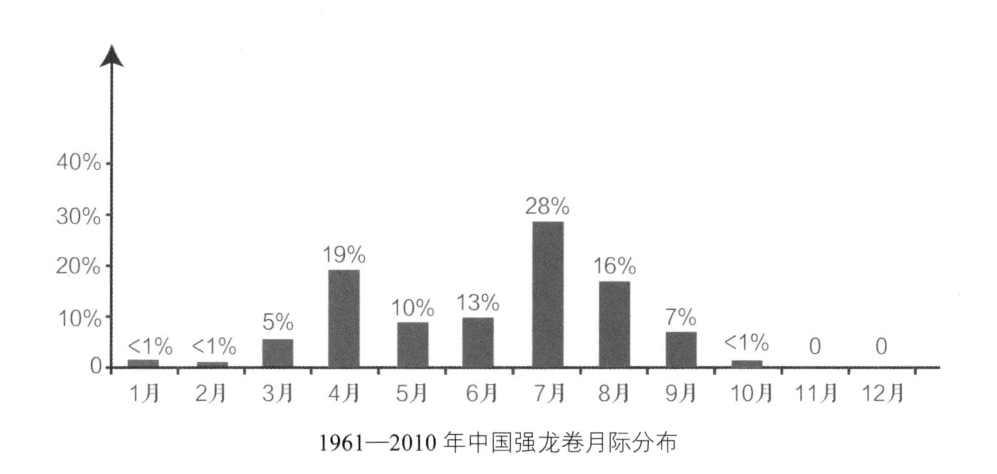

1961—2010年中国强龙卷月际分布

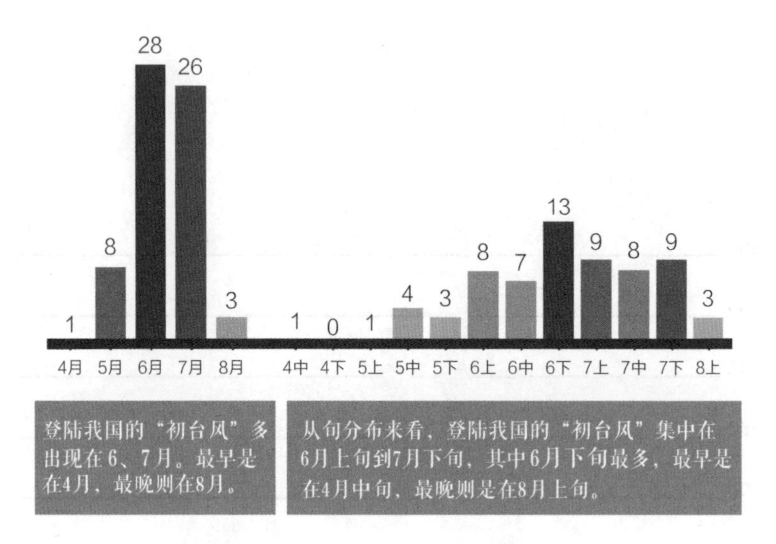

1949—2014 年，中国“初台风”登陆时间分布

无算”。即使提及，往往也是笼统地写道：“死伤者甚众。”直至近现代，对于气象灾害伤亡人数的查证依然很难做到精确，缺乏严谨的量化统计和记载。人命关天，伤亡人数却没有作为描述气象灾害惨烈程度的一项原始依据。这种记载方式上的流习，没有体现出对于生命个体（群体）足够的敬畏。

当代对于气象灾害中遇难人数的统计，逐步实现“一个都不能少”，逐渐不再使用“据不完全统计”。

不遗漏每一位不幸的逝者，并应当能够回溯每位逝者的遇难原因，在此基础上“亡羊补牢”，使社会防灾体系变得更智慧，使人更有安全感，这是社会文化意义上的文明。

台风

6 月，便已是台风季了，大约 42% 的“初台风”（该年度首个登陆中国的台风）出现在 6 月。换句话说，6 月是“初台风”的首选月份。进入夏至的 6 月下旬，更是“初台风”最扎堆的时节。很多“初台风”，果然是巨蟹座的。

实际上，台风往往是梅雨的“杀手”。有统计表明，85% 的台风有助于梅雨的减弱，其中 35% 的台风会导致梅雨暂停或结束。当台风靠近东南沿海时，会向北顶托副热带高压，雨带被迫北移，阴雨的主战场随之迁移。台风会吸纳大量的水汽，疯狂地掠夺资源，使原本应当输送到江淮地区的水汽量锐减。

在古籍之中，很晚才出现对于台风比较详细的叙述。南北朝时的《南越志》较为准确地描述了台风的多发季节、风向特征和影响程度。

> 熙安间多飓风。飓风者，具四时之风也。常以五月六月发。未至时，鸡犬为之不鸣。
>
> 南海有飓风，四面而至，倒屋拔木……飓风将发，有微风细雨，先缓后急，谓之链风。

我经常被人问及：“飓风和台风有什么区别？”实际上，它们是同类。只是“籍贯”不同，便有了不同的名字。现在，气象学上是这样划分的：如果是在南海或西太平洋，就叫作台风；如果是在东太平洋、大西洋或加勒比地区，就叫作飓风；如果是在印度洋，就叫作气旋风暴。

【蒸炊时节】

倏忽温风至，
因循小暑来。

每年 7 月 7 日或 8 日进入小暑节气。暑者,《说文》曰:“热也。”《释名》曰:“热如煮物也。”暑近湿如蒸,热近燥如烘。

倏忽温风至，因循小暑来

就气候平均而言，7 月是全国大多数地区气温最高的一个月，小暑、三伏、大暑这些“热”词在 7 月扑面而来。

小暑时节，往往热浪纵横，难得一丝清爽之风。在“雨热同季”的季风气候中，无论降水，还是气温，都开始呈现出极端性，两种极致的叠加。

暑期，有些地方逐步进入雨季，而有些地方陆续遭遇伏旱。所以有些地方是“小暑一场，大水汪汪”，有些地方是“小暑雨如银，大暑雨如金”。

对于长江中下游地区而言，小暑时节的气候往往是“一出一入”：出梅，然后入伏。梅雨逐渐结束，如苏轼所言：“三时已断黄梅雨，万里初来船棹风（三时，即夏至之后的十五天）”。

谚语云：“小暑大暑，上蒸下煮。”此时，最经典的“烹饪”方式是蒸。陆游说：“坐觉蒸炊釜甑中。”韩愈说：“如坐深甑遭蒸炊。”甑（zèng），古代蒸饭的一种瓦器。可见小暑节气，意味着“蒸炊”时节的到来，人们如同被扣在暖气团的大笼屉中。其实不仅是蒸煮，还有烧、烤、煎、熬等，天气以各种方式“烹饪”着鲜嫩多汁的我们。

在南方一些地区，往往清晨气温的“开盘价”就高于 30℃，一天 24 小时的气温都在 30℃上方震荡，真是夜以继日的桑拿天。正如杨万里所言："夜热依然午热同。"毫无凉爽时段。暑热来临，我们面对的是：热浪滚滚；心里想的是：热浪，滚！

小暑、大暑哪个更热

通常小暑时，冬只硕果仅存于青藏高原，大约 80 万平方公里。春的面积约为 355 万平方公里，其中大多属于常年无夏、春秋相连的区域。夏的地盘已扩充至约 525 万平方公里，但之后只能得寸，很难进尺，进一步西征和北伐的余地已十分有限。

小暑，之所以被称为小暑，是因为古人认为"暑气至此尚未极也"，暑热尚未达到巅峰期。

经常有人问："小暑、大暑哪个更热？"其实大暑和小暑，它们之间经常"没大没小"。有些年份是"小暑不算热，大暑三伏天"，有些年份是"小暑热得透，大暑凉悠悠"，有些年份是"小暑连大暑，有米懒得

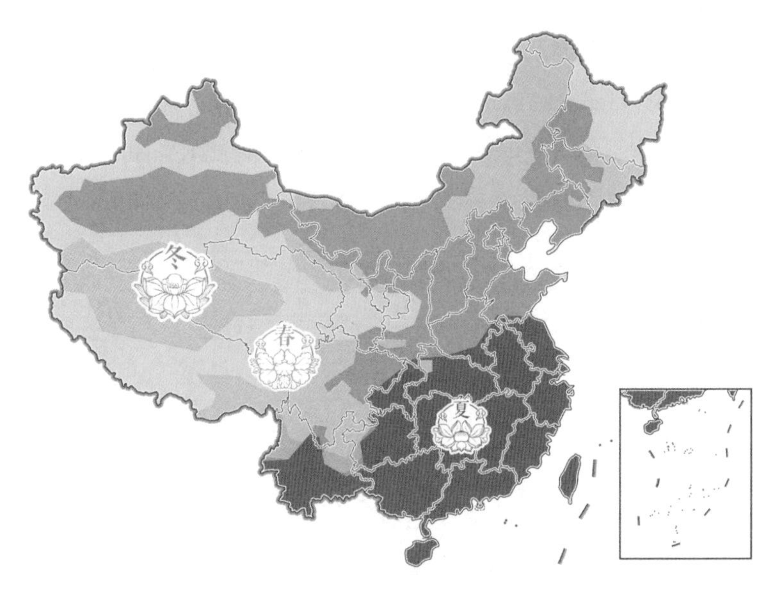

小暑季节分布图

煮”。例如，全国29%的地区极端最高气温纪录诞生于小暑期间（大暑为26%），而大暑更容易上演高温“连续剧”。所以小暑在爆发力方面略胜一筹，大暑在持久战方面更见功力。

在起初的节气中，关于寒与暑，曾有过六个节气：小暑，中暑，大暑，始寒，中寒，大寒。后来没有了中（zhōng）暑，但其实，中（zhòng）暑最可怕！

小暑之热不亚于大暑，小寒之冷不逊于大寒，所以不能因其“小”而轻视。生活中，断不能随便轻慢名为“小X”的种种。

那么就气候平均数据而言，小暑、大暑哪个更热呢？以1981—2010年气候平均来看，小暑期间全国平均气温为24.9℃，大暑为25.1℃，大暑略胜一筹。但各地的情况又不尽相同，以北京和南京进行对比：

1981—2010年				
		平均最高（℃）	平均最低（℃）	湿度（%）
北京	小暑期间7月7日—7月21日	31.4	22.4	71
	大暑期间7月22日—8月6日	31.2	23	75
南京	小暑期间7月7日—7月21日	32.1	24.8	80
	大暑期间7月22日—8月6日	33.2	25.6	79

可见，北京是小暑险胜大暑，而南京是大暑完胜小暑。

以高温日数对比，北京是小暑期间稍多，上海是小暑期间略少，但差异并不悬殊。

小暑vs大暑		
	节气	平均高温日数（天）
北京	小暑	1.17
	大暑	0.93
上海	小暑	2.37
	大暑	2.47

总体而言，小暑和大暑热度之强弱，只在毫厘之间。大暑很大，小暑不小。谚语说：“小暑不算热，大暑三伏天。”至少前半句有小视小暑之嫌。小暑被译为“Slight Heat”，更是低估了小暑之威猛。

中国的“高温王”

说起高温，有一次我为国际频道的天气预报配音，当读完“新德里，晴，31—49℃；迪拜，晴，28—45℃”之后，顿时觉得心里凉快了许多，掠过一缕心念，便是：不敢攀比！

在中国，有两个地方常常被称为“高温王”，一个是新疆吐鲁番，一个是云南元江。按照1981—2010年的气候平均，吐鲁番平均每年有103天高温，极端最高气温也为中国之最高气温极值——49℃（2017年7月10日）。吐鲁番的高温往往在盛夏时节上演大于40℃的“连续剧”（当地将气温超过40℃定义为高温，我们35℃的高温标准在吐鲁番就太“小儿科”了）。清代学者萧雄在其《西疆杂述诗》中写道：“试将面饼贴之砖壁，少顷烙熟，烈日可畏。”

近年来，国内外有不少人尝试在烈日下煎鸡蛋。当气温在35—40℃时，半个小时，鸡蛋可以七成熟。吐鲁番的地表温度可以飙升至80℃左右，既可以烙饼，也可以煎蛋，且用时“少顷”。渐渐地，当地已经开始为游客设立了一个旅游体验项目——“埋在沙漠里的记忆：焐鸡蛋”。就

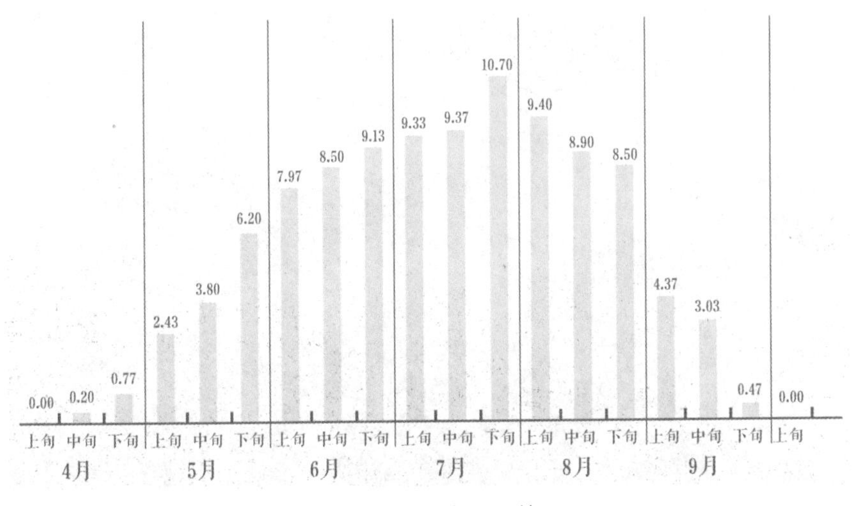

吐鲁番逐旬高温日数

是在连鸡蛋几乎都可以烤熟的地方，“骆驼草”却能够倔强地生长。没有雨露，于是它需要扎根30米以上，根系默默地四处找寻地下水，令人感慨生命的力量。

盛夏时节，“吐鲁番的葡萄熟了”。平时人们期盼雨水，但在葡萄临近成熟的时节，如果雨水来了，却是严重的气象灾害，因为会导致葡萄开裂。

当然，在吐鲁番地区，不仅有葡萄，竟然也有水稻。这里不缺少光热，最稀缺的是水。有人尝试解决了水的下渗问题之后，据说比种葡萄更省水。当然，沙漠水稻首先具有的是观光农业的属性。

云南元江，虽然其极端最高气温43.1℃（2014年6月4日）算不上“重量级”数据，但是元江之热，每年开始得早，结束得晚，高温久拖不绝。平均年高温日数为87.8天，2012年更是高达138天。

吐鲁番地区的水稻

如果以 80% 的高温分布作为高温天气的集中期，吐鲁番的高温集中在 6—8 月，元江的高温战线拉得更长，80% 的高温比较均匀地分布于 4—8 月。吐鲁番的高温通常是小满时节发力，白露时节“退烧”。元江的高温往往是在惊蛰时节不迟到，在秋分时节不早退。元江，历史上的最早高温出现在尚属大寒时节的 1 月 31 日（2005 年），最迟高温出现在已是立冬时节的 11 月 12 日（2009 年），近乎可以全年无休啊！

 部分城市的高温情况

以直辖市、首府、省会城市进行高温日数的排名，前 17 位中，南方城市占有 12 席。如果将 1981—2010 年的气候数据与 1971—2000 年的气候数据进行比对，可以看到，所有城市的高温日数都在增加。有些城市的名次下降了，并不是因为自身的高温日数少了，而是别的城市高温日数增加得更多而已。

高温日数增加最多的三个城市分别是：广州，增加 7.7 天；上海，增加 6.5 天；杭州，增加 5.8 天。均位于珠三角或长三角地区。此外，福州和海口均增加了 5 天。北方城市的高温日数增加了 1—3 天 / 年。

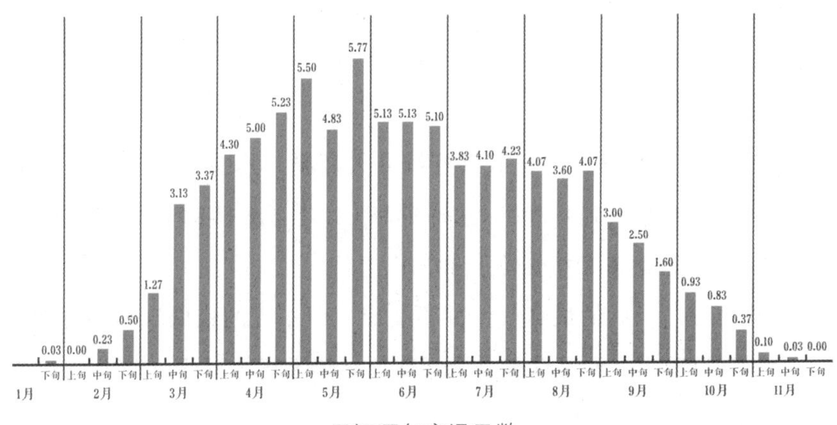

元江逐旬高温日数

不过，仅仅以高温日数来衡量暑热对人的煎熬程度是不够全面、不甚公平的。最高气温相近，但干或湿，晴或阴，有风还是没风，昼夜温差如何，体感差异会很大。对比一个北京高温和武汉高温的个例。

部分城市平均年高温日数排行榜（℃）					
1981—2010 年			1971—2000 年		
1	福州	32.6	1	重庆	29.4
2	重庆	29.6	2	福州	27.6
3	杭州	27.2	3	长沙	23.2
4	海口	26.3	4	南昌	21.5
5	长沙	26.3	5	杭州	21.4
6	南昌	24.4	6	海口	21.3
7	西安	21.7	7	西安	19.9
8	武汉	21.2	8	武汉	17.7
9	南宁	19.5	9	南宁	16.7
10	广州	16.4	10	石家庄	14.7
11	石家庄	16.2	11	郑州	14
12	上海	15.4	12	合肥	13.4
13	郑州	14.4	13	南京	12.2
14	合肥	14.2	14	济南	12
15	南京	13.7	15	上海	8.9
16	济南	13	16	广州	8.7
17	北京	8.3	17	北京	6

2013 年 7 月 24 日，北京当日最高气温 38.2℃，最低气温 22.2℃。但一天之中，体感温度超过 35℃的时段约为 10 个小时，且凌晨尚有体感温度在 23—24℃的清凉时段。

2009 年 7 月 15—23 日，武汉连续九天高温。其中 16 日 8 时—23 日 14 时，体感温度连续 174 个小时保持在 35℃以上。18 日 8 时—19 日 20 时，体感温度更是连续 36 个小时位于 40℃以上。

有些地方，午后的最高气温并不突出，但午夜的最低气温却非常突出。“溽暑昼夜兴”，便是这种“全天候”炎热天气的写照。直让人感慨：“没有空调的时代，人们是怎么熬过来的？”

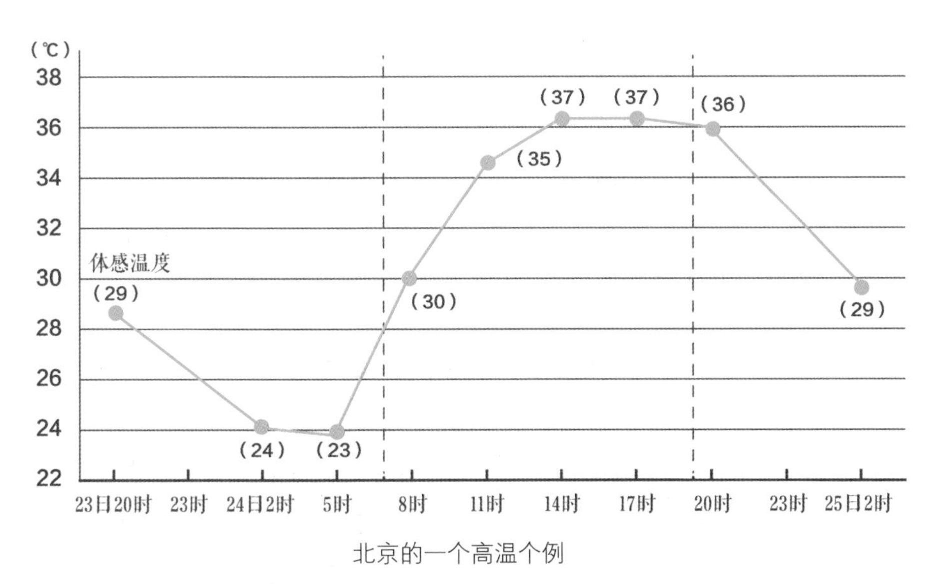

北京的一个高温个例

注：括号中为体感温度。

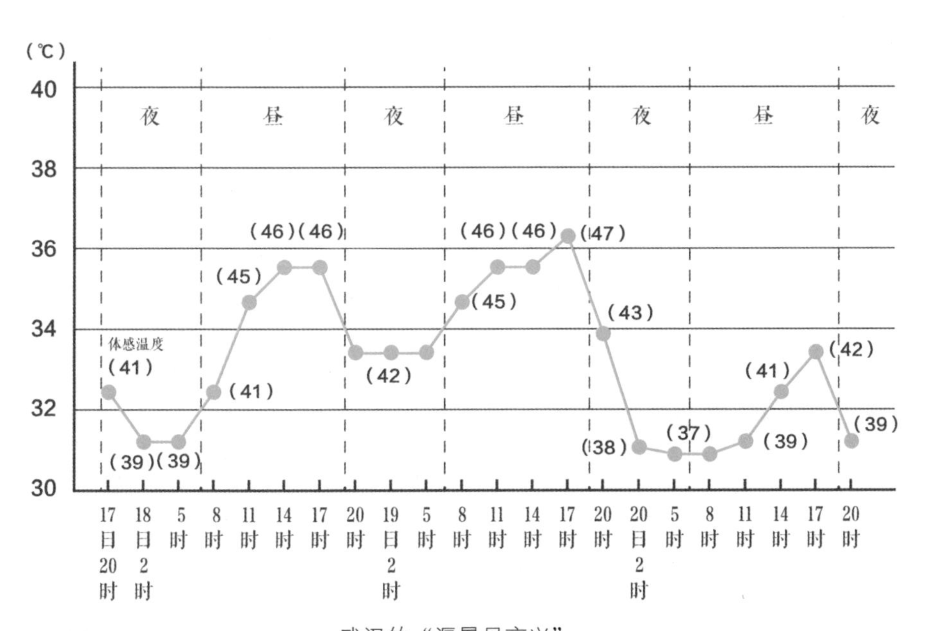

武汉的“溽暑昼夜兴”

注：括号中为体感温度。

最低气温超过30℃年均天数排行									
武汉	上海	合肥	重庆	南昌	济南	长沙	杭州	南京	广州
2	0.7	0.6	0.4	0.3	0.3	0.23	0.2	0.2	0.1

北方的热大多是干热，南方的热大多是湿热。一种是烤，一种是蒸，两种不同的“烹饪”方式。一个很有趣的现象是，天气烤人的地方，人似乎也喜欢烤食物；天气蒸人的地方，人似乎也喜欢蒸食物。

《骆驼祥子》中对于暑热的描述

他拉上了个买卖，把车拉起来，他才晓得天气的厉害已经到了不允许任何人工作的程度。一跑，便喘不过气来，而且嘴唇发焦，明知心里不渴，也见水就想喝。不跑呢，那毒花花的太阳把手和脊背都要晒裂。好歹的拉到了地方，他的裤褂全裹在了身上。拿起芭蕉扇搧搧，没用，风是热的。他已经不知喝了几气凉水，可是又跑到茶馆去。两壶热茶喝下去，他心里安静了些。茶由口中进去，汗马上由身上出来，好像身上已是空膛的，不会再藏储一点水分。他不敢再动了。

晾衣、晒物好时节

“(农历)六月徂暑，上无纤云，下有热浪。”烈日烤人，但暑热之时，正是晾衣晒物最好的时候。

据《燕京岁时记》记载，皇家通常是选在(农历)六月六日前后将各种家什翻出来、搬出去，放在光天化日之下晒一晒。内府銮驾库、皇史宬等处，晒晾銮舆仪仗及历朝御制诗文书集、经史。“士庶之家，衣冠带履亦出曝之。妇女多于是日沐发，谓沐之不腻不垢。至于骡马、猫犬、牲畜之属，亦沐于河。”

农历六月六，正是北京雨季到来之前，一年中最干热暴晒的时节。晒过的东西上，便有了浓郁的阳光“味道”。洗完衣服、洗完头，一晾就干。

“銮仪卫驯象所，于三伏日，仪官具履服，设仪仗鼓吹，导象出宣武门西闸水滨浴之。城下结彩棚，设仪官公廨监浴。都人于两岸观望，环聚如堵。”出身雨林气候的大象，在雨中“淋浴”本是家常便饭，但在北京的盛夏，洗个澡也变成了一种威仪、一道风景。

小暑之后，临近大暑时节，北方陆续进入雨季，往往是给点阳光就灿烂，来了雨水又泛滥。

古今消夏

唐伯虎的《事茗图》描绘了文人学士悠游山水之间，夏日相邀品茶的情景：茅屋里一人正倚案读书，书案一头摆着茶具，靠墙处书画满架。边舍内，童子正在烹茶。而小溪上横卧板桥，一人策杖来访，身后一书童抱琴相随。长夏之日，自有茶香之气，亦有鸣琴之声。

现在我们已然少有以“鸣琴”来消夏，古时许多悠然的消夏方式，很难与快节奏的现代生活形成交集，至多只是人们游览过程拍照时的几种姿势而已。怒吹空调，暴食冷饮，我们的消夏方式，比古人更为简单和“暴力”。

古人说：“小暑啜瓜瓤，粗葛衣裳，炎蒸窗牖（yǒu）气初刚。”西瓜，历来是消暑神器。在很多人的心目中，什么是夏天？夏天，就是可以见到西瓜的时候。什么是盛夏？盛夏，就是西瓜可以便宜到一块钱一斤的时候。要是严格套用这个标准，呵呵，我已经有好几年没有遇到盛夏了。

明代　唐寅《事茗图》

如何消暑、应对苦夏，一向是一个大课题。古人说："隐伏避盛暑。"最好能退藏于云雾山中。

万松岭上一间屋，老僧半间云半间。
三更云去作山雨，回头方羡老僧闲。

山下看云，云在高处飘飞，不染凡尘；山上看云，云只是树间的一团雾气，"沾花惹草"，甚至没把自己当外人，登堂入室，在僧房内禅坐。只是子夜时分，辐射降温，冷却凝结，化而为雨。一日之内，昼云而夜雨，天气似乎也很忙，至少无法禅定如老僧。

"小暑大暑正清和，荷花香风透凉阁。思君不至哪知暑？拿着六月当腊月。"一想到某些人、某些事，心里便拔凉拔凉的！

"雪藕冰桃情自适，无烦珍重碧筒尝。"文人雅士倒是总有些闲情逸致，清冽淡雅，用荷叶为杯盏，以柄为管吸饮，"酒味杂莲气，香冷胜于水"。

"霍仙别墅，一室之中开七井，皆以镂雕之盘覆之。夏月坐其上，七井生凉，不知暑气。"这种消暑方式，是不是有些用力过猛啊?!

熬夏不易，容易懒，容易烦，容易昏然入眠。记得有首打油诗："春天不是读书天，夏日炎炎正好眠。秋有蚊虫冬有雪，收拾书包好过年。"

想起《礼记》中有"春诵夏弦"的说法。那时候读书，春天要朗诵，不是播音系的也要朗诵。到了夏天，书声琅琅还不够，还得同步配乐。那时气候之炎热不亚于当今，当个读书人，好难！

面对酷热，消暑能力有限，古人也只有两个字，一个是逃，一个是熬。惹不起还躲不起吗？未必躲得起。"偃仰茂林逃酷暑。"面对暑热，如何逃？深藏。"小暑不足畏，深居如退藏。鸟语竹阴密，雨声荷叶香。"到林中、到水边、到寺里躲避烈日，做一个浓荫中的隐士。

陆游《逃暑小饮熟睡至暮》，很有意思："虚堂顿解汗挥雨，高枕俄成鼻殷雷。"小饮然后熟睡，一直躲到梦里去。

古时，嗜酒之人在盛夏时更是找到了酣饮沉醉的理由，不是微醺而是酒醉“至于无知”，以醉卧的方式避一时之暑。正如苏轼所言：“有道难行不如醉，有口难言不如睡。”

辛弃疾的一句词也很适合刻画暑热时节人们的动静行止：“而今何事最相宜？宜醉、宜游、宜睡。”

有些人却在本不宜醉、不宜睡的时候，醉了，而且睡了。《水浒》中的“智取生辰纲”便发生在临近小暑时节。“赤日炎炎似火烧，野田禾稻半枯焦。”踩在被烈日烤过的石头上，连脚都疼。为了喝瓢酒解暑，押运生辰纲的军校们被蒙汗药麻翻，辱了使命。

池亭纳凉 / 朱高炽（明仁宗）

雨滋槐叶翠，风过藕花香。

舞燕来青琐，流莺出建章。

大热天儿，就连皇上也只好看槐叶、闻藕花，盯着舞燕流莺找乐，用东北话说，这叫作：卖呆儿。

其实不必盛夏，晚春时节人们便开始感受到叶茂之后的树荫，临夏时节的一份馈赠。春风取花去，酬我以清阴（王安石语）。

靠着花枕，眉头微锁，若有所思，一手拿书卷，一手执如意。心中有诗乐，随处可清凉。

盛夏午后，槐荫之下，仰卧、袒胸、露腹、翘足，在凉榻之上小憩。床边是清凉意境的大屏风，寒林雪野。桌上有书卷、烛台、香炉，文人的消夏都如此具有仪式感。

“暑用酒逃犹有待，热凭静胜更无方。”有人试图用酒来逃脱暑热，有人尝试用静来战胜暑热，或许是没有办法的办法。

古人储存冰块，制作凉簟，搭建凉屋，营造超然的避暑氛围。有人在泉边席地抚琴，弹乐自娱，有人在茂林修竹间吟咏畅怀。

宋代　槐荫消夏图（局部）

元代　刘贯道《消夏图》（局部）

明代　文徵明《溪亭消夏图》（局部）

图中有山丘、树荫、凉亭、茅屋、小桥、流水，亭有清荫，溪有凉风。

他有一首诗：高树阴阴翠盖长，两徐新水涨回塘。何人得似山中雪，共领溪亭五月凉。

绿云亭 / 唐　陆希声

六月清凉绿树阴，小亭高卧涤烦襟。

羲皇向上何人到，永日时时弄素琴。

山亭夏日 / 唐　高骈

绿树阴浓夏日长，楼台倒影入池塘。

水晶帘动微风起，满架蔷薇一院香。

制作冰块，冬储夏用，周代便有这个习俗。盛夏赐冰，是帝王给予臣子的一种待遇。所以夏天“哪儿凉快，哪儿待着去”不是谁都能做到的。这年头行贿，有用金钱的，有用美色的，但在古代，冰都可用于行贿。据《天宝遗事》记载，杨国忠子弟以奸媚结识朝士。每至伏日，取冰命工雕为凤兽之状或饰以金环彩带置之雕盘中送与王公大臣，惟张九龄不受其贿。

当然，最便宜也最家常的消暑用具还是扇子。

一到暑天，树上的蝉便开始“声声地叫着夏天”。

早蝉 / 唐　白居易

六月初七日，江头蝉始鸣。

石楠深叶里，薄暮两三声。

当其盛鸣之时，聒噪的蝉声无疑加重了人们在桑拿天气中的憋闷与烦躁。后来我得知，蝉在地下潜伏多年，只为了能在这两三个月里自在地鸣唱，也便忍了。

暑热之时，人们常常觉得没有胃口，“盛夏食饮，最喜清新”。“六月中多不御荤，或亦清暑之意”，只一个“清”字，清清淡淡度夏，清清爽爽消暑。一次友人聊起，在日本，人们讲究在暑热之时吃一些首音节发音为“U”的食物，说是益于消暑。比如：瓜类（音 Uri），梅干（音

Umeboshi），乌冬面（音Udon），鳗鱼（音Unagi），等等。为了熬过盛夏，人们积累了许许多多奇葩的习俗，至少说明人们对于度夏，是谨慎和认真的。

“烤验”

记得盛夏时我曾去重庆或者武汉出差，在街上走的时候，我的“标配”就是随手拿着一条特别吸汗的毛巾。感觉每个毛孔都是拧开了的水龙头，走上十几分钟就完全成了一位“湿人”。蒸着桑拿也就罢了，头上还顶着热力四射的浴霸。

盛夏时节，很多天气报道的标题，特地将“考验”写成“烤验”。

不过，在不同气候区，人们对于炎热天气的承受能力很不一样。在北京7月里最闷热的时段，一位江西籍的同事常常带着一种优越感地说：“北京的这种桑拿天只是小事一桩！来北京工作这些年，我还没用过空调呢。”完全不把“烤验”当回事。

当然，我们也会善意地“嘲笑”比我们更不耐热的人。

2016年7月，英国人惊呼天气让人热得受不了。但一翻阅天气实况，气温只是30℃刚刚出头而已。而西班牙40℃左右的酷热天气如同“连续剧”，却很少被当作新闻来报道。

2016年7月19日，英国BBC在其社交媒体上发了这样一段话：Working on hot days in the UK should be illegal（英国天气如此之热，上班

工作是违法行为）。实际上，在这个被称为本年度最热的一天，伦敦的最高气温只是 32℃！

当然，人们感受到的炎热程度，并不仅仅在于气温本身。我曾经在云南工作过，昆明的气温很少能超过 30℃，其极端最高气温纪录 32.8℃还是近年创造的（2014 年 5 月 25 日）。但昆明即使气温只是接近 30℃，在太阳下行走也会有一种快被烈日灼伤的感觉。其灼热感，主要不是来自气温，而是来自更强的紫外线。

相对湿度，在很大程度上左右着人们对于温度的体感。比如气温 30℃，如果相对湿度低于 40%，那么体感温度只有二十几摄氏度，感觉还是比较干爽的。但如果相对湿度超过 90%，体感温度便高达四十几摄氏度，闷热难耐。如果相对湿度超过 75%，即使气温刚刚达到 35℃这个高温门槛，人们的体感却是正在忍受 55℃左右的不能承受之热！

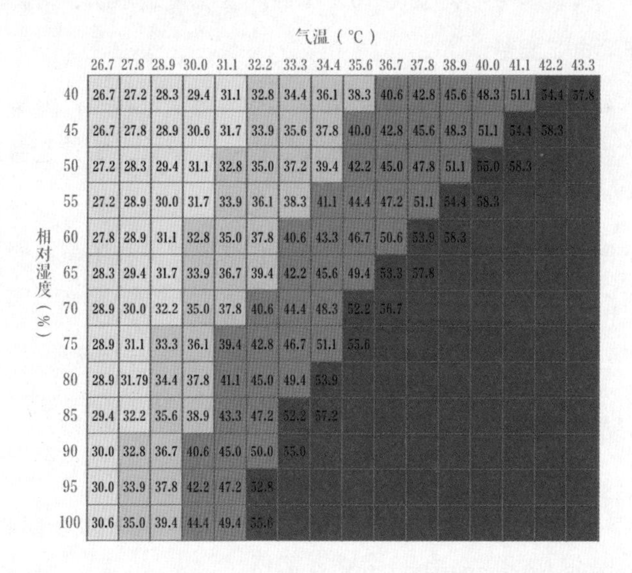

相对湿度（%） \ 气温（℃）	26.7	27.8	28.9	30.0	31.1	32.2	33.3	34.4	35.6	36.7	37.8	38.9	40.0	41.1	42.2	43.3
40	26.7	27.2	28.3	29.4	31.1	32.8	34.4	36.1	38.3	40.6	42.8	45.6	48.3	51.1	54.4	57.8
45	26.7	27.8	28.9	30.6	31.7	33.9	35.6	37.8	40.0	42.8	45.6	48.3	51.1	54.4	58.3	
50	27.2	28.3	29.4	31.1	32.8	35.0	37.2	39.4	42.2	45.0	47.8	51.1	55.0	58.3		
55	27.2	28.9	30.0	31.7	33.9	36.1	38.3	41.1	44.4	47.2	51.1	54.4	58.3			
60	27.8	28.9	31.1	32.8	35.0	37.8	40.6	43.3	46.7	50.6	53.9	58.3				
65	28.3	29.4	31.7	33.9	36.7	39.4	42.2	45.6	49.4	53.3	57.8					
70	28.9	30.0	32.2	35.0	37.8	40.6	44.4	48.3	52.2	56.7						
75	28.9	31.1	33.3	36.1	39.4	42.8	46.7	51.1	55.6							
80	28.9	31.79	34.4	37.8	41.1	45.0	49.4	53.9								
85	29.4	32.2	35.6	38.9	43.3	47.2	52.2	57.2								
90	30.0	32.8	36.7	40.6	45.0	50.0	55.0									
95	30.0	33.9	37.8	42.2	47.2	52.8										
100	30.6	35.0	39.4	44.4	49.4	55.6										

美国 NOAA（国家海洋和大气管理局）关于气温与体感温度的换算方式

$$Ts = \begin{cases} (T+15)/(Ta-Ti)+(RH-70)/15-(V-2) & T \geq 28℃ \\ T+(RH-70)/15-(V-2)/2 & 17℃ < T < 28℃ \\ T+(RH-70)/15-(V-2)/2 & T \leq 17℃ \end{cases}$$

Ts——体感温度 Ta——日最高温度 Ti——日最低温度 T——时刻温度 RH——相对湿度 V——风速

人体最舒适的气候条件：24℃、70%、2m/s
气温与人体舒适度关系：T>28℃，人体需散热；T<17℃ 人体需产生热

舒适度等级	最舒适	舒适	较舒适	不舒适
Ts指标（℃）	23≤Ts≤25	20≤Ts≤23 25<Ts≤27	18≤Ts≤20 27<Ts≤29	Ts<18 Ts<29

气候舒适度指数 = Ts在23—25℃的天数 / 总天数 ×100%

体感温度判断法

我们再来看一下国内对于体感温度的一种算法。

我们重点看体感温度在气温高于28℃时的算法。在这个算法中，此刻的体感温度，不仅与此刻的气温有关，也与这一天当中的昼夜温差有关，昼夜温差越小，越不干爽。同时，也与相对湿度、风速等相关。其中相对湿度70%是临界值，超过70%，对体感温度的升高具有正贡献。

干与湿、阴与晴、有风与无风、昼夜温差的大小，都左右着人们的感受，而不仅仅在于气温数值的比对。所以，高湿是高温的放大器，如果说高温是老虎，那么高湿便是老虎的翅膀。因此我们在夏天查阅气象实况数据的时候，不能仅盯着气温，不能忽略相对湿度这个高温“帮凶”。

小暑之降水

小暑、大暑正是雨带由南方向北方挺近，即降水主战场向北进行战略转移，“有雨即水深，无雨便火热”的时段。

对于北方而言，雨季短促，但降水量往往是全年降水量的一半。北方对于这种密集降水的承载力较弱，难以迅速而有效地排遣，也就更容易出

现农田渍涝和城市“看海”现象。

南方的盛夏常常是“盛夏 plus”，上、下半场踢完经常还要打加时赛，所以人们才会有“小暑大暑不是暑，立秋处暑正当暑”的感慨。虽然炎热难耐，但盛夏时节若未大热，夏行秋令，“则丘隰水潦，禾稼不熟”。

人们甚至在风向的细微差异上猜度晴和雨。

小暑南，干断潭。

小暑南风十八朝，晒得南山竹叶焦。

小暑西南淹小桥，大暑西南踩入腰。

小暑西北风，鲤鱼上屋顶。

当然，此时的很多降水是热对流所致，“白天烧，傍晚浇”，“竹喧先觉雨，山暗已闻雷”。降水的分布经常是临时起意，而且完全不是“平均主义”的，“夏雨隔田晴”“夏雨分牛脊”，让人在相隔不远处羡慕、嫉妒别人的晴或雨。

夏不宜极凉

暑是古人所说的六气之一（风、寒、暑、湿、燥、火，六气之异常，即为六邪），如果气候异常或者天气变化过于急骤，超出了一定的限度，人类的机体不能与之相适应，就会导致疾病。

年龄大了，人们再不敢有年轻时“食寒饮冷”、怒吹空调的冲动，愿意屈从于“冬不宜极温，夏不宜极凉”的古训了。虽然饮食还是很难做到规律，但心中会时常默念“早、缓、少、淡、软”这五个字。

我从事聊“天”的职业，想遵守“口中少言，心中少事”，确实很难。

夏季，我们往往太“贪”——太贪凉，“纵意当风，任性食冷”。有些病往往就是吹冷气吹出来的、吃冷饮吃出来的。盛夏时节，饮食宜温软、清淡。

夏无怒，秋莫愁，但愿人无恙。

【大暑龌龊热】

平分天四序，
最苦是炎蒸。

每年7月23日前后进入大暑节气，“大者，乃炎热之极也”。“斯时天气甚烈于小暑，故名曰大暑”，是一年之中最炎热的时期。

大暑：全年高温冠军

尽管极端最高气温出自一个时刻甚至瞬间，尽管“高温状元”与“榜眼”“探花”之间大多差距甚微，但能够成为“高温状元”并非完全源于偶然。这31个城市的极端高温纪录，有12个出自大暑时节，有6个出自小暑时节，其他的纪录散见于夏至、立秋、处暑、小满、芒种、谷雨时节。从这一点上看，大暑之大，所言不虚。

再看看长江沿线的一些“火炉”级城市——重庆、武汉、长沙、南昌、杭州等地的高温日数，都不约而同地在大暑时节达到最多，换句话说，大暑是各大“火炉”炉火最旺的节气。

从这一要素来看，大暑毫无悬念地稳坐高温冠军之位，那么哪个节气是亚军呢？

对于长江中下游地区而言，很一致，亚军是小暑。但重庆的情况与此不同，亚军是立秋，季军才是小暑。因为盛夏制造高温的副热带高压，需要一个逐步西伸的过程，所以在巴蜀等地，“火炉”点火慢，熄火也慢。所以重庆7月的高温并不算特别突出，等其他“火炉”热力衰减之时，8月的重庆，才逐渐显现王者之气。

大暑时，冬只残存于高寒地区，面积约70万平方公里。春还占据约360万平方公里。夏的地盘扩充到约530万平方公里，至于鼎盛。

部分城市极端高温纪录			
城市	气温纪录	出现时间	节气
郑州	43.0℃	1966年7月19日	小暑
重庆	43.0℃	2006年8月15日	立秋
石家庄	42.9℃	2002年7月19日	小暑
西安	42.9℃	2006年6月17日	芒种
济南	42.5℃	1955年7月24日	大暑
乌鲁木齐	42.1℃	1973年8月1日	大暑
北京	41.9℃	1999年7月24日	大暑
福州	41.7℃	2003年7月26日	大暑
杭州	41.6℃	2013年8月9日	立秋
长沙	41.1℃	2013年8月2日	大暑
合肥	41.0℃	1959年8月23日	处暑
南京	40.7℃	1959年8月22日	处暑
上海	40.7℃	2013年8月7日	立秋
南昌	40.6℃	1961年7月23日	大暑
天津	40.5℃	2000年7月1日	夏至
南宁	40.4℃	1958年5月9日	立夏
兰州	39.8℃	2000年7月24日	大暑
海口	39.6℃	2001年4月21日	谷雨
武汉	39.6℃	2003年8月1日	大暑
太原	39.4℃	1955年7月24日	大暑
银川	39.3℃	1953年7月8日	小暑
哈尔滨	39.2℃	2001年6月4日	小满
广州	39.1℃	2004年7月1日	夏至
呼和浩特	38.9℃	2010年7月30日	大暑
沈阳	38.3℃	1952年7月18日	小暑
长春	38.0℃	1951年7月9日	小暑
贵阳	37.5℃	1952年7月18日	夏至
成都	37.3℃	2002年7月15日	小暑
西宁	36.5℃	2000年7月24日	大暑
昆明	32.8℃	2014年5月25日	小满
拉萨	30.4℃	2009年7月24日	大暑

长江沿线“火炉”，哪个节气“火”最旺					
	重庆	武汉	长沙	南昌	杭州
芒种	1.2	1	0.7	0.3	0.6
夏至	2	2.4	2.6	2.1	3.3
小暑	5	4.9	6.5	6.3	7.5
大暑	8.2	6.4	7.7	7.9	7.9
立秋	6.6	3.6	4.9	4.4	4.7
处暑	3.3	1.8	2.4	2.1	2.1

注：数字为最高气温 ≥35℃的气候平均高温日数。

网上曾有一个题目：“用一句话形容你那里的天气有多热？”

网友们诙谐并略带夸张的回复中，透露出暑热的煎熬：

我这条命，是空调给的！

在路上摔倒了，90% 的面积是烫伤！

我和烤肉之间，只差一把孜然！

我一直都是七分熟的！

整座城市就是一个露天烧烤摊儿！

打败我的，不是天真，是天真热！

东汉王粲的《大暑赋》中有这样一句“患衽席之焚灼”，其实与当代网友的说法非常相似，也同样是在感慨躺在床上仿佛铁板烧嘛！令人深感“欲避之而无方”。

“一点浩然气，千里快哉风！”苏轼以风和气来刻画豪情，但能否浩然、能够快哉，也要有合适的温度相匹配。否则，“风既至而如汤”，有点风，也反而是加重焚灼感的热风。

古时没有数据化的温度概念，气象记录中如何来描述天气炎热呢？最简洁的是“大热”或者“亢阳”，但无法体现具体的炎热程度。最常规的记录语是“骄阳似火”或“火伞高张”，以及炎热的后果：暍（中暑）死者甚众。

此外，大热为焚、热如熏灼、墙壁如炙、地热如炉、椅席炙手等也大多是以比喻的手法进行记录，所以仅靠这类记载，不能比对不同年份、不同过程之间哪个更热，这是不量化的局限性。

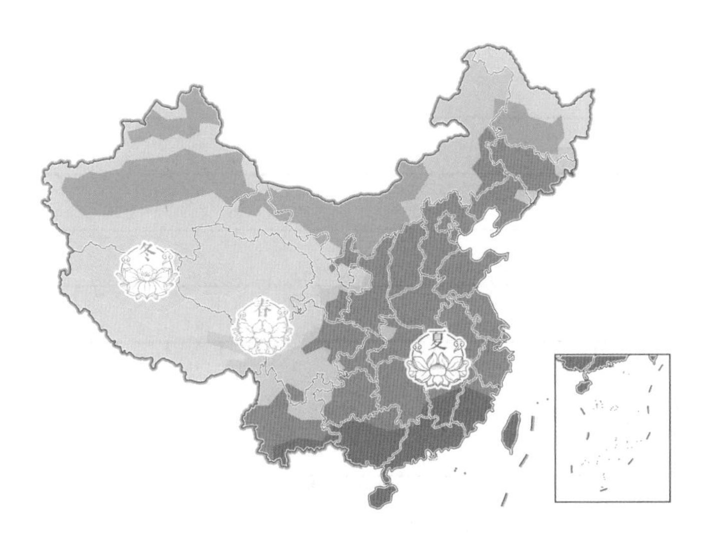

大暑季节分布图

"伏天无君子"

宋代非常讲究服装颜色、质地、款式方面的规制，能够让人一眼看出你的职业和职位。

据《东京梦华录》记载："其卖药、卖卦，皆具冠带。至于乞丐者，亦有规格。稍有懈怠，众所不容。其士农工商诸行百户衣装，各有本色，不敢越外。谓如香铺裹香人，即顶帽披背；质库掌事，即着皂衫角带，不顶帽之类。街市行人，便认得是何色目。"

所谓"满朝朱紫贵，尽是读书人"，《宋史》记载，"宋因唐制，三品以上服紫，五品以上服朱，七品以上服绿，九品以上服青"（宋神宗年间又对官员着装颜色进行了修订）。

宋代国都由汴梁迁往临安，由河南到浙江，气候存在显著的差异。

虽然不同历史年代的暑热存在差异，但大体上可以看出北宋都城与南宋都城之间的气候对比。杭州更为湿热，副热带高压掌控的时间更久，"桑拿"季更长。或许奢靡之风可以"直把杭州当汴州"，但天气气候却无法让人将杭州当作汴州。尤其7—8月，杭州的高温天数，是开封的五倍，

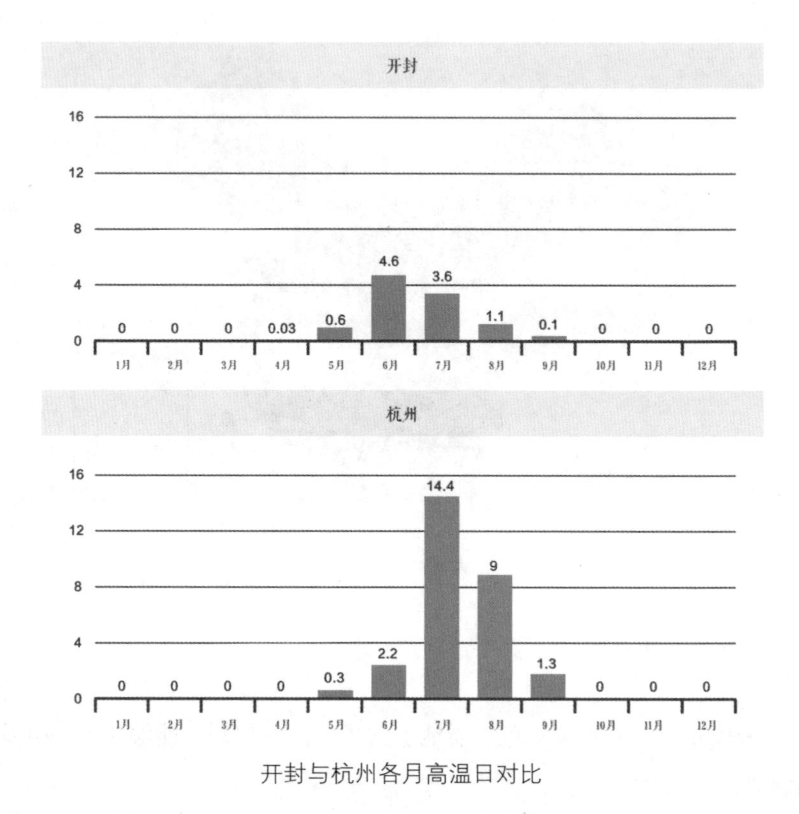

开封与杭州各月高温日对比

完全不可同日而语。

南迁的北方官员和士绅们无法适应江南暑热的煎熬，也就很难严格遵守服装方面的旧制。礼部官员很不满，于是义愤填膺地告御状。

> 窃见近日士大夫皆服凉衫，甚非美观。而以交际、居官、临民，纯素可憎，有似凶服。陛下方奉两宫，所宜革之。且紫衫之设以从戎，故为之禁。而人情趋简便，靡而至此。文武并用，本不偏废，朝章之外，宜有便衣，仍存紫衫，未害大体。

好在礼部还懂得在契合本地气候的基础上“人情趋简便”的道理，非官方场合，大家可以穿着轻薄的便装。虽然强调不能废除旧制，但是总算因应湿热的气候，为人们的着装求简开了一个口子。其实，一个朝代的服装，也是这个朝代气候的缩影。

“七下八上”的雨

大暑时节，北方陆续进入雨季。北方雨季最著名的说法是：七下八上（7月下旬至8月上旬）。

常年平均而言，华北的北京一年总降水量的25%、东北的长春一年总降水量的21%就集中在这短短的三周当中，所以“七下八上”的雨水很容易致灾。令人刻骨铭心的2012年北京“7·21”暴雨，恰发生在大暑日。平常雨水贵如油，雨水来了又发愁。

南方虽然雨水多，但分布于数个多雨时期之中，最好能“少吃多餐”。但北方是平时饥渴难耐，一年就吃这一顿饱饭，很容易吃撑。平时骨瘦如柴，一顿吃成虚胖。

国外的气象谚语这样说：

> 德语版本：Ein Tag Regen tränkt sieben dürre Wochen。
>
> 英语版本：One day's rain drowns out seven weeks of drought。
>
> 意即，一天之雨淹没七周之旱。

过于急促凶猛的降雨，在淹没“七周之旱”时，可能形成旱涝急转。由干旱这种慢性病，马上变为洪涝这种急性病。

不过近些年，作为北方降水集中期的“七下八上”，没有从前那样经典了。降水往往被分流到“七下”之前以及“八上”之后。降水本来在时期上的阵地战，经常转变为游击战风格。

北京的“槐花雨”

江南梅子黄熟时节的雨被称为梅雨，北京盛夏时节的雨可以被称作“槐花雨”。

曾经有一部描写北京故事的电视剧，叫作《五月槐花香》。其实，初夏 5 月开花的是洋槐，清代才落户于此。盛夏 7 月开花的是国槐，才是真正的“老北京”，也是北京的市树。

槐树的花呈淡绿色或玉白色，若串串念珠。盛夏时节，花随雨落，雨有槐香。北京的盛夏，亦可谓“满地槐花满树蝉”。

可以说，很多的北京故事，便是大槐树下的岁月往事。槐树华盖亭亭，“大树底下好乘凉”，一位林学教授对我说，如果没有槐树，北京的胡同文化，便“秃”了不少。

吴牛喘月

大暑时节，南方地区开始在庞大的副热带高压的笼罩之下，蒸发量加大，容易盛行伏旱。

长江中下游地区有则农谚：“五天不雨一小旱，十天不雨一大旱，一月不雨地旱烟。”

一个成语叫“蜀犬吠日”，还有一个成语，叫作“吴牛喘月”。

《风俗通义》曰：“吴牛望见月则喘，彼之苦於日，见月怖喘矣。”

蜀犬是因为日照少而吠日，而吴牛是因为苦于烈日，见到月亮都以为是太阳，不由自主地喘息。

倘若将它们对调一下居住地，狗会怀念没有烈日的时光，牛会怀念拥有明月的夜晚。只是，它们大多无缘体验如此跨度的不同气候。

旱极而蝗

雨热同季叠加的季风气候，在暑热时节，常常导致伏旱或夏涝。还有一种另类的灾害，现在的人们已渐渐陌生，而在古代，它具有大规模的杀伤力，那就是蝗灾。飞蝗的爆发，与干旱相伴相生，正所谓“旱极而蝗”。

看几则清代咸丰七年（1857 年）的地方志记载：

河南西平：六月，飞蝗忽至，掩蔽日光。凡涩草叶，悉被食尽。惟不食豆、棉、脂麻、山芋诸物之叶。经过乡村结队直行，虽捕亦不惧也。

山东安丘：夏四月蝝生，知县督捕甚力，幸不为灾。六月大蝗……飞蔽天日，所过禾叶俱尽，豆苗亦多被啮断。

古代的气象灾异志中，时常出现县令率众、率兵、率僚属捕蝗的记载，说明蝗虫时常是土地上的头号“公敌”。

即使在青藏高原，当时也不是飞蝗的禁区。据西藏历史档案馆《灾异志》记载，同样是清代咸丰年间，地方在呈报噶伦的禀帖中写道：“卑等辖区自火羊年以来，连遭旱灾蝗灾，几年颗粒无收。特别是今年，上中下大部分地区青稞、麦子荡然无存。豌豆亦有被虫吃之危险。”（以往人们认为蝗虫一般不食豌豆）

如何治理飞蝗，真是“各村有各村的高招儿”，或烧或煮或捕。《诗经》有云：“去其螟螣，及其蟊贼，无害我田稚。田祖有神，秉畀炎火。”

广西《上思县志》中有这样一段记载：“蝗虫至，田禾被食，飞遮半天，日为之暗……于是研究捕治之法，乃于田间挖土灶，架以大锅，煮水至沸，两边用席围，趋而逐之，使蝗尽跳入锅水而死，锅满即予捞出，卒至堆积如山。”

现代，农药的应用使蝗虫的威力大减。其实，“一物降一物”的生物治理方式更为“绿色”。有人做过实验，一只鸭子可以轻轻松松镇守两亩稻田，将“辖区内”的蝗虫吃得片甲不留。让鸭子吃“蝗粮”的办法好！

大暑三候

大暑，一候腐草为萤，二候土润溽［rù（闷热）］暑，三候大雨时行。

腐草为萤，草木腐败之后化为萤火虫，这当然是古人的误解，但也折射出古人的生命运化观。“轻罗小扇扑流萤”，谓为“烛宵”的萤火虫，是大暑时节的形象代言物。

土润溽暑，是指热烘烘的湿气盛行。热，由干热的“烧炽”到湿热的

“蒸郁”。古人说：“（农历）六月徂（cú）暑。”所谓暑，是因溽而暑。“大暑到，树气冒”，大暑，能够称其为大，湿气蒸腾的闷热，是其最重要的特征。又湿又闷，感觉是脏气弥漫，所以这种湿热，也被称为“龌龊热”。

女人的孩提记忆散布在四季，男人的童年往事大多在夏天。

快乐童年，根本不会感到蒸笼般夏天的难熬。唯有在艰难人生里，才体会苦夏滋味。

快乐把时光缩短，苦难把岁月拉长。

苦夏不是无尽头的暑热折磨，而是顶着烈日的坚忍本身。

人生的力量全是对手给的，强者之力，最主要的是承受力。

——摘自冯骥才《言说苦夏》

大暑前后，衣衫湿透

大暑，正值伏天。所谓伏，是指阴气隐伏。但对于字形的解读是：人从犬。人像犬一样匍伏着，在阴凉处躲避热浪。

我问：“头伏饺子二伏面，三伏烙饼摊鸡蛋，你家入伏吃啥饭？”

有网友答：“入伏我家不吃饭，抱住西瓜啃大半。若问为啥不吃饭？热成狗了吃啥饭！”

“热成狗了”，竟也是伏天里的一种感触和说辞。

这时候，“哪儿凉快，哪儿待着去”倒是一句特别贴心的关爱。

最热的伏天，英语中对应的说法是“Dog Days”，字面上居然也与狗有关。我向一位美籍同事咨询这个说法，她说：“这个词以前在文艺作品中时常用于戏谑地形容天气，但现在大多用来形容人们际遇凄惨的日子，很少再与天气挂钩了。”

用“桑拿天”来形容湿热，依然很通俗，已经不觉得是舶来的说法了。还有一些词，也是诠释湿热的必备词汇，例如，sweltering、muggy、sticky、stuffy、sultry 等。其实，它们有一些细微的差异，比如，sticky 侧重表现湿热使人汗津津地浑身发粘；stuffy 侧重表现湿热导致的一种窒息感；sultry 除了形容湿热天气令人紧张憋闷这层含义之外，基本上是与性相关的"涉黄"词汇（不过，以前浏览英语国家的气象节目时，往往能看到 sultry 这个词作为字幕标题表征湿热天气）。

大暑时节清淡的瓜食生活

对于气温，担心太热，更担心不热；对于降水，担心太过，更担心错过。真的是亦盼亦患。

《管子》有云："大暑至，万物荣华。"季风气候背景下，我们所说的"靠天吃饭"，实际上还是靠夏天吃饭。有万物之荣华，才可能有万民之富足。

"平分天四序，最苦是炎蒸"，但古人也深知，"（农历）六月宜热，于田有益也"。

> 六月不热，五谷不结。
>
> 六月盖夹被，田里不生米。
>
> 大暑不暑，五谷不起。
>
> 大暑无酷热，五谷多不结。
>
> 大暑炎热好丰年。
>
> 人在屋里热得燥，稻在田里哈哈笑。

大暑，我们苦夏，它们乐夏。既然我们以五谷为养，它们笑哈哈，我们苦哈哈便也值得了。

南方"（农历）六月有水，谓之贼水，言不当有也"，"三伏中，稿稻天气，最要晴"。但夏秋之交，人们又格外期盼雨水，"夏末一阵雨，赛过万斛珠"，"夏末秋初一剂雨，赛过唐朝一囤珠，言及时雨，绝胜无价宝也"。可见，农耕社会的天气价值观，往往以作物的好恶为好恶。对于人体而言的舒适度，反而很少被顾及，很少被提及。

立秋

【凉风有信】

一枕新凉一扇风。

每年8月8日前后进入立秋，这是隶属秋季的第一个节气。古人概括的立秋物候是：一候凉风至，二候白露生，三候寒蝉鸣。气有节，风有度，从小暑的“温风至”，到立秋的“凉风至”，季风气候中的人们首先从风中阅读时令。

从立秋到处暑，正是夏九九中，由“六九五十四，乘凉入佛寺”到“七九六十三，夜眠寻被单”的过渡阶段。北方的炎热天气盛极而衰，人们常常能够率先体验到立秋前后天气的差异，由潮热到干爽的转变。

立秋时节各地的气候

在立秋日，夏依然坐拥大约516万平方公里，只是比小暑、大暑略减。在中国版图上，夏的面积一般是在7月20日前后达到最大，之后便被秋

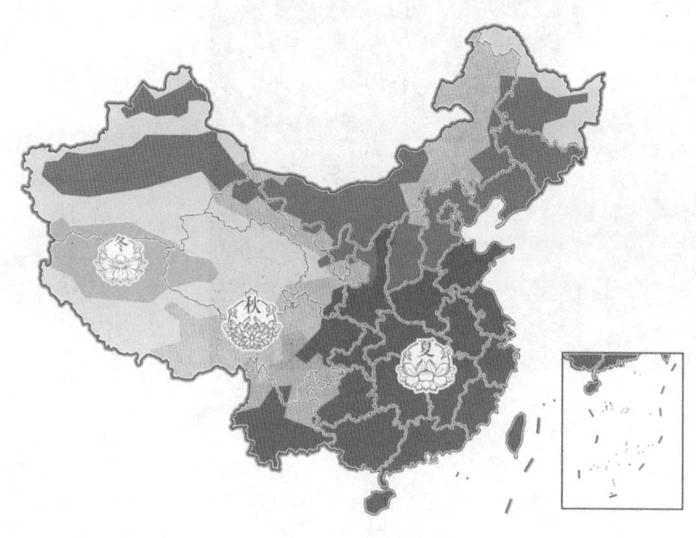

立秋季节分布图

逐渐蚕食。时值立秋，秋的地盘悄然扩充至约372万平方公里。其势力范围可分为两部分：一是高原一些地区并无气候意义上的夏季，长冬无夏，春秋相连，所以一部分是从春“接收”来的；二是北方一些地区的夏季非常短暂，刚一立秋，天便凉了，顺利进入气候意义上的秋季。所以此时秋

部分城市的气候平均入秋日期

城市	入秋日期	时节
昆明	6月29日	夏至
西宁	7月24日	大暑
呼和浩特	8月13日	立秋
兰州	8月14日	立秋
银川	8月15日	立秋
哈尔滨	8月17日	立秋
太原	8月18日	立秋
长春	8月19日	立秋
乌鲁木齐	8月24日	处暑
沈阳	9月1日	处暑
贵阳	9月8日	白露
西安	9月9日	白露
北京	9月11日	白露
郑州	9月11日	白露
成都	9月13日	白露
石家庄	9月14日	白露
天津	9月14日	白露
济南	9月19日	白露
南京	9月25日	秋分
合肥	9月26日	秋分
武汉	9月28日	秋分
长沙	9月28日	秋分
重庆	9月28日	秋分
杭州	9月30日	秋分
上海	10月2日	秋分
南昌	10月6日	秋分
福州	10月22日	寒露
南宁	10月29日	霜降
广州	11月10日	立冬
海口	11月28日	小雪

天的地盘体现着“两高”：高海拔、高纬度。冬依然龟缩在高原，面积大约 72 万平方公里，其“控制区”与大暑时相比没有显著变化。这时，它还远远不具备大张旗鼓地开疆拓土的实力。

立秋时节，只有“三北”的一些地区相继入秋。全国大规模的入秋战役，是在白露、秋分时节。

立秋之后，北方的雨季消退，天气趋于干爽。小时候，我在东北感受尤为真切，似乎一立秋，哈哈，不是简单的秋凉如水，而是秋凉如凉水。

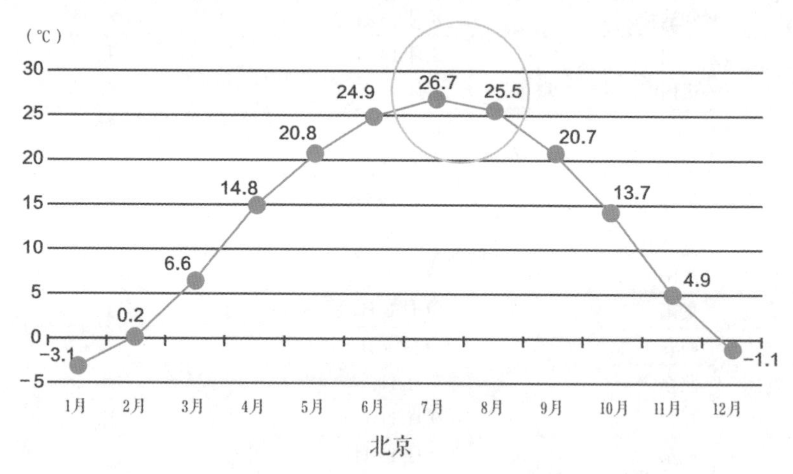

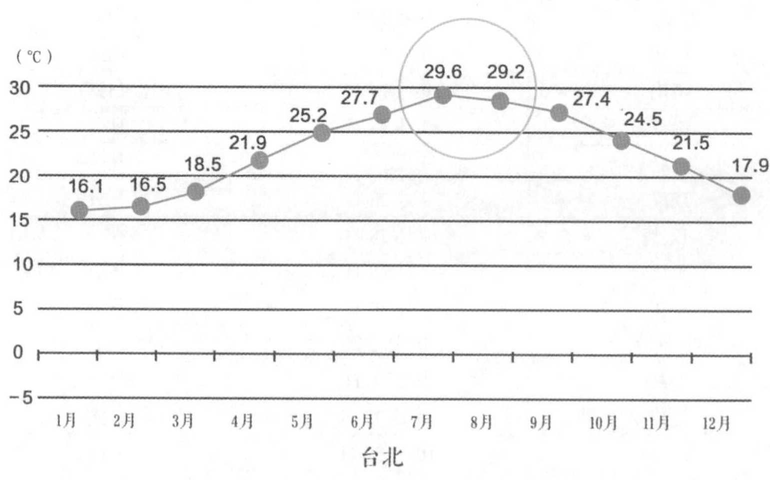

北京与台北平均气温对比

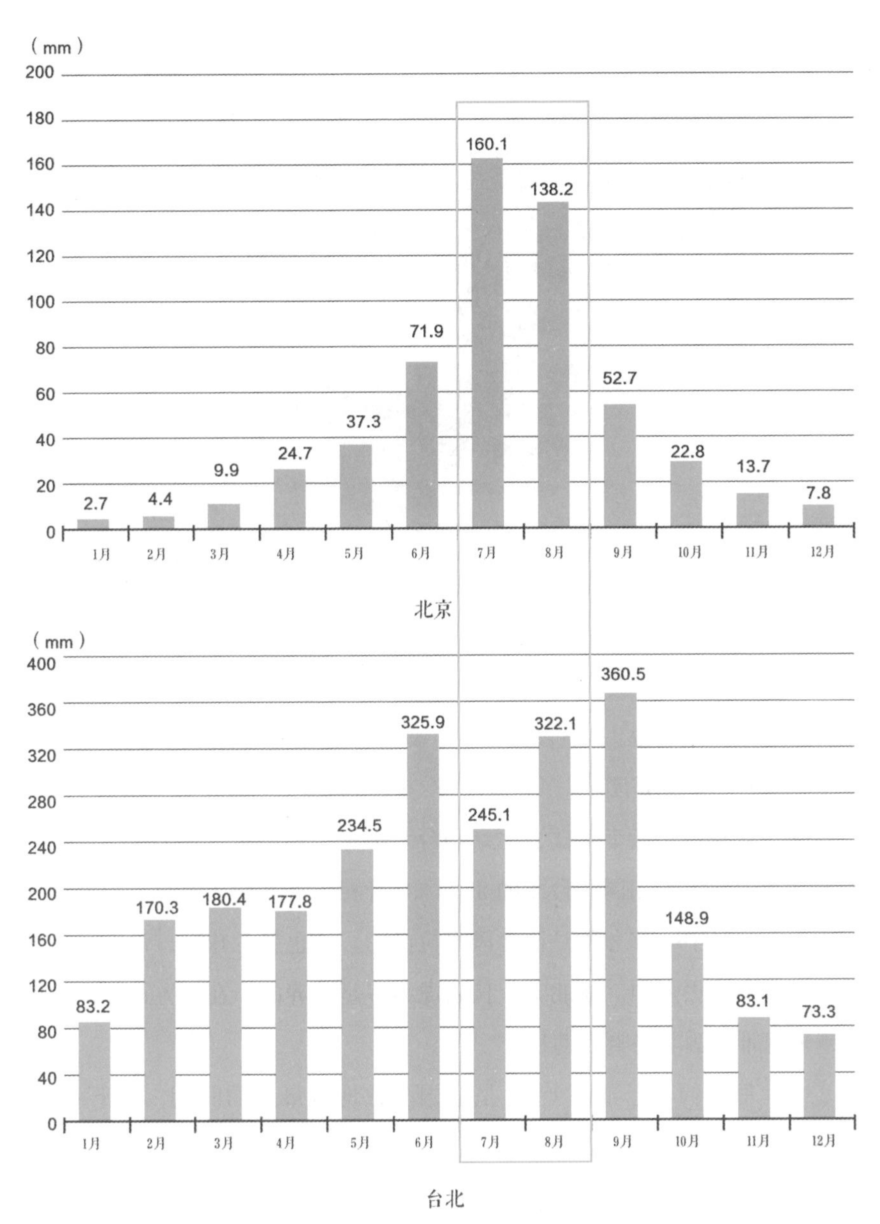
（mm）
200
180
160
140
120
100
80
60
40
20
0
2.7
4.4
9.9
24.7
37.3
71.9
160.1
138.2
52.7
22.8
13.7
7.8
1月
2月
3月
4月
5月
6月
7月
8月
9月
10月
11月
12月
北京
（mm）
400
360
320
280
240
200
160
120
80
40
0
83.2
170.3
180.4
177.8
234.5
325.9
245.1
322.1
360.5
148.9
83.1
73.3
1月
2月
3月
4月
5月
6月
7月
8月
9月
10月
11月
12月
台北

北京与台北降水量对比

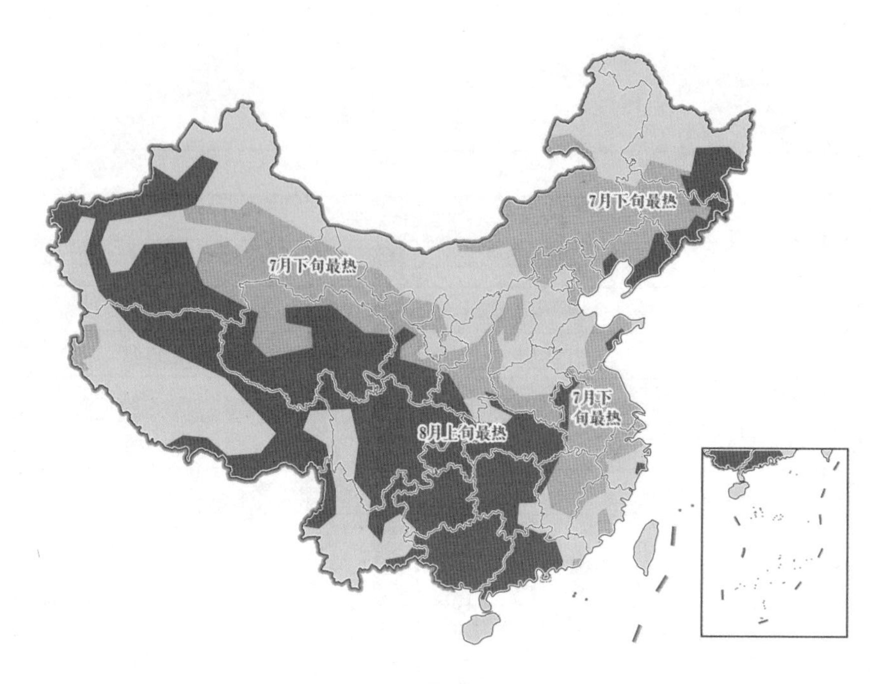

各地最热旬

在南方，人们说：“小暑大暑不是暑，立秋处暑正当暑。”前半句略显夸张，但后半句确是实情。“赫赫炎炎，烈烈晖晖”的日子远未结束。

以北京和台北做个对比，北京和台北都是小暑最热，但之后，各自的天气“剧情”大不相同。台北的8月与7月相比，平均气温只是象征性地微跌，而且其中一部分还是被台风雨拉低的。这也就意味着，没有台风的日子，桑拿感更强烈。在北方，秋老虎大多是圈养的。在南方，秋老虎却是越来越难以驯服的野生动物。

通常每年的“七下八上”，是全国多数地区最热的时期。七下八上，把人热得晕头晕脑的。立秋，是揪着最热旬的尾巴来到我们面前的，依然承袭着暑热的本色。虽然谓之“秋”，但立秋是二十四节气中仅次于大暑、小暑的第三热节气。

 长夏之后，悠然入秋

即使在南方，立秋前后人们也总能从细微之处捕捉到秋天将至的一点征兆，仿佛是秋天正式播出前的“带妆彩排”，小规模预演。

> 梧桐满院绿荫连，引得新凉到枕边。
> 细雨斜风几番过，预先十日作秋天。

清代《清嘉录》记载，在江浙一带往往是“立秋前数日，罗云复叠，细雨帘织，金风欲来，炎景将褪，谚云：预先十日作秋天”。

从前，民间常以立秋日作为推测后续天气气候的“初始场”。关于冷暖：“土俗以立秋之朝夜占寒燠。”也就是说，依照立秋的具体天文时刻，来推断之后气温是偏高，还是偏低。早在东汉，崔寔的《农家谚》中便已收录了“朝立秋，凉飕飕；夜立秋，热到头”的说法，“自是以后，或有时仍酷热不可耐者，谓之秋老虎”。

从前，人们将立秋之后的炎热天气，称为秋老虎。如果现今仍以立秋作为界定秋老虎的时间节点，那么立秋时节南方经常遍地是老虎。即使在北方，冷空气往往也只能偶尔做一次“打虎英雄”。

人们往往会有这样的感触，春暖之后没多久，炎热的天气便尾随而至。但长夏之后，秋凉却是缓缓地甚至“偷偷地”降临。可谓轰然入夏，悠然入秋。

我们沿着京广线，看一看入夏与入秋的不同。“入夏号”列车从广州始发，驶往北京。

“入夏号”列车　广州→北京

城市	气候平均入夏时间
广州	4月18日
长沙	5月11日
武汉	5月11日
郑州	5月21日
北京	5月23日

北上的“入夏号”列车，大约行驶一个月。“入秋号”列车从北京始发，驶往广州。

“入秋号”列车　北京→广州	
城市	气候平均入秋时间
北京	9月11日
郑州	9月11日
武汉	9月28日
长沙	9月28日
广州	11月10日

南下的“入秋号”列车，大约行驶两个月。可见春夏交替快，夏秋更迭慢，季节变换的节奏有鲜明的差异。可谓夏来如山倒，夏去如抽丝。

古人觉得“秋期如约不须催，雨脚风声两快哉”，现在不一样，往往是：秋期违约，催亦无果。

我们再看一下北京、郑州、武汉、长沙、广州入秋日期的年代际变化。

多地入秋日期演变							
	50年代	60年代	70年代	80年代	90年代	00年代	2011—2015年
北京	9月2日	9月9日	9月3日	9月11日	9月8日	9月15日	9月9日
郑州	9月13日	9月10日	9月5日	9月13日	9月9日	9月9日	9月18日
武汉	9月21日	9月20日	9月19日	9月21日	9月27日	9月28日	9月21日
长沙	9月27日	9月26日	9月25日	9月23日	9月22日	9月28日	9月26日
广州	10月29日	11月1日	11月1日	11月3日	11月1日	11月8日	10月27日

随着气候变化，各地通常是“又是一年春来早”，又是一年夏提前。从20世纪70年代至21世纪前十年，春和夏往往会提前一个节气，明显呈现所谓失序和错位的状态。

与春和夏的“早产”不同，入秋时间并未出现大跨度的年代际差异。也就是说，在各个季节中，“入秋号”列车的准点率还是最高的。当然，在21世纪初，“入秋号”列车在部分站点的晚点现象相对严重一些。

立秋时的天气

立秋时的天气应当是什么样的呢？关于立秋时的天气，两则谚语给出了不同的答案。有人希望下雨："立秋无雨甚堪忧。"有人希望晴天："立秋晴一日，农夫不用力。"这与作物的类别及其生长期相关。立秋时临近收割的作物，人们希望晴暖天气加速黄熟。如果立秋时尚在生长的作物，人们希望能有充足的雨露滋润。

古人所说的"立秋雨"，是指"秋前五日为大雨时行之候，若立秋之日得雨，则秋日畅茂，岁书大有"。谚云："骑秋一场雨，遍地出黄金。"人们希望立秋时最好下雨，处暑时最好别下雨。谚语说："立秋无雨甚堪忧，万物从来一半收。处暑若逢天下雨，纵然结果也难留。立秋下雨人欢乐，处暑下雨万人愁。"例如，南方的水稻，在立秋时，正是"长身体"的阶段，要用充沛的雨水喂饱它。在处暑时，水稻陆续抽穗、扬花、结实，如果连绵阴雨，花粉被浇落，便会影响收成，而且很容易腐烂。

人们希望下雨，但不希望是雷雨，因为民间认为"立秋日雷鸣，主稻秀不实"。谚云："秋䅑碌，收秕谷。"谓之"天收"。

旧时江南在腊月二十四"祭灶"之后，有腊月二十五"照田"的习俗。南宋范成大在其《照田蚕行》中写道："乡村腊月二十五，长竿燃炬照南亩。"

此番"照田"特别殷切，为什么？"今春雨雹蚕丝少，秋日雷鸣稻堆小。"原来是春之雨雹影响了蚕事，秋之雷鸣影响了稻作。于是，"侬家今夜火最明，的知新岁田蚕好"。

蔡云《吴歈》曰："雨洒风飘又日晴，先秋十日作秋声。雪瓜火酒迎新爽，怕听天边玉虎鸣。"

夏天的雷雨往往是热对流雷雨，秋天的雷雨往往是气旋性雷雨。秋季本应"雷始收声"，雷雨减少。如果气旋到来，引发雷雨，大多造成大范围的影响。秋季的气旋性雷雨往往是“先雨后雷”，与夏季的“雷公先唱歌，有雨也不多”恰恰相反。因为是本地与外地天气系统抵抗和入侵之间的交战，而且打着打着可能还会有援兵赶来，有时战线很长，战况很猛。如果气旋多发，降水频仍，便可能引发雨涝。所以“立秋日雷鸣，主稻秀不实”之说有一定的道理。

不过，随着气候变暖，立秋日往往依旧溽暑盛行，只是节气之秋而非天气之秋。比如 2013 年江南的立秋之热，胜过小暑和大暑。所以即使雷鸣，也是盛夏之征，并非“秋瞉碌”。

立秋之后，北方渐渐地率先进入秋高气爽的时令。清代《帝京岁时纪胜》中记载了一则有趣的轶事——秋爽来学：“京师小儿懒于嗜学，严寒则歇冬，盛暑则歇夏，故学堂于立秋日大书‘秋爽来学’。”哈哈，春困夏乏秋打盹，睡不醒的冬三月。不冷不热、适合学习的秋爽时节实在是太短暂了。

立秋之后，沿海地区的风开始变得强劲，“排空疑有鬼神戏，对面不见人语音”。

“（农历）七八月间，大风陡至，先有海沙云起者，谓之风潮。”

> 裂残火伞作罗纹，萧飒声来退暑氛。
> 又恐风潮坏棉稻，东南莫起海沙云。

既希望风退暑气，又担心风潮坏田，人们真的好纠结。

沿海地区的台风

《杭州府志》记载，清道光十五年（1835 年）“本年自夏徂秋，潮汐甚旺。六月十四日暨七月初等日，又值飓风陡起，挟潮猛涌，凡尖汛低洼处所，动辄浸塘。而秋汛风潮尤为猛烈，即念汛较高之埽工，间或浸起，致有泼损”。立秋之后，沿海地区最恶劣的天气，莫过于台风来临时风、雨、潮相叠加，所谓“三碰头”。

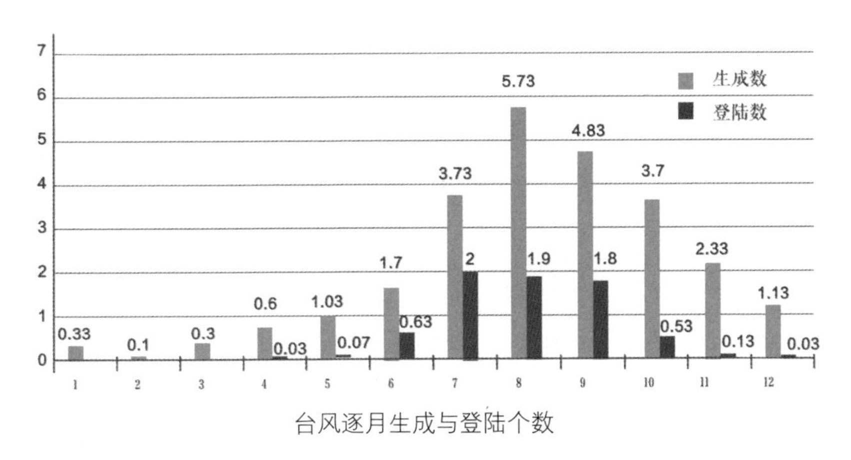

台风逐月生成与登陆个数

注：台风泛指热带风暴、强热带风暴、台风、强台风、超强台风。

8 月是一年之中“出产”台风最多的一个月。

一次我在福建出差，见到院子里有几棵龙眼树。作为北方人，我很少见到这种树，于是兴奋地掏出手机拍照。当地一位同行对我说：“我小时候特别喜欢立秋之后刮台风的日子。”我问：“为什么？”他答道：“一刮台风，就不用那么费劲地摘龙眼了，直接拣就行。那时候，来个台风，兴奋好半天。工作之后，来个台风，紧张好几天。”

听说在厦门鼓浪屿，有个小店叫“苏拉与达维的小屋”。苏拉和达维，是 2012 年 8 月初，相伴而行，携手登陆华东的一对台风。这两个台风的生日，都是 2012 年 7 月 28 日，是同年同月同日生的一对台风。据说，原本素不相识的一对青年男女，当时恰好都在鼓浪屿游玩，被台风围困于此。在疾风骤雨中，他们相识、相爱，于是有了这个以台风名字命名的时尚小屋。

在感动和祝福之余，我忽然有了一种挫败感。当时针对台风，相关部门提前发布了最高等级的红色预警，什么原因使他们受困于此呢？不能因为结局的唯美，便不再回溯过程的风险。预警和响应机制还有哪些疏漏之处？在台风最多发的时节，在高影响区域，希望人们不再有被风雨围困的无助经历。

闲话“生日”

下面这些“生日”或许无关科学，只是民间的俚俗而已，但颇具意味。比如龙王爷的“生日”是（农历）六月十三，土地爷的“生日”是（农历）六月二十六。或许这些“生日”只是某人信口一说，然后众人以此作为定例。但仔细想来，在雨热同季的季风气候地区，农历六月雨水最多，天气最热，土地上草木最繁盛。为什么龙王爷和土地爷的“生日”都是在农历六月呢？或许是人们觉得负责行云布雨的龙王爷和负责长养万物的土地爷在庆贺自己生日的时候，才会最慷慨地施恩于众生吧。

不仅大神们有生日，天气现象也有“生日”，比如按照先寒而后雪的次序，明、清时在江浙一带，“寒婆婆”的生日是（农历）十月十六，“雪婆婆”的生日是（农历）十月二十五，陆续生于立冬到小雪时节。但如果按照现代的气候，“寒婆婆”和“雪婆婆”的生日应该再延后一些。

事事如意

一座旧宅之中，有两棵百年柿树，荫及院落，象征事事如意。人们趋吉祈福的心念体现于各个细微之处，恭谨之至。

在民间，就连农作物也有自己的“生日”。比如棉花的生日是（农历）七月二十、水稻的生日是（农历）八月二十四。

清代《清嘉录》记述：

七月二十日，俗传棉花生日，忌雨。谚云：雨打七月廿，棉花弗上店。喜晴。

八月二十四日，农人以是日为稻生日。雨则藁多腐。谚云：烧干柴，吃白米。

稻藁生日，忌雨。稻藁日雨，则虽得藁亦腐。

人们之所以这样“设置”棉花和水稻的生日，实则基于物候。立秋之后，临近处暑，棉陆续开花。秋分之后，稻逐渐结实。所谓“生日”，与茎叶无关，人们在意的是棉之花、稻之实。农耕时代，人们以温饱为紧要，棉解决温，稻解决饱。“定立”它们的生日，或许是以这种俚俗的方式，使人们更关注和呵护这些关乎温饱的作物。“人家过生日呢，最好别让人家淋雨吧！”

七夕乞巧

七夕，传说是牛郎、织女相会的日子，现在被称为中国的“情人节”。从前，七夕时的降水，便被称为“相思雨”。

古时有七夕乞巧的习俗，“阑珊星斗缀珠光，七夕宫娥乞巧忙”。

女孩儿向织女乞求智巧，希望心灵手巧，并且通过穿针引线以验巧，或者通过烹饪、剪纸、刺绣等斗巧、赛巧。

七夕时，古人到街市上买的巧果，或者家里做的巧果，实际上就是用米、面、油做成的点心。七夕这一天摆上桌，用一番家宴为女孩儿求灵气、讨巧意。所谓乞巧，并不只是乞求一双玲珑的巧手，更是乞求一颗冰雪聪明的女儿心。

不仅民间乞巧，官方机构也会“举办”乞巧活动。比如在唐宋时期，七夕祭机杼。《新唐书·百官志》记载：“织染署每七月七日祭杼。”《百工记》：“以织女星之祥因祭机之杼，以求工巧。”

春祈秋报：秋社

立春、立秋后第五个戊日为社日，分别称为春社和秋社。春社敬拜土地神以祈求丰收，秋社敬拜土地神以酬谢丰收。古时候，人们春祈秋报，春天恳请上苍保佑农桑丰稔，到了秋天，还要叩谢上苍的保佑，仿佛还愿，正是“随分耕锄收地利，他时饱暖谢苍天”。“春祭所以祈五谷之生，秋祭所以报五谷之熟。”当然，所谓报，人们更在意的，是回报先人。

“中元，农家耕耘甫毕，祀田神，各具粉团、鸡黍、瓜蔬之属，于田间十字路口再拜而祝，谓之‘斋田头’。”正月十五为上元，七月十五为中元，十月十五为下元。按照道家的解读，上元祭天官，中元祭地官，下元祭水官。天官赐福，地官赦罪，水官解厄。农历七月十五之祀，为秋社。

对于秋社的描述，往往是“游冶之盛，百戏竞集，观者如堵”的盛况。在春社、秋社时，人们围聚在一起，谓为社会。当然，现代的“社会”一词，已经异于古义。

什么是社？《周礼疏》有云：“社者，五土之总神，又为田神之所依。”《诗经》有云：“与我牺羊，以社以方。”所谓方，是在郊外迎候四时之气。社和方，是古代礼天敬地礼仪中最重要的两类。方由官府操办，社真正兴盛于民间。秋社的主旨是“为五谷之熟，报其功也”。这时候，每个神都要拜到，生怕漏掉哪位。

韩愈有句诗描述了秋社：“麦苗含遂桑生葚，共向田头乐社神。”这就如同春天时向诸神说：“Can I ask you a favor？”然后秋天时再对诸神说：

“Thank you for your help！”或许，诸神会接一句：“You are welcome。”

人们需要做到“有年瘗土，无年瘗土”，也就是无论丰歉，都要祭拜。不能丰收了，心存感恩；歉收了，心生怨念。“有年祭土，报其功也；无谷祭土，禳其神也”，丰收之祭，是为了报恩；歉收之祭，是为了消灾。

其他一些国家其实也有与“秋社”属性相近的节日，比如老挝的稻魂节，在收晒之后，归仓之前的某一天，大家一起庆贺稻作之所得，无论丰歉。比如柬埔寨的送水节，送别并叩谢滋养作物的雨季，也“预约”下一个适耕的雨季。

春华秋实，为了温饱，人们的礼数可谓周全。

中元，除了拜谢天地之赐予，更要感恩先人之护佑。人们会以新谷祭祀祖先，报告秋成，供奉时行礼如仪。中元，按照佛教的说法，为盂兰盆节，追先悼远，缅怀慈恩。宋代《东京梦华录》曰：“中元买冥器，以竹斫三脚如灯窝状，谓之盂兰盆。”陆游《老学庵笔记》载：“故都残暑，不过七月中旬。俗以望日具素馔享先。织竹作盆盎状，贮纸钱，承以一竹，焚之。视盆倒所向，以占气候。向北则冬寒，向南则冬温，东西则寒温得中，谓之盂兰盆。”可见，盂兰盆在古时还附带预测气候的功能。当然，是否准确，我们已无须探究。

立秋未秋

“家人愁溽暑，计日望盂兰。”在由溽暑到新凉的过渡时节，人们又开始揣摩冬之寒温，希望未雨绸缪，对于气候的预知，有多一点提前量。在懵懂之中，人们还是希望有更多占候的“偏方”。

我特别喜欢这则谚语：“着衣秋主热，脱衣秋主凉。”因为它诠释了，秋季本是一种细微的分寸。实际上，我们国家绝少有在立秋时真正入秋的。所谓立，只是一番立意，算是气候领域的一种“期货”。所以，把立秋翻译为 Autumn Begins 有点名不副实。在气候变化的背景下，夏季加时，秋季迟到，几乎成了一种新常态。

立秋雨

南方在立秋、处暑时依然播出“小暑大暑，上蒸下煮”连续剧的续集。立秋尚未秋，末伏仍是伏，不能身在伏中不知伏。所以，“立了秋，扇子丢”这句话，在北方或许是指自动丢弃，在南方大概是指意外丢失吧。

谚语云：“立秋不落雨，二十四只秋老虎。”降水，无疑是削减暑气的神器。“秋前秋后一场雨，白露前后一场风。”

宋代《岁时广记》中记载，民俗认为：“立秋日天气清明，万物不成。有小雨，吉；大雨，则伤五谷。”它不是从消暑的角度，而是出于对收成的影响。当个老天爷也不容易，不下雨不行，雨下大了也不行，只能把握分寸地下场小雨，人们才能遂愿。

众多谚语表达了对立秋雨的期盼：

立秋雨淋淋，遍地生黄金。

立秋三场雨，秕稻变成米。

立秋落雨，收；处暑落雨，丢。

立秋无雨是空秋，庄稼从来只半收。

立秋有雨样样收，立秋无雨人人忧。

秋确实是一个需要动手的季节。“秋，揪也，物于此而揪敛也。”扌+秋=揪，它代表的或许就是秋天用勤劳的手来收获吧。

立了秋，一起揪。

立了秋，一把半把往家揪。

立了秋，小粮小食往回收。

立秋一过处暑临，棉花如雪谷如金。

立秋核桃白露梨，寒露柿子红了皮。

过罢秋，打完场，成了自在王。

不过，刚到立秋，距离忙完秋收，过上“自在王”的清闲日子，还很遥远。

当然，也有人希望立秋最好是晴天：

立秋难得一日晴。

公秋母白露，豆子压断树（公秋，指立秋晴；母白露，指白露阴）。

立秋早晚大不同

古人有“早立秋，凉飕飕；晚立秋，热死牛”的说法。有人咨询我，其中的“早”与“晚”是什么意思？这个说法有两种解释：立秋准确的天文时刻在早上，还是晚上？“此于一日之早晚辨立秋也。”立秋在（农历）六月，还是七月？“此于两月之间分立秋之早晚。”

举两个例子吧：2013 年立秋是 8 月 7 日 16:20，农历七月初一。2014 年立秋是 8 月 7 日 22:02，农历七月十二，都属于晚立秋。但 2013 年立秋之后确实是“热死牛”的节奏，而 2014 年立秋之后很快就“凉飕飕”了。

2013 年的立秋时节，是何等热，气温屡创新高。有人苦中作乐地将当时暴晒酷热的浙江戏称为“折工”，因为“浙江”二字中的三滴水都在烈日下蒸发掉了。

2014 年的立秋时节却是这般凉。两个立秋，虽为兄弟，却不像一母所生。或大幅偏高，或显著偏低，都异常得离谱。正如网友所言：“哪个都不像是老天爷亲生的。”

对于立秋的农历时间，古人认为“七月立秋慢悠悠，六月立秋快加

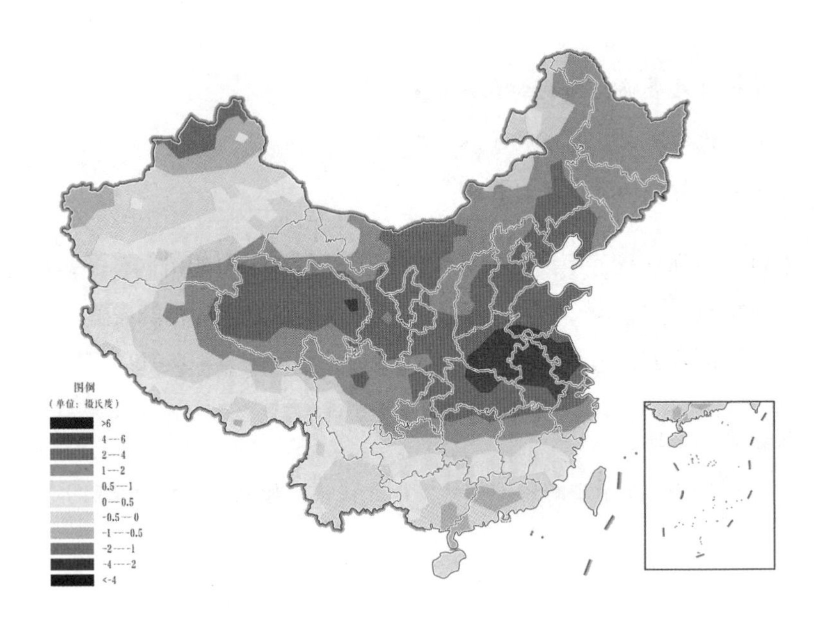

2013 年立秋时节全国平均气温距平分布图

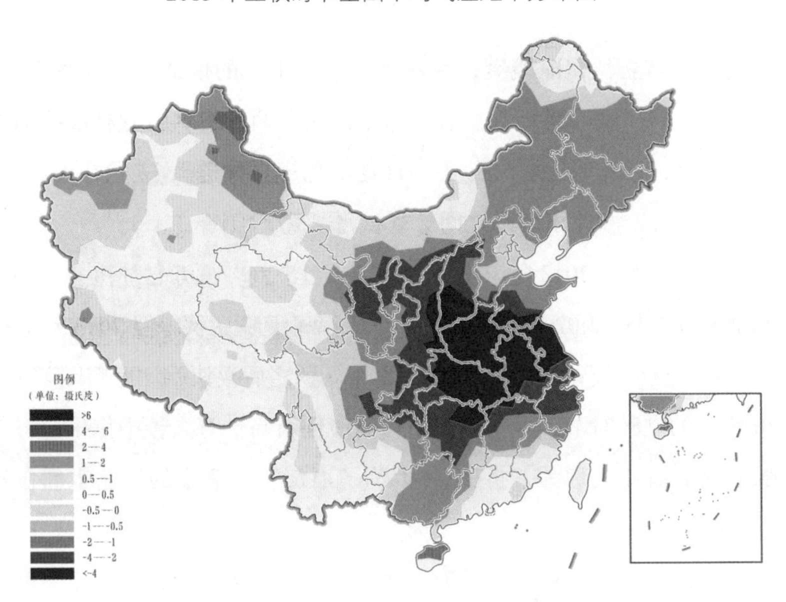

2014 年立秋时节全国平均气温距平分布图

油”，即如果立秋在农历七月，秋收问题不大；如果在农历六月，就要更勤快、更努力了。

还有一种说法，叫作：“亮眼秋，有的收；瞎眼秋，一齐丢。”是以立秋的具体时刻来大体判定收成的好坏。

农耕社会，人们十分重视立秋这个时令节点的物候和农事意义，因为人们觉得它关乎年景。

【禾乃登】

处暑无三日，
新凉直万金。
白头更世事，
青草印禅心。

8 月 23 日前后进入处暑，这是隶属秋季的第二个节气。处者，止也。溽热的暑气至此才渐渐消退。所以之前的立秋节气，尚与暑气为伍，有秋之名，而无秋之实。在北方，由立秋到处暑，秋爽确实立竿见影。即使晌晴天气，也不再有那种粘粘的闷热感了，但南方依然很热。

古人说："秋初夏末，热气酷甚，不可脱衣裸体，贪取风凉。"在家里，不要这样"贪取风凉"。《夏九九》说的是（夏至之后）"七九六十三，夜眠寻被单"。在外面，更不要这样"贪取风凉"。但我时常在马路边看到敞胸露怀亮出一身赘肉的人，这已不止是错对天气了。

处暑依然暑

从处暑日的季节分布来看，夏、秋、冬的面积分别约为 353 万、522 万、85 万平方公里。由立秋到处暑，夏的面积锐减约 163 万平方公里，秋的面积实现反超。所以处暑时，秋终于一跃成为"春夏秋冬股份有限公司"的第一大股东。

不过，夏占据的是人口最稠密的区域，所以很多人还有"处暑依然暑"的感触。历经漫漫长夏的人们，是多么希望暑热赶紧"隐退"啊！

范成大有诗云"但得暑光如寇退，不辞老境似潮来"。是把暑热当作了敌寇，属于"敌我矛盾"。但愿天气赶紧凉爽下来，为时光按下"快进键"，加速衰老也在所不惜。

"土俗，以处暑后天气犹暄，约再历十八日而转凉。谚有云：'处暑十八盆'。谓沐浴十八日也。"也就是说，从处暑要沐浴到白露。

有一次，我到广西出差，在左右江河谷地带，与当地同行聊起"处

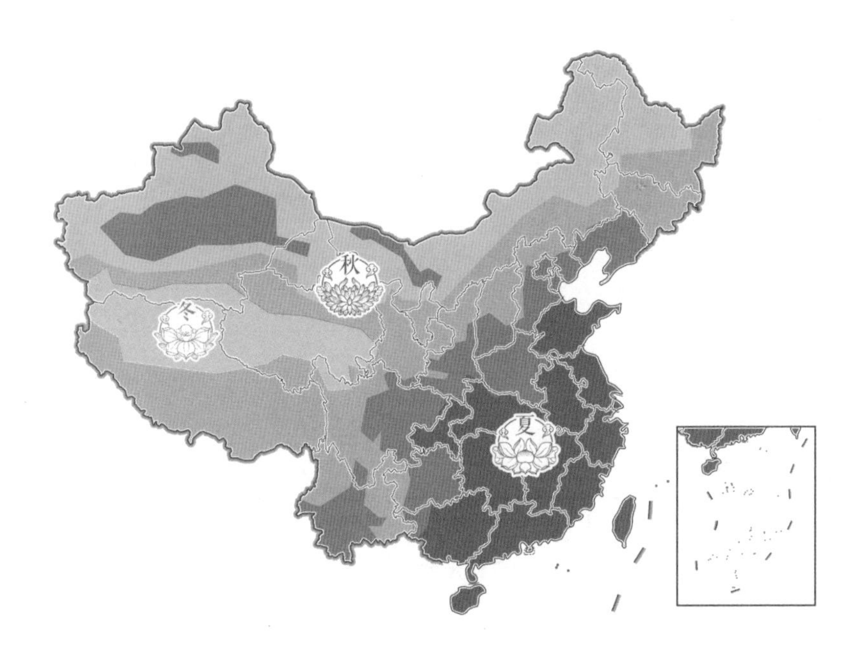

处暑季节分布图

暑十八盆”。他说：“在我们这儿，不是处暑十八盆，是处暑八十盆！天热的时候，一天不止一盆，冲凉比吃饭还勤呢！尽管寒露之后渐渐秋高气爽了，但我们每天冲凉的习惯还在。”

在北方，到了处暑，暑气消退，人们就需要开始琢磨换季换衣的事情了。东汉《四民月令》：“处暑中，向秋节，浣故制新，作袷薄，以备始寒。”

白露谚语云：“白露身不露。言至是天气乃肃，可以授衣耳。”所以，从处暑到白露，人们的起居变化甚大，从忙着拭汗到忙着加衣。

我们知道，一年四季春天的风最大，秋天的风最小。由春到夏，风力减弱，所以“立夏鹅毛住”。由秋到冬，风力增强，所以才有“以风鸣冬”之说。若以风之大小排序，四季的座次是春冬夏秋。

在隶属秋季的节气之中，哪个节气风最小呢？就全国平均而言，是处暑。处暑，二十四节气中风最轻柔的节气。读到《笑傲江湖》里“风清扬”这个名字，我便会下意识里想到他会不会与处暑有什么关联。

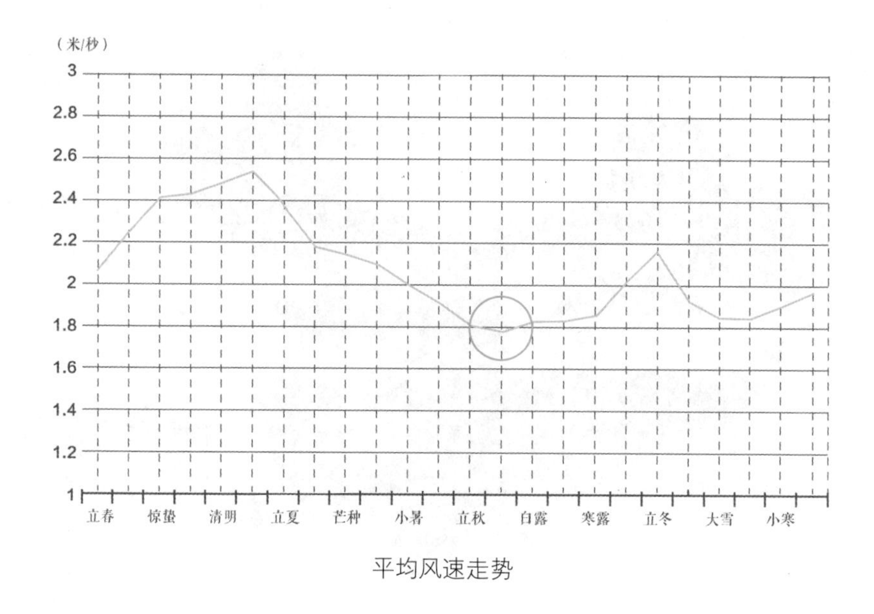

平均风速走势

禾乃登

古人说："季夏德毕，季冬刑毕。"夏季一过，上苍已倾其所能，能够给予我们的恩泽都已惠及我们。处暑时节，上苍即将由慈到严。只是以凋零和寒冷为标志的"刑"，尚未"行刑"；以处暑"禾乃登"为标志的"德"之硕果，正在让我们沉浸在丰收的欢畅与喜悦之中。"岁云秋矣，我落其实，而取其材。"

"谁不说俺家乡好？"人们如数家珍地谈及的家乡物产，其实很多都应该贴上"Made in 处暑"的标签。一次我问一位湖北籍的同事，她的家乡的特色水果是什么。她反问我："菱角和莲藕算吗？"我很诧异："你为什么首先想到菱角和莲藕呢？"她说："我潜意识当中一直把菱角和莲藕当作水果。比如曾经脍炙人口的歌词：'四处野鸭和菱藕，秋收满畈稻谷香。人人都说天堂美，怎比我洪湖鱼米乡'。"

的确，所谓鱼米之乡，畦田之利，在于鱼稻；畦田之美，在于菱藕。

记得南方的农谚（算是水果谚语吧）说："雨水甘蔗节节长，春分橄

清代　潘振镛 《采菱图》(局部)

榄两头黄。谷雨青梅梅中香，小满枇杷已发黄。夏至杨梅红似火，大暑莲蓬水中扬。秋分菱角舞刀枪，霜降上山采黄柿。小雪龙眼荔枝配成双。”仔细一看，原来也是把莲蓬和菱角归入一群水果当中。

她解释道，虽说是“秋分菱角舞刀枪”，那是熟透的菱角。对于菱角爱好者来说，夏天岂能错过鲜嫩的菱角呢？最早的，6月便可以尝鲜了。但一般来说，是立秋之后收嫩菱，处暑之后便渐渐地可以收老菱了。在湖北，有着“秋风起，七零八落”的民谚，是说：“菱角在农历七月成熟，八月脱落。”想来似乎也对，水果，水果，呵呵，菱角确实是水里出产的果。

清香的菱角，或许是许多南方孩子记忆中的私厨味道。菱角的英文名叫作“water chestnut”，可以生硬地译为“水中板栗”。平时可以当作水果，饥荒之年，菱角又可以作为粮食的替身。

在我们的观念之中，比菱角之味更美的，是采菱的情境。屈原诗云：

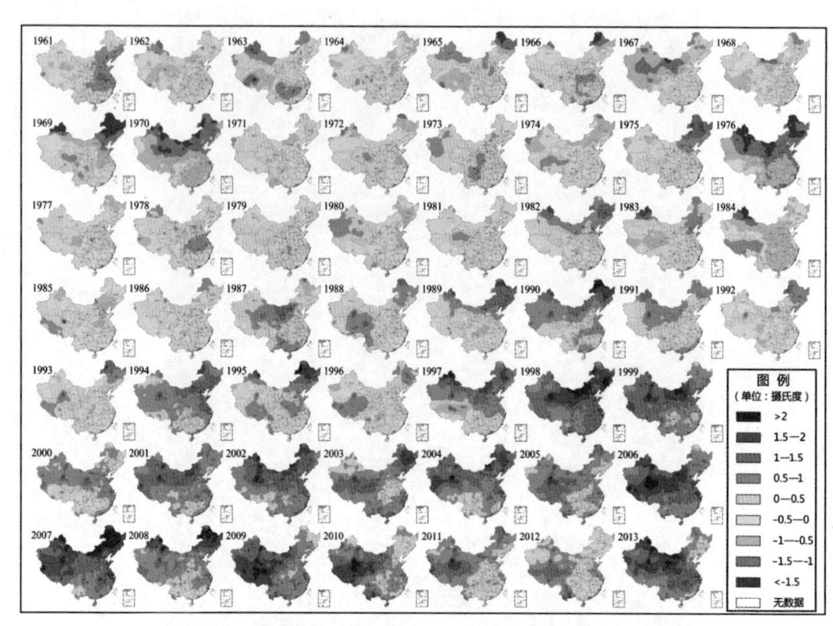

注：气候标准期1961—1990年。

中国平均气温距平分布（1961—2013年）

资料来源：国家气候中心

“涉江采菱，发扬荷些。美人既醉，朱颜酡些。”唯美的采菱情境，可能源自唯美的诗画，也可能源自邓丽君的《采红菱》。实际上，采菱是一个又辛苦又磨人的活儿，菱角虽小，却是得之不易的水乡食材。

处暑时节的气温

以往，中国的气温偏低居多，地图蓝汪汪的；现在，气温偏高居多，地图红彤彤的。我曾调侃：“现在的气候越来越有奥林匹克精神了，更高、更快、更强。”往往是气温更高、降水更快、台风更强。所以在气候变暖的背景下，处暑时节，若是有冷空气来肃清高温，着实会令人内心狂喜。

2016年处暑时，恰好有一股强悍的冷空气，能够深入到之前一般冷空

很多网友眼中气候变暖的另类“证据链”

气难以涉足的华南。于是我在《天气预报》节目中说：

> 今年入伏以来，全国平均气温超过了以往历年同期，高居榜首。但这毕竟不是锦标赛，气温可不要更高、更快、更强。三伏期间各地的高温日数，似乎并不只是数字，更是煎、熬、蒸、烤等烹饪方式。明天是今年三伏的最后一天，南方这轮冗长的高温“连续剧”明天播出最后一集：大结局。冷空气将自北向南陆续造成大幅度的降温，真是“处暑无三日，新凉直万金”。

网友们回复：“感谢冷空气解救我们！热烈欢迎冷空气来包场！没有高温，终于可以没事儿偷着乐啦！”

冷空气的人缘儿

处暑前，冷空气无力攻陷高温区，处暑后的冷空气不再有“救星”的光环，因为清爽的天气渐渐成为主流。因此，处暑时的冷空气有着最好的人缘儿。其次，当冬季雾霾盛行时，人们等风来，冷空气很有“群众基础”。

处暑日之后气温高于特定数值的年均日数			
城市	高于 35℃	高于 33℃	高于 30℃
重庆	5.4	9.77	19.23
福州	4.8	13.77	32.1
南宁	3.5	17.83	45.7
广州	3.47	17.3	41.33
长沙	3.47	9.1	19.97
南昌	3.37	9.1	19.97
杭州	2.83	6.7	16
武汉	2.47	7.3	19.17
上海	1.35	3.85	11.25
合肥	1.2	4.2	14.07
西安	1.07	2.53	8.73
南京	0.7	3.27	12.87
郑州	0.67	2.3	11.53
海口	0.57	7.13	41.33
乌鲁木齐	0.4	1.5	4.87
石家庄	0.3	1.87	11.1
成都	0.3	1.37	5.1
济南	0.2	1.67	11.53
银川	0.07	0.73	2.67
兰州	0.07	0.6	2.9
天津	0.03	1.2	9.7
北京	0.03	0.83	8.63
呼和浩特	0.03	0.07	1.37
太原	0	0.4	2.73
贵阳	0	0.17	5.07
沈阳	0	0.03	2.2
哈尔滨	0	0	0.63
长春	0	0	0.33
西宁	0	0	0.07
昆明	0	0	0.03
拉萨	0	0	0

处暑之后，北方地区遭遇高温天气的概率非常低。高原地区无关处暑，几乎与高温无缘。总体而言，南方的高温陆续结束主力时段。但被一些人称为 8 月“高温王”的重庆，依然可以热力四射。过了处暑，华南的气温不太敢嚣张地突破 35℃这个高温门槛，但高温依然可以“微服私访”，因为气温在 30—34℃，温度不低，湿度很大，“桑拿天”仍是家常便饭。所以，不能绝对地以气温论英雄，单纯以气温来界定暑热之生消。

处暑台风记忆

2015 年，我曾通过微博做过一次关于台风记忆的网络调查：“请说出你印象最深刻的一个台风名字。”在收到的回复中，被提及率超过 1% 的，恰好有 20 个台风。

作为非专业人士，人们之所以能够清晰地记得某个台风的名字，大体上可以分为以下三种情况。

第一，台风的名字非常奇特，巨爵、悟空等均属此类。2009 年巨爵（音同：拒绝）登陆广东，当听到播音员说“台风拒绝登陆广东”时，估计很多小伙伴都惊呆了。

第二，台风在某地的影响令人刻骨铭心，比如龙王、威马逊、桑美等。即使十年之后，“龙王”在福州人的心目中，依旧是台风的代名词。

第三，台风预报与实况路径存在偏差，比如麦莎、梅花等。2005 年的麦莎，10 年之后依然留在人们的记忆之中。2011 年的梅花，被网友调侃道：“看预报，是梅超风；看影响，是梅干菜。”

华南的网友留言：“您别问了，每年台风那么多，谁记得住哪个台风叫什么呀？”东北的网友也留言：“您别问了，台风大老远的，跟俺们有什么关系呀？”最令东北人难以忘怀的，就是 2012 年 8 月底处暑时节的台风“布拉万”。老乡说：“布拉万太坑人了！早不来晚不来，偏赶在这个时候来！”为什么呢？因为处暑时节，东北的农作物处于丰穗结实的时段。作物的茎重

被提及率超过1%的，恰好有20个台风			
名次	台风名称	得票率	背景备注
1	巨爵	12.8%	因名字本身而被记住
2	海燕	8.5%	2013年重创菲律宾
3	麦莎	8.2%	2005年爽约北京，预报不准的代名词
4	悟空	8.2%	名字的知名度太高
5	龙王	5.6%	2005年，福州人永远的痛
6	威马逊	4.3%	2014年，华南，引发媒体是否失语的讨论
7	桑美	4.3%	2006年袭击浙闽
8	梅花	3.7%	2011年，被称为梅超风，实况路径预测偏东
9	莫拉克	3.7%	2009年在台湾造成“88”风灾
10	杜鹃	3.5%	2003年侵袭广东，2015年侵袭福建
11	莲花	3.5%	2015年登陆广东
12	云娜	3.3%	2004年袭击浙江
13	珍珠	2.4%	2006年1号台风即肆虐潮汕
14	彩虹	2.4%	2015年，华南，触发龙卷，网友大量拍摄
15	海葵	2.2%	2012年，华东，因有人晒海葵模样而加深了印象
16	碧利斯	2.0%	2006年，风力不大，降水超强的典型个例
17	黑格比	1.5%	2008年肆虐华南
18	布拉万	1.5%	2012年，东北人没想到自己也会遇到台风
19	榴莲①	1.3%	2006年重创亚洲多国
20	鲇鱼	1.1%	2010年，路径多变，预警面临严峻考验

① 榴莲，台湾、港澳、马新译作榴梿。

心上移，而且这时作物的茎柔韧性降低，老胳膊、老腿的，一阵狂风，很容易倒伏。风一刮，雨一泡，眼睁睁地看着庄稼烂在地里。如果来得早，庄稼还是青壮年，还能扛一扛；如果来得晚，庄稼都收完了，爱刮啥风刮啥风！

2016 年，同样是 8 月底，台风“狮子山”扫过日本后，变为温带气旋，随即加盟到东北气旋之中，形成助力，致使东北风雨交加，再度上演处暑时节坑害庄稼的“剧情”。

白露

【玉露生凉】

一场秋雨一场凉，
一场白露一场霜。

在微博上，我曾以九月写下一段话自勉：“九月，已不热，还未冷。夜有清凉，昼有和暖。天明净，地丰稔。在九月的时光中行修，做一个宜人的人。”

每年 9 月 7 日前后进入白露节气。“露凝而白，气始寒也。”说是寒，虽有些夸张，但早晚不饶人，清晨出门的时候人们时常有一种身处冰箱冷藏室的感觉。我在北京的体验是，平均在 9 月 15 日前后，像 T 恤、短裤、凉鞋之类的，就没法再穿了，即便还有点不舍。所以，“过了白露，长衣长裤”。正如谚语所说：“白露身不露。”

古人更是未雨绸缪，一进入农历八月，暑小退，便开始“擘绵治絮，制新浣故。及韦履贱好，豫买，以备隆冬栗烈之寒”。

白露物象记忆

树还没有落叶，但地里的黄瓜、番茄、辣椒之类的菜，都陆续地“歇菜”了。立秋之后，便一天天眼见着它们蔫儿了、谢了、枯了。树木还好，人家毕竟是“大公司”，暂时可以视秋凉为无物，继续穿着夏装。

古人说：“阳气主生物，所乐也；阴气主杀物，所憾也。故春葩含日似笑，秋叶泫露如泣。”时节的物象，被赋予了情感层面的意境。其实在都市之中，平常似乎难以得见“秋叶泫露如泣”的物候情节。倒是汽车挡风玻璃上的一层露水以及我们用雨刷器拭去露水的瞬间，或许会让我们想到，已经是白露节气了。

“白露前后，驯养蟋蟀以为赌斗之乐，谓之秋兴。”不同时节，古人会依照物候或者找乐子，或者做雅事。先不论雅俗，不说赌斗，今人已经很少有兴致甚至很少有机缘与物候互动了。现在每逢一个节气，我被问到最多的一个问题就是："这个节气，应该吃什么？"

其实，现在比较普遍的情况是人们营养过剩，与旧时逮个机会打牙祭、寻个理由补嘴空、忙完农事贴秋膘的时候已然不同了。管住嘴、迈开腿或许更重要。

我的一位画家朋友说作画的许多灵感都来自他小时候的乡村记忆。比如在水塘边玩耍时，骤雨忽至，小伙伴们随手折下荷叶，大家撑起荷叶伞向家里跑去。这一情景，后来变成了他的一幅节气美图。

南方依旧夏，北方渐次秋

常年状况，白露时季节版图上的"领土"分布是：秋约占 619 万平方公里，夏约占 240 万平方公里，冬约占 101 万平方公里。粗略而言，南方依旧夏，北方渐次秋。

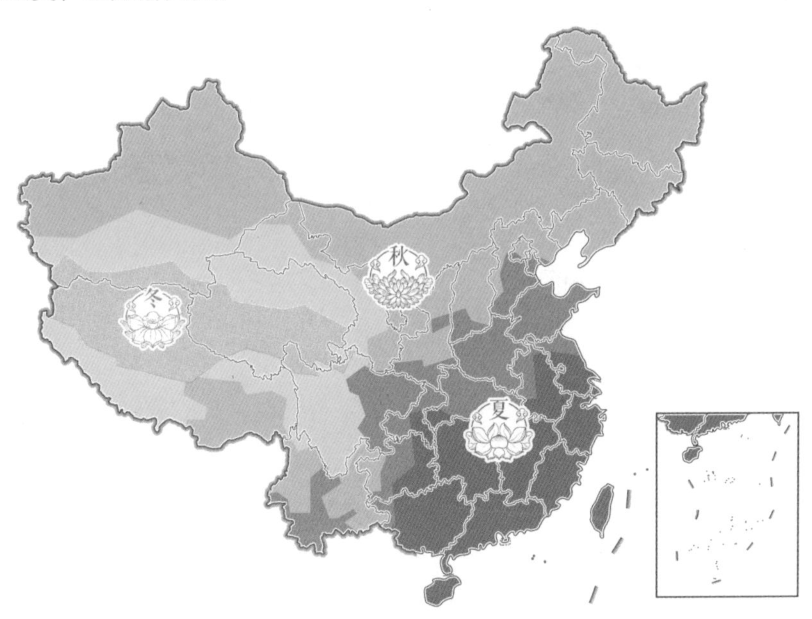

白露季节分布图

以平均状态而言，大体上北方在立秋、南方在处暑时节，高温终结。白露之后，即使在南方，也很难热播高温“连续剧”了。剩下的，只是少数继续冲击“高温锦标赛”奖牌的运动员。即便是南方高温如火如荼的 2013 年，到了处暑时节，高温也知趣地消退了。正如古诗所言：“处暑无三日，新凉直万金。”但到了白露时节，人们已将凉爽视为理所当然，已经不觉得它有多珍贵。偶尔高温再现，人们倒会认为受到了不公正的“待遇”。

恼人高温何时了				
城市	高温平均终止日	时节	最晚的高温	时节
天津	7 月 21 日	小暑	8 月 24 日（2007 年）	处暑
北京	7 月 25 日	大暑	9 月 1 日（2002 年）	处暑
兰州	7 月 27 日	大暑	8 月 30 日（2002 年）	处暑
济南	8 月 3 日	大暑	9 月 10 日（1999 年）	白露
石家庄	8 月 7 日	立秋	9 月 25 日（1978 年）	秋分
海口	8 月 8 日	立秋	9 月 17 日（1970 年）	白露
郑州	8 月 10 日	立秋	9 月 29 日（1977 年）	秋分
乌鲁木齐	8 月 12 日	立秋	9 月 20 日（1973 年）	白露
西安	8 月 13 日	立秋	9 月 9 日（1997 年）	白露
南京	8 月 13 日	立秋	9 月 21 日（2010 年）	白露
合肥	8 月 21 日	立秋	9 月 22 日（2008 年）	秋分
武汉	8 月 27 日	处暑	9 月 27 日（2007 年）	秋分
杭州	8 月 29 日	处暑	10 月 2 日（1984 年）	秋分
南昌	9 月 1 日	处暑	10 月 4 日（1983 年）	秋分
广州	9 月 2 日	处暑	10 月 6 日（2007 年）	秋分
长沙	9 月 3 日	处暑	9 月 30 日（2005 年）	秋分
南宁	9 月 3 日	处暑	10 月 14 日（1964 年）	寒露
福州	9 月 6 日	处暑	10 月 5 日（1983 年）	秋分
重庆	9 月 8 日	白露	10 月 1 日（1999 年）	秋分

总体而言，随着气候的变化，往往热浪启动得更早，温度飙升得更高，而且结束得更晚。一个王朝，其兴也勃焉，其亡也忽焉。可是一季炎夏，确实其兴也勃焉，但其亡，也太磨蹭了。

这高温，有时就如同开车，油门加得早、踩得狠，一路超速狂奔，驶入停车场了都不想踩刹车。这样的天气属于危险驾驶、危害公共安全吧？

积雨连村暗，山庄何处归。
秋光堪画处，蓑笠过桥迟。

白露之后，渐渐迎来“华西秋雨”，正是“巴山夜雨涨秋池”的时节。

“山中一夜雨，树杪百重泉。”雨、云忙活一晚上，大家清晨起来一看，每个树梢都滴滴答答地水珠坠地，如同千百道水泉一般。

但全国总体而言，白露时节降水显著减少。二十四节气中，全国的降水，总量减少最多的是寒露，其次就是白露。这两个“带露”的节气，仿佛是露多了，雨便少了。

白露之露

白露时节，以古人的说法，正是“大抵早温、昼热、晚凉、夜寒，一日而四时之气备”。为什么会出现露水呢？这要从露点说起。露点（dew point），其实是一个清纯的气象名词，因为在一些八卦新闻中经常与走光联系在一起，好像也就变得不那么纯洁了。露点，是指在固定气压下，空气之中的气态水达到饱和而凝结成液态水所需要降至的温度。

一般来说，温度越高，空气对水汽的容纳能力越强。当温度降低时，空气对水汽的包容度下降。饱和后，多余的水汽就只好“变态”了（由气态变为液态）。达到露点后，凝结的水飘浮于空中，成了雾。附着在物体表面，就成了露。当露点低于 0℃时，称为“霜点”，“蒹葭苍苍，白露为霜”。

草上露水大，当日准不下。
霜雾露，晒衣裤。

清晨露水很浓，预兆着当日很可能是一个大晴天。

古人描述的白露物候，均与鸟有关：一候鸿雁来，二候玄鸟归，三候群鸟养羞。玄鸟，即燕子。古时候，燕子和桃花，大概是人们最乐于倚重的两位气候“预报员”，是借用生物智慧的典型。从春分时节的“玄鸟至”，到白露时节的“玄鸟归”，人们在燕子的迁来与归去中，品读季节的更替。群鸟养羞：“羞者，所美之食。养羞者，藏之以备冬月之养也。”秋高气爽，玉露生凉，鸟儿们敏锐地觉察肃杀之气，于是开始养羞（馐），即勤快地筹措越冬的“干粮”。

白露之谚语

以前我最喜欢的白露谚语是：“喝了白露水，蚊子闭了嘴。”可是，蚊子们似乎并不在意这则“古训”，把人折腾得不行不行的，看来还是另一个谚语更靠谱：“白露蚊，咬（烦）死人。”

还有一则谚语，乍读起来令人窃喜：“白露后，不长肉。”但它指的是荞麦。白露后，反倒是很多人秋膘上身的时节。

很多谚语，也反映着白露时节各地的物候特征和农事次第。

“白露三朝露，好稻满大路。白露天晴稻像山，白露雨来苦一路。”《农政全书》解释道：“白露雨为苦雨，稻禾沾之则白飒，蔬菜沾之则味苦。”

“白露白迷迷，秋分稻秀齐。”古人认为，白露前后有雾，主稻穗易实。又以稻秀时忌风，谚云：“稻秀只怕风来摆，麦秀只怕雨来霖。”

“白露打枣，秋分卸梨。八月连阴种麦好，只怕淋烂柿和枣。”不同的果儿，对于雨水多寡，有着不同的好恶，正所谓“旱枣子，涝栗子，不旱不涝收柿子”。“白露里雨，好一路来坏一路（白露时下雨，对稻区而言是好事，对棉区而言是坏事）。”

白露打核桃，霜降摘柿子。

白露白茫茫，谷子满田黄。

白露满街白（棉花）。

白露看花，秋分看谷。

白露水，寒露风，打了斜禾打大冬。

白露秋分，番薯生筋；寒露霜降，番薯生糖。

白露点坡，秋分种川，寒露种滩（小麦）。

白露不抽穗，寒露不低头。

白露谷，寒露豆，过了霜降收芋头。

白露荞麦，寒露油菜。

白露秋分菜，寒露霜降麦。

白露种葱，寒露种蒜。

白露下南瓜，立冬卧白菜。

山怕处暑，川怕白露。

还有很多谚语，反映了白露节气与后续天气的呼应关系："白露有雨会烂冬；白露有雨霜降早，秋分有雨收成好；白露前是雨，白露后是鬼；白露无雨，寒露风迟。"

"一场秋雨一场凉，一场白露一场霜。"白露之后，最缠绵的阴雨，就叫作华西秋雨。

"露里走，霜里逃，感冒咳嗽自家熬。白露身不露，寒露脚不露。白露不露，长衣长裤。白露身勿露，着凉易泻肚。白露身不露，露了没好处。白露白茫茫，无被不上床。"

好吧，白露时节，从不露做起……

徐霞客所经历的华西秋雨全过程

徐霞客在其游记的《滇游日记》部分，记录了他亲身经历的华西秋雨。

他无奈的秋雨之旅是从崇祯十一年（1638 年）农历八月开始的。

八月：

十三日，达旦而雨。十四日，乍雨乍霁。十五日，晚云密布，大风怒吼。十六日，雨意霏霏。十七日，雨色霏霏。十八日，亦雨色霏霏。

余谓："自初一漾田晴后，半月无雨。恰中秋之夕，在万寿寺，狂风酿雨，当复有半月之阴。"营兵曰："不然。予罗平自月初即雨，并无一日之晴。盖与师宗隔一山，而山之西今始雨，山之东雨已久甚。乃此地之常，非偶然也。"

秋雨绵绵，时而插播"乍雨乍霁"的情节，时而上演风雨交加的段落，时而又呈现雨雾混杂的画面，而且"连篇累牍"的阴雨，使道路非常湿滑泥泞。作为旅行家，他知道"山中雨候不齐"，但也未曾想到，"山之西今始雨，山之东雨已久甚。乃此地之常"，差异竟如此极端！

十九日，坐雨逆旅。二十日，雨阻逆旅。二十一日，亦雨阻逆旅。二十二日，犹雨霏霏。二十三日晨起，阴云四布。二十四日，雨色霏霏。二十五日，雨时作时止。

时零雨间作，路无行人。既而风驰雨骤，山深路僻，两人者勃窣而行其间，觉树影溪声，俱有灵幻之气。

二十六日，风霾飘雨。二十七日，雨犹不止。二十八日，晨雨不止。二十九日，晨雨霏霏。

途中忽雨忽霁，大抵雨多于日也。对于徐霞客来说，雨时作时止，忽雨忽霁，都算是好天气了，毕竟不能完全“阻余行色”。但雨“起早贪黑”地下，俨然成为常态。所以将近一半的日子“雨阻逆旅”，只好歇歇脚，也晾一晾、烤一烤湿透的衣服。八月，就这样结束了，秋雨却未结束。

九月：

初一日，雨达旦不休。初二日，夜雨仍达旦。初三日，子夜寒甚，雨仍霏霏。初四日，晨起雨止。初五日，夜雨达旦不休。初六日，晨起雨止。

进入九月之后，不变的是秋雨“连续剧”，但剧情有了两个微妙的变化：一是温度更低了，夜里开始乍现寒意；二是云雾之气变得更重了。白天冒着阴雨，踩着泥泞，夜晚或许还要枕着湿草，能烤着火，喝粥、吃笋，竟然可以忘记风雨之苦。

初七日，云尚氤氲。初八日，碧天如濯。初九日，高风鼓寒。初十日，下午复雨，彻夜不休。十一日，主人以雨留。十二日，主人情笃，候饭而行。十三日，夜雨复潺潺。十四日，雨竟日不霁。十五日，既暮而雨复合。

渐渐进入寒露时节，凄风冷雨，冷到“峭寒砭骨，惟闭户向火，不能移一步也”，令人“倦于行役”。如果说之前是“雨阻逆旅”，那么之后是寒、雨均阻隔旅程。“碧天如濯”的时光太稀缺了！虽然可以求签求得吉兆，却求不来和暖与晴霁。

十六日，阻雨。十七日，雨复达旦。十八日，彻夜彻旦，点不少辍。十九日，晦雨仍如昨。二十日，暮而雨声复瑟瑟，达夜更甚。二十一日，晦冥终日，迨夜复雨。

走着走着便将是霜降节气了，天气更加寒冷，雨也下得更嚣张了。之前中午时分太阳还会做做样子，出来露个脸，刷刷“存在感”，后来连样子都懒得做了。徐霞客只能烤着柴火，煮芋头、烧栗子，不敢再对天气有什么奢望。

二十二日，晨起晦冥。二十三日，仍浓阴也。二十四日，晴而有风。二十五日，薄暮，雨意忽动，中夜闻潺潺声。二十六日晨起，雨势不止。二十七日，密云重布，不雨不雾。

趁着天气稍微转好，继续旅程。但秋雨季的“下半场”，风力和温度比雨量更具有“杀伤力”。而且经过连月阴雨的浸泡或冲刷，每一步行走都拖泥带水。

二十八日，浓云犹郁勃。二十九日，碧天如洗。

十月：

初一日，月凌晨起，晴爽殊甚。十二日，唐州尊馈新制长褶棉被。二十日、二十一日，在州署。两日皆倏雨倏霁、忽雨忽晴。二十三日，唐君又馈棉袄、夹裤。二十四日，阴云酿雨。

在霜降与立冬的交接过程中，冷暖气团的抗衡，冷气团渐渐占据上风，胶着式的降水演变为游击式的降水。秋雨刚近尾声，这时已需要开始更换冬装了。进入农历十月之后，徐霞客在游记中便没有每日历数天气，固然是因为停留多了、赶路少了，但更重要的是恼人的秋雨渐渐结束了。

什么是好天气？就是人们可以忘记天气。

徐霞客 1/3 的生命时光在路上，暝则寝树石之间，饥则啖草木之食，真是“以性灵游，以躯命游”。他高高兴兴出发时，是“云散日朗，人意山光，俱有喜态”的快意，被凄风冷雨耽搁行程时，是“不复问前程矣”的感伤，对天气的记录展现了一种真性情。

他从白露刚过，到临近立冬，行走在秋雨之中，经历了华西秋雨的全过程。他的游记，是风物志，也是关于天气气候个性化的观察与记载。

秋分

【平分秋色】

秋气堪悲未必然，
轻寒正是可人天。

每年 9 月 23 日前后，是秋分，到了昼夜平分之时。现今，北半球很多国家依然是“一刀切”地以昼夜平分日（相当于春分和秋分）作为春季和秋季的起始日。诗云：“平分秋色一轮满，长伴云衢千里明。”在诗人眼中，似乎是中秋满月将秋色平分。实际上，真正平分秋色的是秋分，“昼夜均而寒暑平”。

一位旅居欧洲多年的朋友对我说：“每年到夏至那一天，我心里就会咯噔一下，因为白昼由盛而衰了。到秋分的那一天，心里又会咯噔一下，因为开始昼短夜长了。”一个微妙的时间节点，往往带给人们别样的心念。

对于气温，我的感触是：初秋，升降随意；中秋，反弹无力；深秋，保持不易。初秋的气温像减肥，刚刚降了又反弹。中秋的气温像大盘，降下容易升上难。深秋的气温像工资，没降就算涨了钱。

夏、秋、冬的博弈转折

秋分时季节版图上，秋坐拥约 620 万平方公里的势力范围，并意欲接管夏的江北地盘。

就在秋与夏在长江沿线胶着之时，冬已从青藏高原大本营悄然出山，并借助“外援”，在天山和大兴安岭将秋击溃，赢得两片“飞地”。冬的领地迅速扩至约 188 万平方公里。此时，夏的疆土只剩下约 152 万平方公里，仅为盛夏时代的 1/4，在夏、秋、冬的“三足鼎立”中位居末席。由于有副热带高压这个“外部势力”的资助，并有气候变暖的“国际形势”，此时，夏之阵地易守难攻。

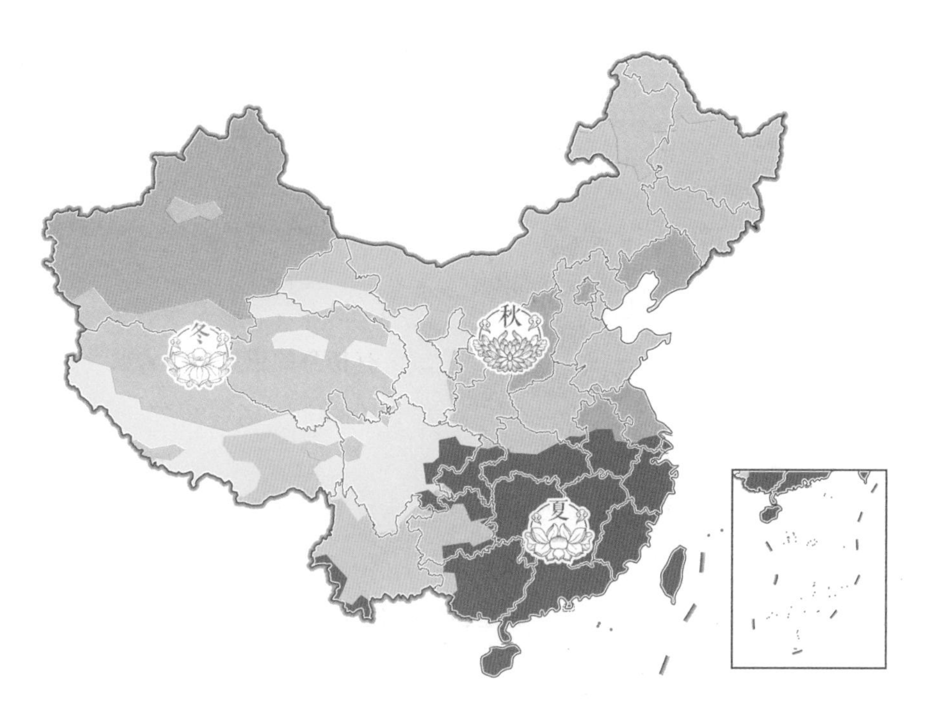

秋分季节分布图

秋分，恰是夏、秋、冬“三国”博弈格局的转折点。

季节版图上的焦点：秋分前，主要是夏、秋间的纠纷，秋蚕食夏的领土；秋分后，主要是秋、冬间的争端，冬鲸吞秋的属地。

秋分时节，夏、秋的气候分界线已至长江沿线。此后，秋在南线攻掠的余地已然有限，在北线将遭遇冬的加速入侵。所以，秋分时节，是秋之疆域短暂的全盛时期。

木犀热

农历八月，雅称桂月，秋分恰是桂香时节。

秋分时节，南方往往依然暑热未消，还难以把每只秋老虎都关进笼子里。旧时，人们把这时的闷热天气，称为“木犀蒸”，闷热都被说得如此文雅。

范成大《吴郡志》记载：“桂，本岭南木，吴地不常有之，唐时始有植者。浙人呼岩桂曰木犀，以木之纹理如犀也。有早晚两种。在秋分节开者，曰早桂。在寒露节开者，曰晚桂。将花之时，必有数日鏖热如溽暑，谓之木犀热。言蒸郁而始花也。自是金风催蕊，玉露零香。”

以前在北京，我对于“木犀蒸”自是没有切身的感触，因为秋分时节，北京早已秋凉如水。

2015 年，秋分日我赶巧到湖南出差，恰好邂逅金桂。其时天气依然闷热，爱出汗的我还随身携带着暑期出差的“标配”：毛巾。两天之后，临走时，天气迥异。一场风雨之后，木犀蒸已然变成了木犀凉，真的是金风催蕊、玉露零香。于是我以此发了一条微博：“迎候你时，一树芬芳；送别你时，满庭花雨。”催蕊零香的凉爽，却让人顿生一丝小伤感。

云销雨霁，彩彻区明

> 时维九月，序属三秋。潦水尽而寒潭清，烟光凝而暮山紫……落霞与孤鹜齐飞，秋水共长天一色。渔舟唱晚，响穷彭蠡之滨；雁阵惊寒，声断衡阳之浦。

《天气预报》背景音乐《渔舟唱晚》的音乐情境，正是出自云销雨霁的秋分时节。

秋季来临，很多地区的降水量锐减。以北京为例，与 8 月相比，北京 9 月的降水量会减少 72%，10 月减少 86%。

记得唐代李贺有一句诗：“少年心事当拿云。”少年心性豪放，会有摘下云朵的想法。但仔细想来，“拿云”应该是与节气有关的技术活。卷云太远，纤细又轻薄，摘云仿佛只扯下了几片羽毛，没有摘云的仪式感和获得感。层云低垂着、铺展着，灰蒙蒙的，感觉脏兮兮的，有点像黑心棉，估计有精神洁癖的少年不屑去摘。“乌头风、白头雨”的积雨云，像恐怖片似的，少年就别摘了，电闪雷鸣的，多危险啊。春季风太大，流云不容易摘。冬季天太冷，摘到的可能是一手“雪糕”。还是摘秋天“白云满地无人扫”的淡积云吧，高洁、雅致。而且秋分“雷始收声”，雷公、电母一般也不会搅局。

秋分的云

“秋天来得早，云彩质量好；赶紧摘几朵，回家做棉袄。”

俗话说：“二八月，看巧云。”

夏季，要么是“自我拔高”的积雨云，黑云翻墨、惊雷震天、白雨跳珠；要么是“平铺直叙”的层（积）云，沉沉地密布着，整个天空都不会显示，雨下得拖泥带水。避之不及，怎会有看云的心情?!

到了秋季，水汽蒸发减少，而气压梯度加大，大气的通透性和洁净度提高，流动性增强。总云量减少，其中高云的比例增加。由厚重改为轻灵，高天上流云。此时的云，宜人而不扰人，如丝如缕，淡薄、高远，纤云弄巧，更具动感和色彩，更可谓“云彩”。且“鸿雁二月北上，八月南下”，所以古时，二八月，看的是流云、飞鸿的时令之美。

“二八月，乱穿衣”，乱穿衣的时节看巧云。

气象谚语说：“秋分白云多，处处好田禾。”“处处好田禾”好理解，秋分正是“天下大熟”之时。那么，秋分是否真的白云多呢？我选取了几个代表性城市，先看看北京、南京各个时节的云量。

与大暑时相比，北京秋分时节的总云量减少了44%，低云量更是减少了65%。秋分时节，至少在整个秋季是“蓝蓝的天上白云飘”的那种中高云在总云量中占比最高的时候。由夏到秋，阴沉到非黑即灰的低云，在秋

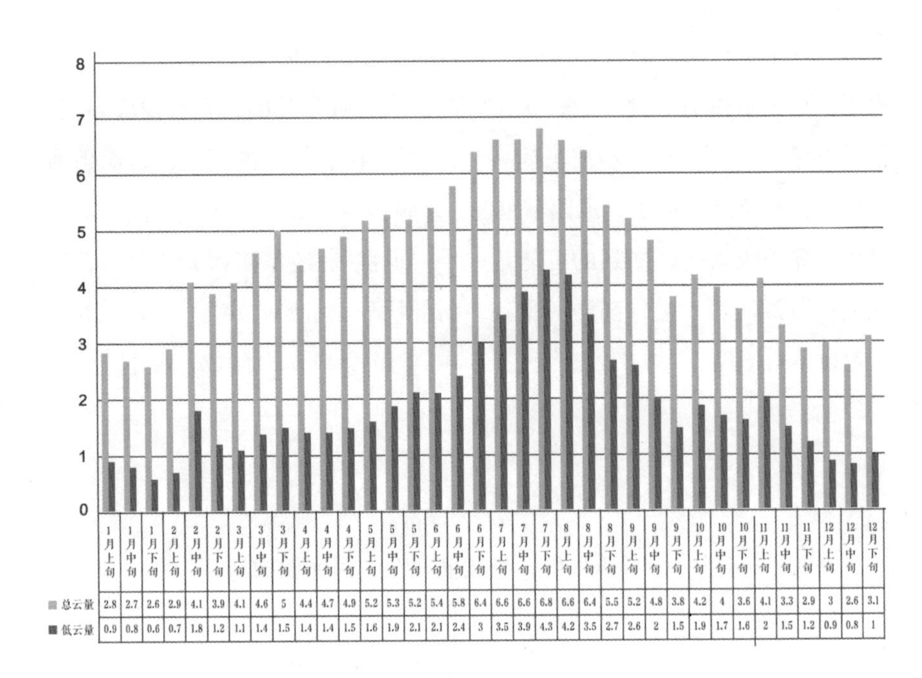

	1月上旬	1月中旬	1月下旬	2月上旬	2月中旬	2月下旬	3月上旬	3月中旬	3月下旬	4月上旬	4月中旬	4月下旬
总云量	2.8	2.7	2.6	2.9	4.1	3.9	4.1	4.6	5	4.4	4.7	4.9
低云量	0.9	0.8	0.6	0.7	1.8	1.2	1.1	1.4	1.5	1.4	1.4	1.5

	5月上旬	5月中旬	5月下旬	6月上旬	6月中旬	6月下旬	7月上旬	7月中旬	7月下旬	8月上旬	8月中旬	8月下旬
总云量	5.2	5.3	5.2	5.4	5.8	6.4	6.6	6.6	6.8	6.6	6.4	5.5
低云量	1.6	1.9	2.1	2.1	2.4	3	3.5	3.9	4.3	4.2	3.5	2.7

	9月上旬	9月中旬	9月下旬	10月上旬	10月中旬	10月下旬	11月上旬	11月中旬	11月下旬	12月上旬	12月中旬	12月下旬
总云量	5.2	4.8	3.8	4.2	4	3.6	4.1	3.3	2.9	3	2.6	3.1
低云量	2.6	2	1.5	1.9	1.7	1.6	2	1.5	1.2	0.9	0.8	1

北京逐旬云量统计

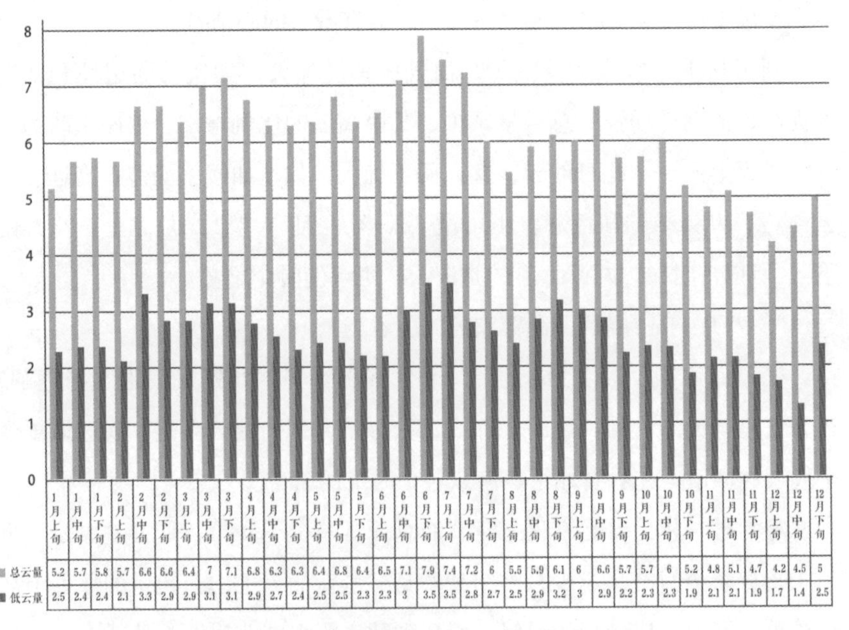

	1月上旬	1月中旬	1月下旬	2月上旬	2月中旬	2月下旬	3月上旬	3月中旬	3月下旬	4月上旬	4月中旬	4月下旬
总云量	5.2	5.7	5.8	5.7	6.6	6.6	6.4	7	7.1	6.8	6.3	6.3
低云量	2.5	2.4	2.4	2.1	3.3	2.9	2.9	3.1	3.1	2.9	2.7	2.4

	5月上旬	5月中旬	5月下旬	6月上旬	6月中旬	6月下旬	7月上旬	7月中旬	7月下旬	8月上旬	8月中旬	8月下旬
总云量	6.4	6.8	6.4	6.5	7.1	7.9	7.4	7.2	6	5.5	5.9	6.1
低云量	2.5	2.5	2.3	2.3	3	3.5	3.5	2.8	2.7	2.5	2.9	3.2

	9月上旬	9月中旬	9月下旬	10月上旬	10月中旬	10月下旬	11月上旬	11月中旬	11月下旬	12月上旬	12月中旬	12月下旬
总云量	6	6.6	5.7	5.7	6	5.2	4.8	5.1	4.7	4.2	4.5	5
低云量	3	2.9	2.2	2.3	2.3	1.9	2.1	2.1	1.9	1.7	1.4	2.5

南京逐旬云量统计

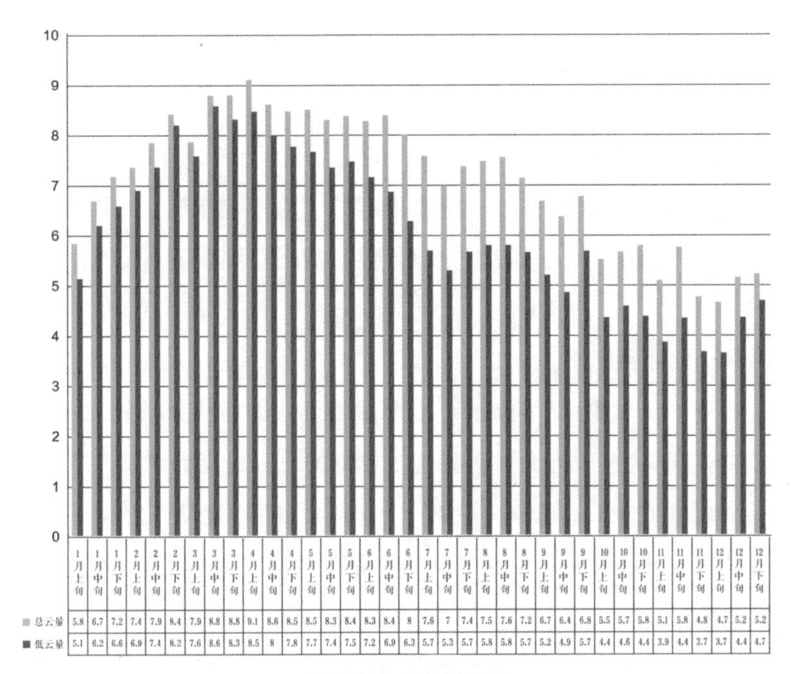

广州逐旬云量统计

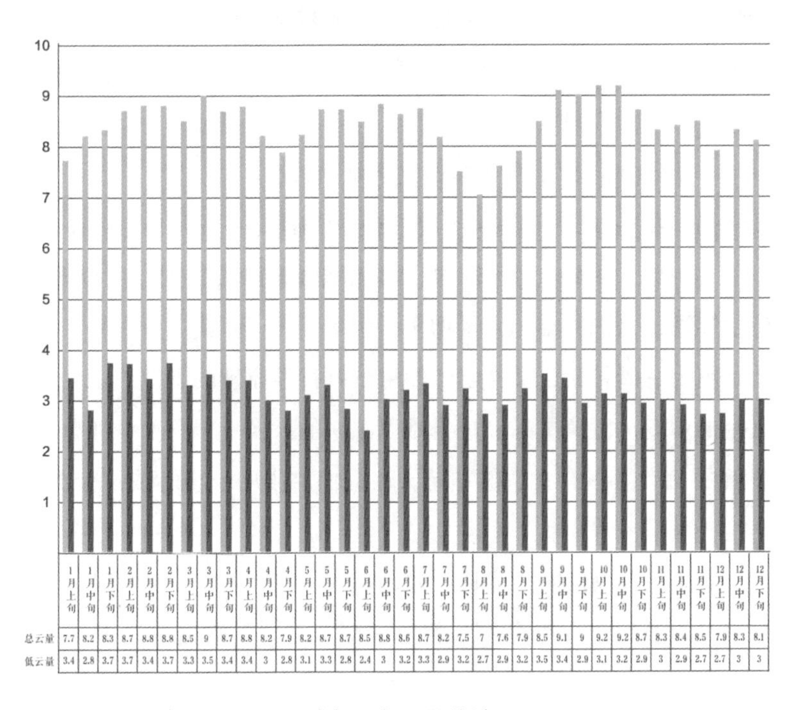

成都逐旬云量统计

分时确实是最少的。白云的比例提高了，但总量还是略显紧俏。

与大暑时相比，南京秋分时节的总云量只减少了5%，但低云量减少19%。总云量几乎还那么多，减少的是低云。北京是白白净净的中高云在总云量中占比增加，白云还多少有些“供不应求”。如果说北京的“秋分白云多”还有点牵强，那么南京可以是这则谚语中天气的“颜值担当”。

再看看成都和广州。

成都是一座“多云”的城市，且秋雨缠绵。即使秋分时节，云也处于“产能过剩”的状态。与大暑时相比，成都的总云量反而增加了20%，不过低云量减少了9%。白云确实多了，只是太多了。蓝天被抢戏，几乎沦为配角。如果以供求关系来制定白云的价格，那么成都秋分时的白云，真的是物美价廉。

即使到了秋分时节，广州也不敢说是残暑已消，因为一般要到霜降时节才能步入秋季，所以云依然体现着夏天的容颜。与大暑时相比，广州在秋分时节的总云量减少8%，但低云量并未减少，所以“秋分白云多”之说并不适合广州。广州要到小雪节气，低云才会降至最少。显然，只是简单的一句“秋分白云多”，并不能放之各地而皆准。

几年前，我在江西三清山记下这样一副对联：“殿开白昼风来扫，门到黄昏云自封。”白天，阳光辐射，对流增强，风力加大，所以风扫殿；傍晚辐射降温，水汽凝结，云量增多，于是云封门。我之所以喜欢这副对联，就是因为它既科学，又文学。如果没有科学原理的支撑或者对于环境现象细腻的观察，所谓文采，也是难以圆融的。换一个角度，如果科学尤其是科普的文字能够有文学的加持，在人们的眼中，科学或许会更亲切、更优美。

古人对于秋分物候的描述是：雷始收声，蛰虫坯户，水始涸。

从春分时节的“雷乃发声”，到秋分时节的“雷始收声”，历时半年的“雷人”季节就此终结。

古人认为，行云布雨的龙“春分登天，秋分潜渊”，于是云和雨在秋分时节迅速减少。

立春时节“蛰虫始振”，尚未春暖便蠢蠢欲动。秋分时节“蛰虫坯户”，尚未秋寒便封塞巢穴，它们对于时令的预见力可谓天赋。

秋天，给人一种高峻邈远的感觉，能见度提高，通透、明净、干爽。秋毫可以明察，秋水能够望穿，长空万里，云无留迹。所谓秋高气爽，因为温度降了，于是气爽；因为云量少了，于是秋高。尤其是低云量的锐减，使得即使有云，也大多是灵动的白云，高洁淡远而不沉闷压抑。所以才有“短如春梦，薄如秋云”的说法。

断虹霁雨，净秋空，山染修眉新绿。

望处雨收云断，凭阑悄悄，目送秋光。

世事短如春梦，人情薄如秋云。

长于春梦几多时，散似秋云无觅处。

春梦秋云，聚散真容易。

按照古人的说法，此时“西方有白云起如群羊为正气，主大有年（年，谷熟也）”。

《诗经》有云：“英英白云，露彼菅茅。”天上朵朵白云飘舞，甘露惠及草木。

农事繁忙的秋分时节

我小时候背诵的节气歌谣中有这样一句：“白露快割地，秋分无生田。”秋分依然是农事繁忙的时节：“秋分收稻，寒露收草”，“秋分不割，霜打风磨”，“秋分时节两头忙，又种麦子又打场”。

当然，不同地区有不同的节奏，忙活着不同的作物。即使在华北平原，从北至南，便有“白露早、寒露迟，秋分种麦正当时”和“秋分早、霜降迟，寒露种麦正当时”的差异。再往南，便是：“秋分放大田，寒露一扫光”，“秋分种山岭，寒露种平川”，“寒露早、立冬迟，霜降种麦正当时”。

顺应时令的播种，对于麦子的品质特别重要。先时者（种得太早），可能脆弱多病甚至不能成活。后时者（种得过晚），可能“薄色而美芒”，只有麦芒长得漂亮，成为徒有“颜值”的麦子。

得时之麦：“稠长而茎黑，二七以为行……食之致香以息，使之肌泽而有力。”适时播种的麦子，梗长穗色深，麦粒二七成行，壳薄、粒红、籽重，吃这样的面，口感和营养俱佳，使人红润而壮实。甚至有“四时之气不正，正五谷而已矣”这样的说法，意思是：气候纵然异常，但只要所吃的是得时生长的五谷即可。“是故得时之稼，其嗅香，其味甘，其气章。百日食之，耳目聪明，心意睿智……身无苛殃”，似乎我们能否健康聪慧，与五谷是否应时有很大的关联。

2015年临近秋分，我远足郊外，梨刚刚罢园，山里满树的枣子、满地的栗子。俗话说：“旱枣涝梨。”这一年雨水不算多，果农说：“梨倒是水灵，栗子长得很小气。本指望枣子长得瓷实些，但架不住虫子霍霍（破坏）啊！”

秋分时节，人们还是盼望雨水的滋润：“秋分不宜晴，微雨好年景。秋分有雨来年丰。秋分半晴又半阴，来年米价不相因。”

明代冯应京《月令广义》中这样评述：“（稻）将秀得雨，则堂肚大、谷穗长；秀实后得雨，则米粒圆、收数足。”正所谓：“麦秀风摇，稻秀雨浇。”

完全靠天吃饭的时代，什么是好天气？能予我温饱的天气便是好天气，这是质朴而直白的天气价值观。人们无暇顾及什么AQI（空气质量指数）、什么舒适度，就更别说什么洗车指数了。

一个偶然的机会，我看到1963年某乡村广播站大喇叭发布的天气预报稿，预报寒潮将至，首先提醒村民的是赶紧到猪圈里铺干草，可千万别把小猪和母猪冻坏了。人们面对天气，似乎首先想到的是作物和动物，而非人物。因为正是它们，才能带给人们生存的安全感。

除了天气，古人认为秋分、秋社的日期次序也与丰歉相关："以秋分在社前，主年丰；秋分在社后，主岁歉。"谚云："分后社，白米遍天下；社后分，白米像锦墩。"宋代陈元靓《岁时广记》载谚云："秋分在社前，斗米换斗钱；秋分在社后，斗米换斗豆。"《淮南子》曰："秋分蔈定而禾熟。"收成多寡，年景好坏，不再是悬念，在秋分时节基本有了定论。

为了收成，人们以发散而跳跃的思维，找寻着各种可能的关联，使对于年景的占卜更像一门玄学。虽然现在也有关于作物产量的预报，但是预报模式与古法并无交集。

秋风秋雨

农历八月的雨，被称为"豆花雨"，"里俗以八月雨为豆花雨"。农历八月雨后一层秋凉，花事稀落，而豆花独开，"一城秋雨豆花凉"。

农历八月的风，被称为"裂叶风"，秋风吹到树叶上，伤裂叶片，故名，亦称"猎叶之风"。古人说："挠万物者，莫疾乎风。"秋风呼号，落木萧萧。撼动万物者，没有什么比风更强悍的了！这是季风气候之中，人们深刻的领悟。

猎猎西风，古时又被称为"阊阖风"，阊乃倡，阖乃合，秋风提示着人们需要开始倡导闭藏了。"金风渐起，嘶柳鸣旌，家家整缉秋衣，砧杵之声远近相接。教场演武开操，觱篥鸣于城角。更有檐前铁马，砌下寒蛩，晨起市潮，声达户牖。此城阙之秋声也。"可见，所谓的秋声，既包括自然的秋声，也包括人文的秋声。人文的秋声，更具有时代的独特印记。

对于南方而言，往往是"热至秋分，冷至春分"。北方一些地区在秋分时节已见初霜，“秋分前后有风霜”，“八月雁门开，雁儿脚下带霜来”，所以“秋分送霜，催衣添装”。

云由浓到淡，草木由密到疏，少了繁花缛叶。“天长雁影稀，月落山容瘦，冷清清暮秋时候。”天与地，都在做着减法，都开始变得简约和静谧。

季风气候，季节更迭往往是从盛行风的变化开始的。风，应约而来。

愁与西风应有约，年年同赴清秋。

秋色从西来，苍然满关中。

秋风万里动，日暮黄云高。

芫然蕙草暮，飒尔凉风吹。

秋风萧瑟天气凉，草木摇落露为霜。

风泛须眉并骨寒。

常恐秋风早，飘零君不知。

何处秋风至，萧萧送雁群。朝来入庭树，孤客最先闻。

秋风起兮白云飞，草木黄落兮雁南归。

冷气团进入战略反攻阶段，每次冷暖交锋几乎都伴随着暖气团的溃败和冷气团的“反客为主”，所以“一场秋雨一场寒”。但在西部一些地区，暖湿气团尚未退却，而干冷气流要么从高原北侧东移，要么从东部向西倒灌，冷暖空气时常形成“乱战”，导致阴雨连绵，所谓“华西秋雨”。

巴山夜雨涨秋池。

夜雨做成秋，恰上心头。

都来此事，眉间心上，无计相回避。

乱洒衰荷，颗颗真珠雨。

漠漠秋云起，稍稍夜寒生。但觉衣裳湿，无点亦无声。

黄宾虹《青城山中坐雨》

1933 年，黄宾虹先生在游历青城山之时邂逅秋雨，据说当时路人皆夺路避雨，只有他挑得一块岩石坐雨观景，等回到旅舍“蒙被酣眠打腹稿”。对于此事，他写道：“青城大雨滂沱，坐山中移时，千条飞泉，令恍悟。若雨淋墙头，干而润，润而见骨。墨不碍色，色不碍墨。”

他以近 70 岁的高龄，一任冷雨湿身，揣摩画意，于是以花青融入淡墨描绘雨雾水气，为“华西秋雨”提供了传神的视觉注释。正是：“泼墨山前远近峰，米家难点万千重。青城坐雨乾坤大，入蜀方知画意浓。”

安知千里外，不有雨兼风。

风又飘飘，雨又萧萧。

雨色秋来寒，风严清江爽。

恨萧萧，无情风雨，夜来揉损琼肌。

秋雨一何碧，山色倚晴空。

新寒中酒敲窗雨，残香细袅秋情绪。

梦也不分明，远山云乱横。

云雨朝还暮，烟花春复秋。

一夜雨声凉到梦，万荷叶上送秋来。

凭画槛，雨洗秋浓人淡。

秋阴不散霜飞晚，留得枯荷听雨声。

一往情深深几许？深山夕照深秋雨。

风刀霜剑，冷气团的一轮轮攻势，使寒意渐增。

正故国晚秋，天气初肃。

日夕凉风至，闻蝉但益悲。

怀君属秋夜，散步咏凉天。

秋色冷并刀，一派酸风卷怒涛。

秋风别苏武，寒水送荆轲。

金秋严肃气，凛然不可容。

盖夫秋之为状也，其色惨淡，烟霏云敛；其容清明，天高日晶；其气栗冽，砭人肌骨；其意萧条，山川寂寥。

当然，深秋时节，雾霾也会渐渐增多。“浓雾知秋晨气润，薄云遮日午阴凉”，但古时候往往是清新、单纯的雾气，现代的雾已很难那般清新、单纯了。

秋天，作为一个过渡季节，远比夏或冬短暂，却是诗词歌赋的丰产季节，一如作物。秋兴秋悲，乡愁心事，家国情怀，我最喜欢那一句：“秋气堪悲未必然，轻寒正是可人天。”

疏朗时节，快意秋分。

【秋中之秋】

虽惭老圃秋容淡，

且看黄花晚节香。

每年10月8日前后进入寒露节气。露已寒，将为霜。“野有蔓草，零露瀼瀼”，“袅袅凉风动，凄凄寒露零”。

“满城尽带黄金甲”描述的便是寒露时节的物候：

> 待到秋来九月八，我花开后百花杀。
> 冲天香阵透长安，满城尽带黄金甲。

按照《礼记》的记载，古时候，一俟深秋，谷物归仓入囤。除了祭祀之外，就开始忙活这几件事了：一是狩猎，“执弓挟矢以猎”；二是砍柴，“草木黄落，伐薪为炭”；三是结案，“乃趣狱刑”，然后有些便是传说中的秋后问斩吧。这些都透出肃杀之气。

“变天”节奏最快的寒露

此时的季节版图上，秋的面积约为539万平方公里，冬的面积约为362万平方公里。在寒露时节的半个月之中，冬会大举“侵略”，将秋之领地“侵吞”180多万平方公里，从而在疆域面积上一举超过秋。

由秋分至寒露，秋在南方“战场”斩获颇丰，一举占领江南。其间，夏的面积锐减六成以上，只能借助南岭“天险”苦苦支撑。

寒露是秋季节气中季节版图的疆域格局变化最大的时期。

谚语说：“寒露不算冷，霜降变了天。”作为秋季最后一个节气，霜降的“变了天”体现的是一种累积效应，是冻坏骆驼的最后一团寒气。其实在隶属秋季的六个节气之中，“变天”节奏最快的是寒露。

所谓“霜降变了天”，得益于寒露时节的各种铺垫。以全国平均降水

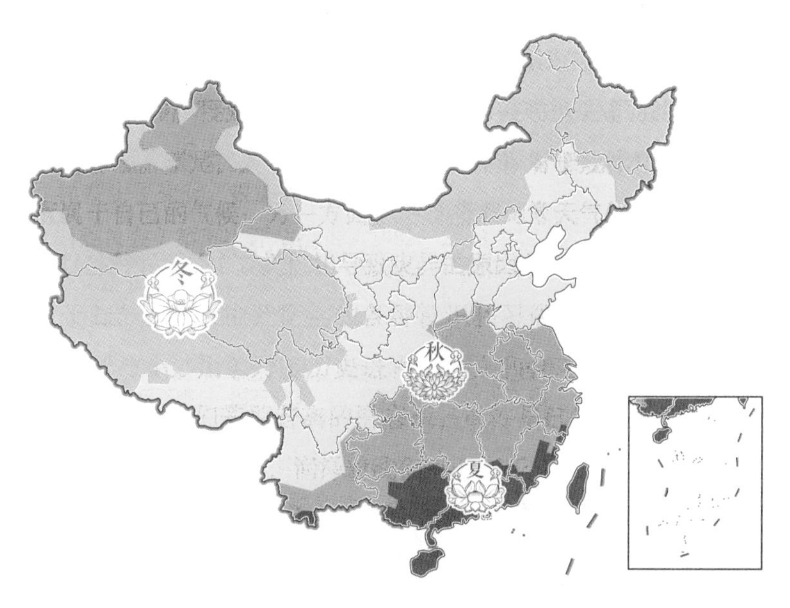

寒露季节分布图

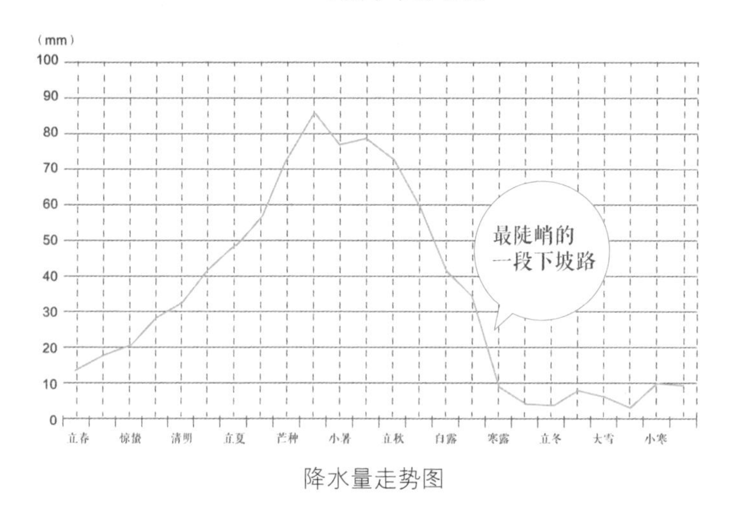

降水量走势图

量来衡量，寒露是二十四节气中降水减少速率最快的时节。因此，秋分之后“水始涸”之说所言不虚。如果说一年之中降水量的走势形如一座山峰，那么寒露时节便是最陡峭的一段下坡路。

寒露时节逢重阳，降水锐减，浓云消退，乃人们可登高望远的气象前提。“遥知兄弟登高处，遍插茱萸少一人。”古时重阳插茱萸的习俗，在一定程度上，与寒露时节气温大幅走低相关。《风土记》曰：“是月九日，采茱萸插头鬓，避恶气而御初寒。”《西京记》的描述显然更具“号召力”：“九日佩茱萸，饵糕，饮菊花酒，令人寿长。”

如果我们把气温和降水当作两项经营性收入，那么寒露时节是市场最萧条、“企业”效益滑坡最严重的时期。两项业务，往往堤内损失堤外补，但寒露时节，是堤内损失、堤外也损失，“企业”的两项主营业务均遭遇断崖式下跌。

秋雨秋凉		
秋季各节气	降水百分率的变化	平均气温的变化
立秋	↓ 6%	↓ 1.03℃
处暑	↓ 20%	↓ 1.52℃
白露	↓ 27%	↓ 2.43℃
秋分	↓ 17%	↓ 2.69℃
寒露	↓ 72%	↓ 4.83℃
霜降	↓ 38%	↓ 4.21℃

“春捂秋冻”与“急脱急着”

也许人们会有这样的感受，忙了大半年，于是利用十一黄金周出去旅游，等逛完了山水回到家，哎哟，这天气跟走的时候不一样了嘛！人们在感慨之余，便会翻箱倒柜地赶紧找厚一点的衣服。一过寒露，便有很多关于穿什么衣服的纠结。“转眼到寒露，翻箱找衣裤。”

“古老”的《秋裤赋》，每年在寒露至霜降时节，都会再度流传一番：

我要穿秋裤，冻得扛不住。
一场秋雨来，十三四五度。
我要穿秋裤，谁也挡不住。
翻箱倒柜找，藏在最深处。
说穿我就穿，谁敢说个不。
未来几天内，还要降几度。

若不穿秋裤，后果请自负。

有人说：“不是要春捂秋冻吗？春天来时，适当捂一捂，使机体渐渐地适应回暖。秋天来时，适当冻一冻，提高机体的抗寒能力。着装与时令要有适当的滞后。”但所谓“捂”和“冻”，都应有一个前提：春天的捂，以不出汗为前提；秋天的冻，以不着凉为前提。

当然，这很难以精准量化的方式来判定，即使相近的气温，有风无风，是干是湿，是晴是雨，体感的差异都很大，“晴洌则减，阴晦则增”。而且不同的人群，也需要有不同的原则。

“（农历）二八月，乱穿衣”，所谓“乱”：一方面是指人们需要根据天气变化及时增减衣物；另一方面也说明不同的人穿着差异很大。“二八月，乱穿衣”，但没说（农历）九月还可以乱穿衣。

还有一则谚语，叫作“急脱急着，胜如服药”。就是告诉人们，热了及时脱衣，冷了及时添衣。

这两个谚语看似相悖，实则相合。就像战略上藐视敌人，战术上还要重视敌人一样：“春捂秋冻”，说的是应对气候的战略；“急脱急着”说的是应对天气的战术。比如春季，大的原则是适当地捂。但春季的昼夜温差往往是一年之中最大的，一天当中，或许就包含了两个季节。一季当中，甚至可能急冷急暖，所谓“春如四季”。所以在一天之内、一季之中还需要机动地增减衣物。

英语中，有一个着装原则的说法，叫作：Dress in layers（多层着装），即所谓洋葱着装法。热了脱一两层，冷了加一两层，随时调整。古人说：“凤裘无冬，蝶绡无夏。”不能只有两层，捂上便是隆冬衣着，脱了便是盛夏装束。中间要有过渡，为机体提供缓冲。

别说人了，同样是向日葵，御寒能力还不一样呢。

老乡告诉我，以前的向日葵一般是谷雨时种，寒露时收。现在种的是油葵，油葵怕冷，芒种时种，也差不多寒露时收。以前是弄葵花籽，现在是打葵花油。

左侧是骄傲的向日葵，右侧是谦虚的向日葵（处暑时节，北京郊外）。

我问："这一块地的油葵能榨多少油呢？"

老乡说："根本不指望它榨油。"

我又问："那为什么要种油葵呢？"

老乡答："因为漂亮啊，游客喜欢啊！"

观光农业，使很多作物也开始拼"颜值"了，正如网友所言："这果然是一个看脸的世界。"

老乡说："地里的菜也差不多，漂亮的都太娇贵。俺们最喜欢圆白菜，抗冻！"

寒露三候

"乡民于重阳日、十三日望雨，则不致冬旱。"谚云："重阳无雨看十三，十三无雨一冬干。"

北方民间有在寒露时节占雪的习俗，实际上，是在气候平均初雪日之前的大约一个月，选取两个关键日，如果都没有降雨，冬季便很可能"贫雪"。

《离骚》有云："朝饮木兰之坠露兮，夕餐秋菊之落英。"露水寒凉，落花寂寥。餐英饮露，确是晚秋时节里的一种高洁与孤傲。

古人对寒露物候的描述是：一候鸿雁来宾，二候雀入大水为蛤，三候菊有黄华。

白露物候是“鸿雁来”，寒露物候是“鸿雁来宾”，说的是白露时鸿雁的迁飞工作逐渐启动，寒露时迁飞工作陆续收尾。谚语说：“大雁不过九月九，小燕不过三月三。”是说大雁最迟（农历）九月九，该走的都走了；小燕最迟（农历）三月三，该来的都来了。

所谓“雀入大水为蛤”，是说深秋时节，人们难觅飞雀，但见海边很多蛤蜊，其贝壳的纹和色与雀相似，便以为雀变成了蛤。这是古人质朴的想象。这虽是误解，却是一种浪漫的生命观：在时节的交替和季节的轮回中，生命并未凋谢，只是变换了存在的方式而已。想飞时，有翅，能高飞于天；想藏时，有壳，可深藏于海。

“露凝千片玉，菊散一丛金”，凄凄寒露时节“菊有黄华”。虽然菊花被视为傲寒的标识，农历九月也被称为菊月，但还有一种花，往往被文人们忽视，那便是棉花。“寒露时节尾花收。寒露不收棉，霜降莫怨天。”在农人的眼中，棉花才是秋季的“尾花”。所以农历九月，也是人们的纳棉之月、授衣之月。“吃了寒露饭，不见单衣汉。吃了重阳糕，单衣打了包。不怕霜降霜，单怕寒露寒。”“人生衣趣以覆寒露，食趣以塞饥乏耳。”

小时候，我印象最深的深秋农谚是：“寒露收山楂，霜降刨地瓜。”那时候，一年到头好像就围着白菜、土豆、萝卜、玉米、地瓜转，喷香起沙的地瓜，几乎是我的最爱。当然，上树使劲儿地摇晃树枝，折腾得满树红熟的山楂掉落一地，然后认真地捡拾到筐里，也算是我的“山楂树之恋”吧。

寒露起薯，霜降开园。

寒露霜降，耕地翻土。

寒露柿红皮，摘下去赶集。

寒露收谷忙，细打又细扬。

寒露割谷忙，霜降忙打场。

寒露无青苗，霜降一齐倒。

小麦点在寒露口，点一碗，收三斗。

寒露有雨沤霜降。

寒露有霜，晚稻受伤。

寒露风

在南方，对于晚稻而言，“寒露雨，偷稻鬼。寒露风，稻谷空。”所谓寒露风，并不能狭义地理解为寒露时节的风。

农谚说：“棉怕八月连阴雨，稻怕寒露一朝霜。”寒露风原指华南寒露时节危害晚稻幼苗生长的低温现象，或凄风（干冷型）或苦雨（湿冷型）。而当双季稻北扩至长江中下游时，晚稻的这种“小儿科”疾病开始在秋分前后流行。所以广义的寒露风，未必仅是风，也未必仅发生于寒露，而是危害晚稻的低温综合征。

到了寒露，台风也渐渐地“收工”了。末台（每年最后一个登陆的台风）的气候平均日期是 10 月 6 日。1949 年以来，只有 8% 的台风晚于 10 月 6 日登陆。

如果进一步细分，登陆海南的台风中，还有大约 18% 是发生在寒露

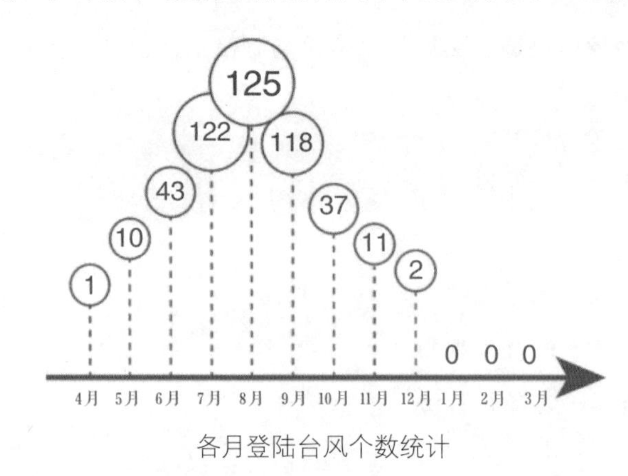

各月登陆台风个数统计

之后，广东为 6%，而沿海其他地区的平均值仅为 5%。可见，寒露之后的台风更倾向于将海南作为登陆的“首选”。

所以，除了海南之外，按照“清明断雪，谷雨断霜”的句式，我们大体上可以说：“寒露断台。”

秋天中的秋天

有一则谚语，在现代社会人们的生活体验中已经逐渐消失了，就是：“寒露搭桥，夏至拆桥。”从前，村边渡口的木板小桥在夏至汛期来临时需要拆卸掉，到了雨季消退的寒露时节，再把桥搭建起来。作家赵树理曾经这样描述：“每年搭桥的时间是寒露以后……早了水大，迟了水凉。”现代的桥梁已经没有了那般的季节性。

从前，漫长的岁月，人们真的是跟着节气过日子，无论农桑，还是风物，无论起居，还是行止。

台湾有句谚语，叫作：“九月狗纳日，十月日生翼。”是说到了农历九月，秋阳难得，就连狗都知道抓紧时机晒晒太阳。到了十月，白昼短暂，又难得晌晴，太阳就像长了翅膀一样，一不留神就飞了。渐渐地，“负暄”（晒太阳）便成为一种不可多得的免费养生。

随着气温的下降，“寒露百花凋，霜降百草枯”，“寒露霜降节，紧风就是雪”。“草木荣华滋硕之时”已成往事，所以深秋又被称为“穷秋”。

“寒露霜降水退沙，鱼落深潭客归家”，从秋分物候的“水始涸”，到立冬物候的“水始冰”，由密到疏，由繁到简，由动到静。

“寒露洗清秋”，此时节，“云悠而风厉”。标志性的景色便是“碧云天，黄叶地”。寒露时节，有一种明净，叫作望穿秋水。遗憾的是，那样的水少了，那样的天也少了。

有人说，寒露，是秋天中的秋天。“虽惭老圃秋容淡，且看黄花晚节香。”好吧，就在这清冽的日子里，观赏秋天绚烂的“晚节”吧。

霜降

【杪秋时分】

秋风萧瑟天气凉，
草木摇落露为霜。

每年 10 月 23 日前后为霜降，这是隶属秋季的最后一个节气。秋时已暮，亦称杪秋（杪 miǎo，树梢）。秋，即将画上句号。秋曰素秋，风曰谢风，辰曰霜辰，草曰衰草，木曰疏木。“气肃而霜降，阴始凝也”，水汽凝华为白色冰晶。

古人认为：“夫阴气胜则凝为霜雪，阳气胜则散为雨露。”露是润泽，霜是杀伐，正所谓“霜以杀木，露以润草”。霜，代表了上苍对待万物的态度由慈到严的转变。

霜降百草枯

对于节气起源地区来说，“霜降见霜花儿，立冬见冰碴儿”。

虽然民间仍称霜降为“下霜了”，但在汉代，人们便已知晓霜是“其由地发，不从天降”的道理。《论衡》有云：“云雾，雨之征也。夏则为露，冬则为霜。温则为雨，寒则为雪。雨露冻凝者皆由地，不从天降。”霜并非从天而降，而是遇物而凝。当近地面的温度低于 0℃时，水汽凝结成晶莹的霜花或冰针。我们以“凌霜傲雪”形容性情的坚韧，以“饱经风霜”形容岁月的磨砺。“风刀霜剑”，霜被描述成一种锋利的冷兵器，成为“肃杀”的代名词。

谚语说：“寒露百花凋，霜降百草枯。”所谓“霜杀百草”。但真正“杀百草”的，不是霜，而是冻。在大气中水汽凝华为霜的过程中，反倒会因凝结潜热释放而减缓气温的下降。导致冻害的元凶，是与白霜伴生的零下低温。实际上，当水汽极度稀少的情况下，往往近地面温度虽然远低于 0℃，并没有白霜，但作物也会遭遇冻害，被称为“黑霜”。白霜很萌，黑霜

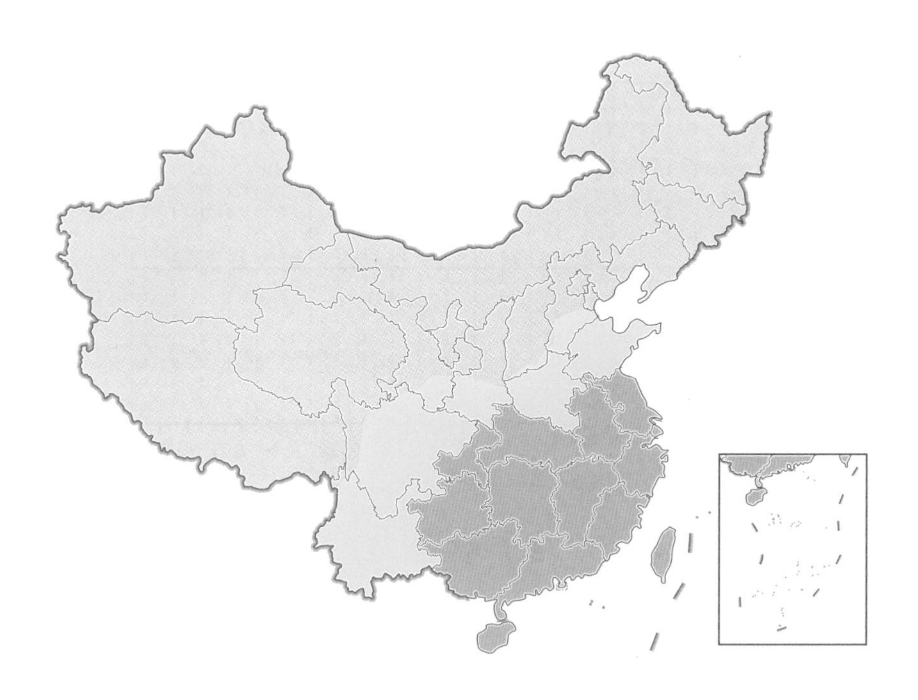

霜降日出现霜冻的区域（1981—2010 年气候平均）

很凶。白霜蒙受的是不“白”之冤。当然，“霜”不仅杀百草，也杀百虫。

说起霜降，便会想起《西厢记》里的长亭送别：“碧云天，黄花地，西风紧，北雁南飞。晓来谁染霜林醉？总是离人泪。”有人觉得《西厢记》写到这儿最好画上句号，霜降之后的景物太凄凉。

每种天气似乎也有人文属性，人们下意识地便会将某种天气与某种情感“对号入座”。电影或电视剧中，分离时往往是凄风冷雨，重逢时往往是丽日晴空，恐惧时往往是雷鸣电闪……剧情中的天气几乎成为人们情绪的一种代言。天气也如花语一般，有着未约定却俗成的含义。

“秋风萧瑟天气凉，草木摇落露为霜。”霜降物候，草木黄落，蛰虫咸俯，该飘零的飘零，该潜藏的潜藏。但霜色愈浓，秋之暮，反倒是秋季最多彩的时期。

古人说：“圣人之在天下，暖然若阳春之自和，故润泽者不谢；凄乎

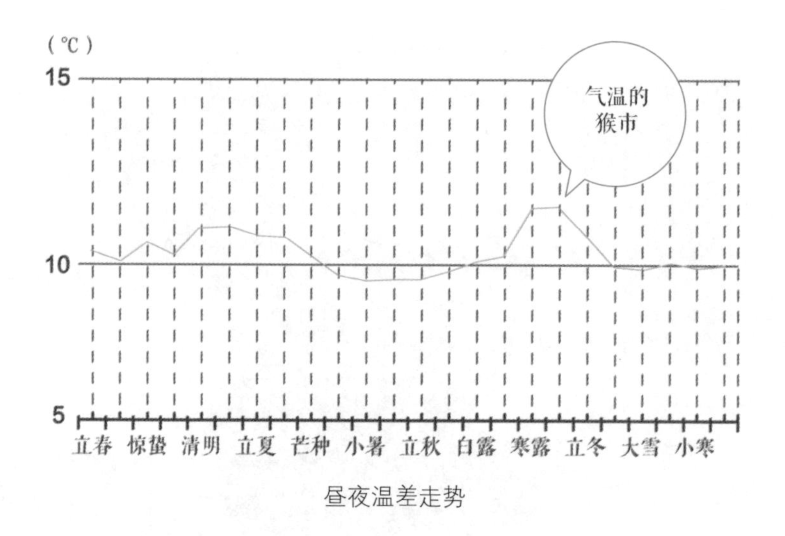

昼夜温差走势

若秋霜之自降，故凋落者不怨。”我们或许悲秋，但我们不是“凋落者”，不知道它们是否无怨。它们应候而荣，顺时而凋，或许一切自当如是，便可了无怨念。一切，都只是时令之物象，“物系于时也”。“春也吐华，夏也布叶，秋也凋零，冬也成实，无为而自成者也。”

“猴市”气温变化

从 1981—2010 年的气候平均状况来看，霜降日，初霜冻已波及几乎整个“三北地区”，并正在向中原地区渗透。如果说节气之中，立春之春、立夏之夏、立秋之秋只是一种“期货”，那么霜降之霜显然是“现货”。

霜降时，日照反而较寒露时增多了，这是因为降水减少、晴朗的天气增多，大气的通透性更好了。

从全国平均状况而言，霜降是一年之中昼夜温差最大的时节。股市中，有牛市、熊市，有人将那种上蹿下跳的行情称为“猴市”。霜降时节一天之中的气温变化就具备这种“猴市”的特征，仿佛一天之中就包含两三个季节。

霜降时，冬的面积已达约 547 万平方公里，超过了秋、夏之和。秋还

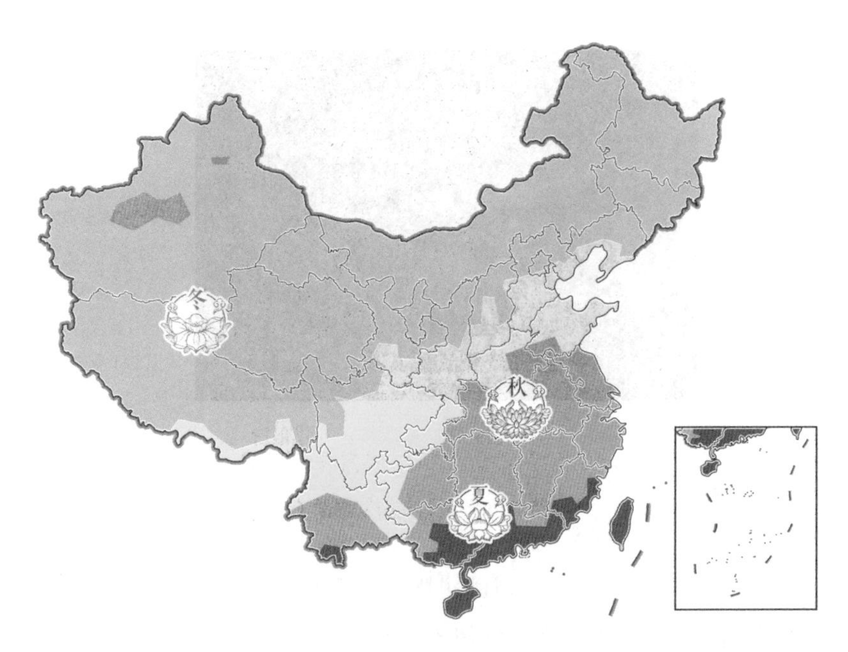

箱降季节分布图

占据约 374 万平方公里，夏只剩下最后的约 39 万平方公里。在季节版图上，冬迅速崛起，即将成为“超级大国”。

对于在北方秣马厉兵的冷气团而言，霜降被列为属于秋季的节气，它的内心或许有着各种不服。霜降时节在北方，要么是已先期入冬，要么是秋与冬在研究交接工作。在华南等地，却仍是悠悠长夏。

2015 年 11 月，立冬之后，广州的气温还时常超过 30℃。过了小雪节气，11 月 24 日才勉强“脱夏”。这是广州有气象记录以来，秋天迟到最严重的一次，总算没有旷课。人们调侃广州五次“入冬失败”，抱怨广州离太阳太近了，整天和太阳系“系主任”面对面。

气候平均换季日期		
	入夏	入秋
南宁	4 月 18 日（清明时节）	10 月 29 日（霜降时节）
广州	4 月 18 日（清明时节）	11 月 10 日（立冬时节）
海口	3 月 16 日（惊蛰时节）	11 月 28 日（小雪时节）

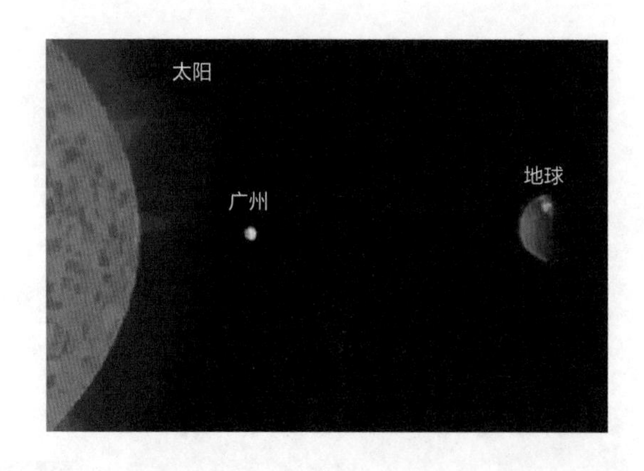

糖炒栗子与烤白薯

在北京，霜降之后特别具有怀旧感的两样吃食，一个是糖炒栗子，一个是烤白薯，是很多人在深秋到初冬时节的挚爱。不用吆喝，飘着的味道便是最好的广告。在它们的诱惑力面前，我们的抵抗力顿时便清零了。

《燕京岁时记》中写道："十月以后，则有栗子、白薯等物。栗子来时用黑砂炒熟，甘美异常。青灯诵读之余，剥而食之，颇有味外之味。"其实，守着一包糖炒栗子，还能先是潜心诵读，毅力满格之人啊！

"白薯贫富皆嗜。不假扶持，用火煨熟，自然甘美，较之山药、芋头尤足济世，可方为朴实有用之材。"白薯，各地的叫法很不一样，地瓜、红苕、山芋、番薯等，近年来更是被列为健康食品。我觉得，即使它不是秀外慧中的健康食品，仅以味道行世，对于嗜好者而言，依然具有"济世"之功。

古时霜降收稻忙

《清嘉录》中记载："（吴地）稻田收割，皆以霜降为候。盖寒露下来，稻穗已芜，至霜降乃刈之。霜降时节，收稻事毕。谚语说：寒露没青稻，霜降一齐倒。"可见，清代气候较现在寒冷，物候迟滞，江浙地区也要顶着霜降收稻。现在江浙地区的一季稻，一般在寒露时节收割停当，至少提早一个节气，由霜到露的差别。

一位朋友向我介绍说，在皖南，有一个接地气的节令活动，叫作“二十四节气乡游”。在古徽州的土地上，芒种时节的乡游之事，是种稻；秋分时节的乡游之事，便是收稻。变暖的气候，显然压缩了水稻的“青春期”。

一季稻谷，别说耕耘，黄熟之后，更是有令人们累并快乐着的多重“工序”。第一，收刈。“满目黄云晓露晞，腰镰获稻喜晴晖。儿童处处收遗穗，村舍家家荷担归。”第二，登场。“年谷丰穰万宝成，筑场纳稼积如京。回思望杏瞻蒲日，多少辛勤感倍生。”第三，持穗。“南亩秋来庆阜成，瞿瞿未释老农情。霜天晓起呼邻里，遍听村村打稻声。”第四，筛。“谩言嘉谷可登盘，糠秕还忧欲去难。粒粒皆从辛苦得，农家真作白珠看。”第五，簸扬。“作苦三时用力深，簸扬偏爱近风林。须知白粲流匙滑，费尽农夫百种心。”第六，入仓。“仓箱顿满各欣然，补葺牛牢雨雪天。盼到盖藏休暇日，从前拮据已经年。”

霜降三候

气象渐趋萧瑟，人们深知风雨不节、寒暑不时之贻害。古人认为霜降日宜霜，主来岁丰稔。所以有“霜降见霜，米烂陈仓”之说。该霜时便霜，虽然形若肃杀，但也算是应时而至的正常气候。如期而至，恪守时节规律，便是“正气”。

《淮南子》中有这样的观点：“三月失政，九月不下霜。”认为寒霜在（农历）深秋九月还没有正常降临，就可能是阳春三月政事存在失当之处。发生气候异常，追溯成因，尽管找到的理由未必正确，但反映出人们希望霜应当应时而降的理性心态。

“寒露不算冷，霜降变了天”，霜降到立冬，往往是北方一年之中气温下降速度最快的时段。

古人将霜降物候描述为：豺乃祭兽，草木黄落，蛰虫咸俯。

所谓“祭”，只是人们的一种臆断。肉食动物将自己的猎物摆放好，嘚瑟一下，在人们看来，仿佛具有了感恩上苍馈赠之祭礼的仪式感，例如，雨水时节的“獭祭鱼”，处暑时节的“鹰乃祭鸟”，霜降时节的“豺乃祭兽”等。小暑时“鹰始击”，鹰操练飞翔和捕捉的本事，然后处暑时“鹰乃祭鸟”，白露时“群鸟养羞”。古人猜测是因为“于时二阴既起，鹰感阴气，乃有杀心，学习抟击之事”。因为有了危机感，所以老鹰变得更加凶猛，不是在捕食，就是在进行关于捕食的“军事演习”。

鸟类对于气候似乎更有先见之明，未雨绸缪，应对时令和季节的变化，都留出了比较富余的提前量。而牙锋利、腿脚好的兽类在暮秋时节才开始筹集过冬的“粮草”，或许是因为“艺高兽胆大”吧。

《月令七十二候集解》中霜降之前的物候关键词往往是华、是秀（春华夏秀），是钻出的出，是降生的生，是鸣唱的鸣。霜降开始便是落、是俯、是冰、是冻。霜降时，其气栗冽，其意萧条，是摧残，也是磨砺。有很多草木甚至无缘拥有这番经受寒霜的阅历。有些早早黄熟，有些匆匆枯萎。“兰芝以芳，未尝见霜”，有些花草因为芳香馥郁，没有长到霜降时就被人采走了，或被剪掉了。唉，有些花草，似乎也是吃“青春饭”的。

霜始降，百工休。
霜降抢秋，不抢就丢。
九月降霜天变凉，十月打扫晒谷场。
霜降前，苕挖完。
霜降后刨葱，十有九个空。
霜降拔萝卜，立冬起白菜。
霜降别刮风，禾苗好过冬。

虽然说“夏收要紧，秋收要稳”，但错过了时令，收成便会打折扣，尤其到了“抢秋”的霜降时节。

谚语说：“不怕寒露雨，最怕霜降风”，“九月肃霜，十月涤场”，陨霜如征伐，杀气浸盛，寒气入肌骨。

有一则谚语："霜降节，鸡瘦羊肥。"霜降时节，饲草充足，羊肥很好理解，但鸡为什么瘦了呢？三伏天，鸡热得不怎么下蛋，秋季是辛勤产蛋的高峰期，机体消耗本来就大。萧瑟深秋，"霜降不生芽"，地荒了，虫子没了，草木枯了，连青草、菜叶都吃不到，青黄不接之际，鸡也就消瘦了。可见霜降时，真是几家欢乐几家愁啊！

霜降时节，天气也开始阴沉多雾，"阴阳怒而为风，乱而为雾"，厚云郁而四塞，万物颓然。对于二十四节气起源的一些地区而言，是"清明断雪，谷雨断霜；霜降见霜，小雪见雪"。可见，和霜相比，雪算是既迟到又早退的家伙。

当然，对于温暖的南国，关于枯啊落啊的物候、霜啊雪啊之类的天气都明显滞后于节气起源的中原地区。广东的气象谚语是："霜降露水遍野白，小寒霜雪满厝宅。"

霜降开始，草木、蛰虫只好休眠闭藏，梦想着下一个无霜期吧。

霜降之后，饮食上需要注意什么呢？有人说了四个字："减苦增甘。"怎么让我有了一种餐桌上苦尽甘来的感觉呢?!

不论晴雨，无关寒暑，快乐是最好的天气。

【过冬如修行】

门尽冷霜能醒骨，
窗临残照好读书。

每年 11 月 7 日或 8 日立冬，这是象征冬季来临的节气，冬之始也。

立冬之时，万物终成。立冬时节，水始冰，水面初凝，未至于坚。地始冻，土气凝寒，未至于坼。

古人将立冬分为三候：一候水始冰，二候地始冻，三候雉入大水为蜃。

“水始冰”和“地始冻”很好理解，“雉入大水为蜃”中的“雉”指大鸟，“蜃”为大蛤，它是说立冬后，大鸟几乎销声匿迹了，而在海边却可以看到外壳与大鸟的线条及颜色相似的大蛤。所以古人认为雉到立冬后便变成大蛤了。当然，雉与蜃并不这么认为。

立冬是什么

立冬就是由水到冰，由三点（氵）到两点（冫），让世间简单一点。

按照《礼记》的描述：“先立冬三日，太史谒之天子曰：某日立冬，盛德在水。天子乃齐。立冬之日，天子亲帅三公、九卿、大夫以迎冬于北郊。”显然，立春、立夏、立秋、立冬是二十四节气中的“大”节气，人们对其怀有格外的礼敬之心。天子需要前呼后拥地恭迎每个季节的来临，迎春于东郊，迎夏于南郊，迎秋于西郊，迎冬于北郊。可见，在古人眼中，春夏秋冬是从不同方位入境的。冬，自北而来。“天子祈来年于天宗，大祷祭于公社，毕，飨先祖。劳农夫以休息之。命将率讲武，肄射御，角力劲。”立冬时，皇帝要谦卑地礼天敬地。

此时的季节版图上，冬已占据约 611 万平方公里，确实担得起立冬之名，不像立春、立夏、立秋那样徒有虚名。

其实，还没到立冬节气，便有了已入冬的“先驱”城市。过了秋分，

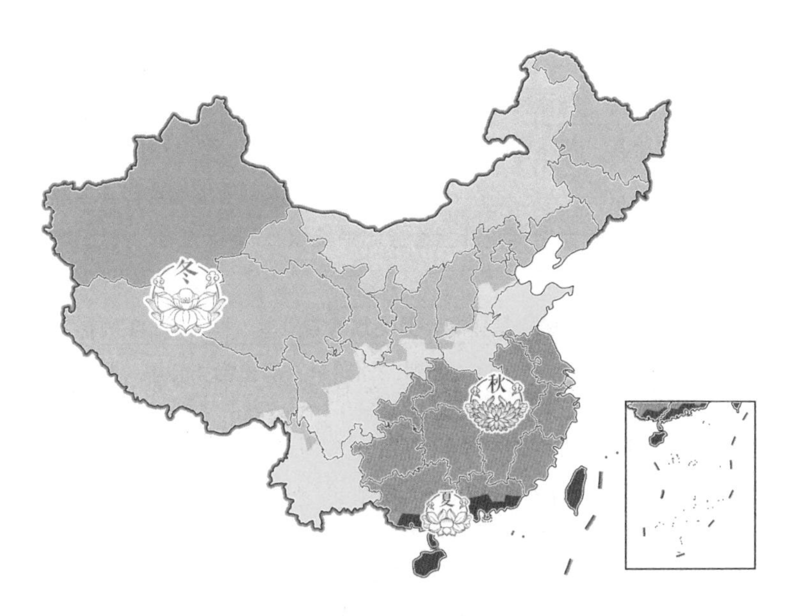

立冬季节分布图

南北之间各地在气温方面的“共同语言”便越来越少了。立冬时节，温度的南北差异，就像一位南方网友的留言：“我在南方露着腰，你在北方披着貂。”顺便说一句，最好别露腰，也别穿貂。前半句不太文明，后半句不太生态文明。

先于立冬日入冬		
城市	**气候平均入冬日期**	**时节**
西宁	10月2日	秋分时节
哈尔滨	10月6日	秋分时节
呼和浩特	10月11日	寒露时节
乌鲁木齐	10月11日	寒露时节
长春	10月14日	寒露时节
拉萨	10月16日	寒露时节
沈阳	10月17日	寒露时节
银川	10月18日	寒露时节
兰州	10月19日	寒露时节
太原	10月21日	寒露时节
北京	11月1日	霜降时节
天津	11月1日	霜降时节

立冬时节入冬		
城市	气候平均入冬日期	时节
石家庄	11 月 7 日	立冬时节
西安	11 月 9 日	立冬时节
济南	11 月 11 日	立冬时节
郑州	11 月 11 日	立冬时节
合肥	11 月 19 日	立冬时节
南京	11 月 19 日	立冬时节

对于二十四节气起源地区而言，确实是立冬时节入冬。虽然古人并无量化的气温标准，但以水始冰、地始冻作为冬季来临的标识，是比现代“日平均气温稳定低于 10℃”更好的标准。

晚于立冬时节入冬		
城市	气候平均入冬日期	时节
贵阳	11 月 28 日	小雪时节
武汉	11 月 28 日	小雪时节
长沙	11 月 30 日	小雪时节
杭州	11 月 30 日	小雪时节
成都	11 月 30 日	小雪时节
上海	12 月 1 日	小雪时节
昆明	12 月 3 日	小雪时节
南昌	12 月 5 日	小雪时节
重庆	12 月 12 日	大雪时节

北京与伦敦入冬对比

英国作家阿兰·德波顿在其《旅行的艺术》一书中写道：

时序之入冬，一如人之将老，徐缓渐近，每日变化细微，殊难确察，日日累叠，终成严冬。因此，要具体地说出哪一天是冬天来临之日，并非易事。先是晚间温度微降，接着连日阴雨，伴随着来自大西洋捉摸不定的阵风、潮湿的空气、纷落的树叶，白昼亦见短促。其间也许会有短暂的风雨间歇，天气晴好。人们不穿大衣便可一早出门，但这些都只是假象……到了 12 月，冬日已森然盘踞，整座城市每天都被铁灰色的天空笼罩。

显然，英国的温带海洋性气候，入冬的进程是悄然的，有一种潜行的感觉，气温缓降，阴雨渐多。而大陆性气候的冬天，往往是轰然降临的。一轮大风降温，便迅速地强行拉近了我们与西伯利亚的距离。立冬，通常是一年中气温下降速度最快的时节。

看一年之中的平均气温曲线，如果说北京的曲线是一座很陡的山峰，那么伦敦的曲线便是一个很缓的土丘。北京的入冬，是气温从半山腰直接摔下来的，而伦敦的入冬是气温悠闲地走下来的。悠闲地走，或许不知道走到哪一步算是入冬，可以理解。当我们从半山腰摔下来，在摔疼的那一

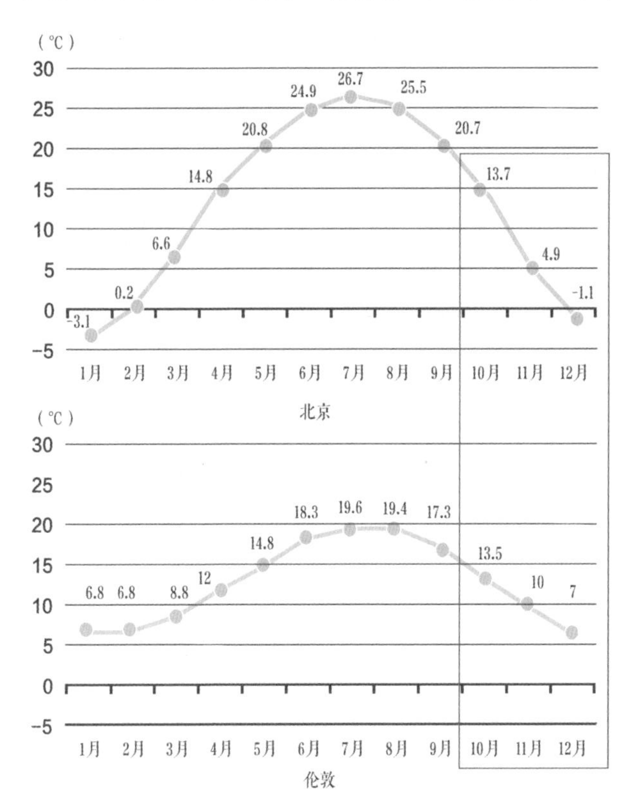

北京与伦敦平均气温对比

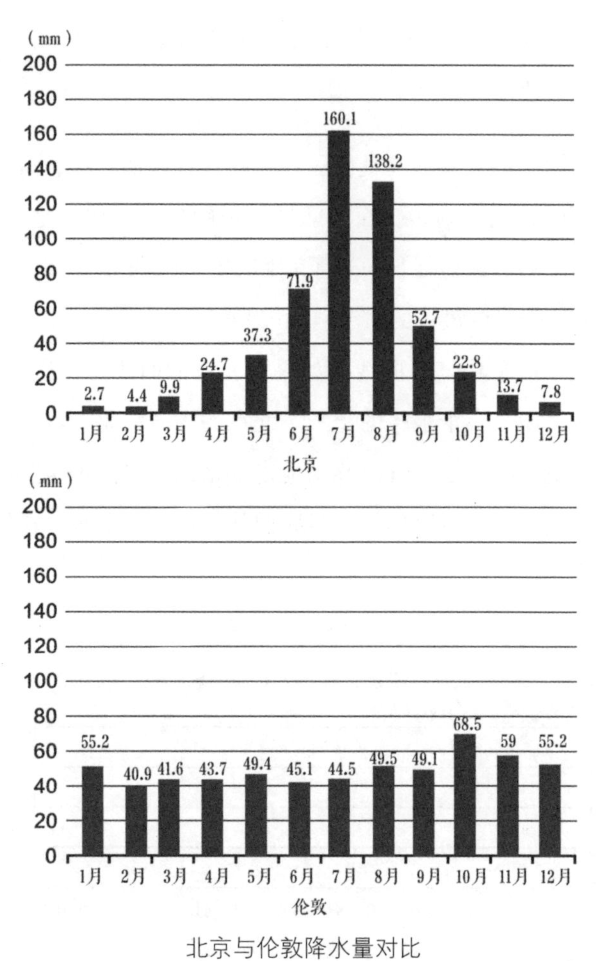

北京与伦敦降水量对比

瞬间，我们便意识到，冬天来了。

再看一下降水，北京的平均年降水量为 546 mm，伦敦为 601 mm，实际上相差并不多。但伦敦的平均年降水日数为 183 天，比北京几乎多出一倍。北京的气温季节性鲜明，雨水同样季节性鲜明，多便多，少便少。伦敦的雨水很平均主义，是“雨露均沾”地分布于各月之中。难怪英国人说：“我们只有天气，没有气候。”北京的雨，像是一位侠客，快意恩仇，绝不像伦敦阴雨那般拖泥带水。据说，伦敦人经常在梦里撑着雨伞，但北

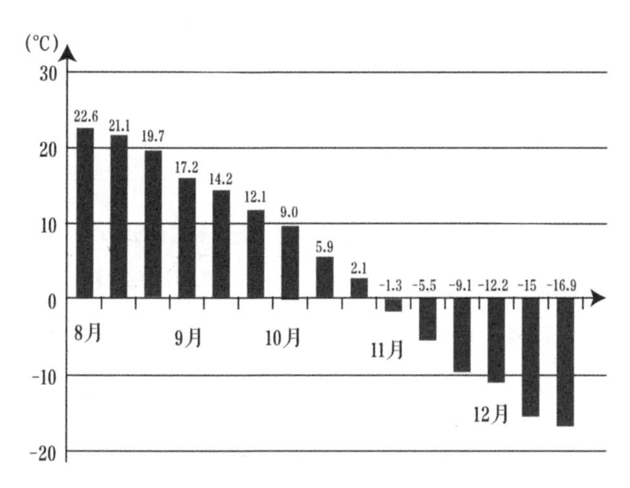

哈尔滨 8—12 月平均气温走势

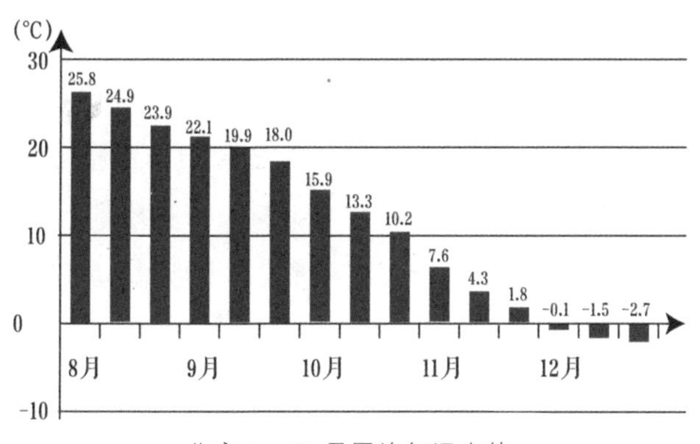

北京 8—12 月平均气温走势

京人即使在 7—8 月的主雨季也很难梦见雨伞。

中国的秋冬交替伴随着雨水的消退，而英国恰恰相反，由秋到冬的道路，一直是湿漉漉的，雨水反而抢了温度的戏。

各地气温显著下降

深秋至冬季各节气全国平均气温变幅，如下表所示。

气温变幅（℃）						
霜降	立冬	小雪	大雪	冬至	小寒	大寒
↓ 4.21	↓ 4.85	↑ 0.75	↓ 2.59	↓ 1.36	↓ 0.75	↑ 0.20

显然，立冬时节的气温最容易暴跌。不过，各地的情况差异显著。北方往往早于立冬日便寒意袭人，以哈尔滨为例：从立秋到霜降，哈尔滨的气温呈加速下降的态势，正如节气歌谣所说："霜降变了天。"

北京的秋冬时节，气温降幅最大的时段，一个是立冬日之前的 10 月下旬，一个是立冬日之后的 11 月中旬。所谓"立冬一日，水冷三分"，虽有些夸张，但"今宵寒较昨宵多"确是一种真切的感受。

寒衣节

古时候，立冬算是一个更换冬装的"寒衣节"，有的皇帝会在立冬日"赐袄""赐帽"。大家穿上新衣服，相互"拜冬"，互道珍重。

根据明、清时期岁时习俗的记载，一进农历十月，京城里家家户户必"添火"。"京师居人例于十月初一日添设煤火，二月初一撤火。"与现在北京的供暖期时长相近，但开始"添火"的时间总体上比现在要早，与清代气候相对寒冷有关。添火日就是所谓的"寒衣节"。

清代《帝京岁时纪胜》中写道："晚夕缄书冥楮，加以五色彩帛作成冠带衣履，于门外奠而焚之，曰送寒衣。"明代《帝京景物略》中更为详细地描述道："纸坊剪纸五色作男女衣，长尺有咫，曰寒衣。有疏印识其姓字行辈，如寄家书然。家家修具，夜奠而焚之其门，曰送寒衣。"也就意味着当初冬降临，人们开始享受煤火带来的温暖之际，也要同时给逝去的亲人"捎去"几件保暖的新衣裳。

解决温，还要解决饱，这也是一个畅快"补冬"的时节，正所谓"立冬补嘴空"。刚辛苦地忙活完一年的农事，确实该好好地以吃犒赏一下自己，但很多人又开始琢磨来年的丰歉了。

很多南方的朋友特别羡慕北方的暖气，因为隆冬时候，南方的室内与户外几乎一样冷。按照南方网友的说法："北方的冷，是干冷，那是物理攻击；南方的冷，是湿冷，那是魔法攻击。夜里躺在床上，取暖基本靠抖！"

在北方，立冬时节除了供暖之外，就是忙着储菜、腌菜。在农村，大白菜可以在地窖里安歇。在城市里，一棵一棵的大白菜，裹上报纸，只能码放在墙根下、窗台上、楼道里，冬天的楼道里散发着白菜的味道。

小时候，我学着积酸菜，盐和水没弄好，菜就烂了。少了这一缸酸菜，对于这一家人来说，可能是重大损失，甚至是不可弥补的损失。

自古以来，北方的储冬菜都是立冬前后的一道人文"风景"。宋代的《东京梦华录》中记载："立冬前五日，西御园进冬菜。京师地寒，冬月无蔬菜。上至官禁，下及民间，一时收藏，以充一冬之用。于是车载马驮，充塞道路。"

立冬谚语"产量"多

以前，我在读与天气、气候、农事相关的节气谚语时发现，立冬的谚语极多。起初有些不解，"猫冬"的时节，本是刚刚忙完暂时不需要操心农事的时候。但人们往往就是在此时"卜岁""问苗"，着眼来年。并且，把立冬的天气作为一个"初始值"，以判定后续天气气候的特征。

立冬晴，好收成。
立冬落，一冬涡。
立冬晴，一冬凌。
立冬暖，今冬暖。

立冬打雷三趟雪。

立冬雪花飞，一冬烂泥堆。

立冬雷隆隆，立春雨濛濛。

立冬有雨地早封，明年一定好收成。

立冬无雨一冬净，立冬有雨邋遢年。

（江南）立冬打了霜，夏至干长江。

立冬不凉数九冷，数九不冷倒春寒。

立冬晴过寒，弗要榾柴积（见《农政全书》，立冬日晴，主来年旱）。

立冬前后的天气占卜

立冬前后，人们的天气占卜主要侧重两个方面：一是占雪，二是占风。一是冬季降水量，希望瑞雪充盈，以免春旱。二是冬季气温距平，到底是冷冬，还是暖冬。

精明的生意人对即将到来的冬季气候特点也有着强烈的“业务”需求，用今天的话说，就是商务气象服务。比如做皮草生意的人，所谓“皮客”，“于九月晦，聚众商洽酌陈肴，候至三更交子，则为冬朔。望西北风急烈，则卜冬令严寒，皮革得价，交相酬酢，尽欢达旦”。如果他们推测今冬严寒，会酒宴相庆。天气冷，对于皮草行业“供给侧”的人们来说，简直是莫大的喜讯。可是对于平民百姓而言，寒冬，他们惹不起，甚至躲不起。

2014 年立冬时，趁着天气晴朗，我在路边捡拾了许多树叶，节省纸张，练习写字。尤其银杏叶的感觉最好，有一种抚触凝脂的顺滑感。就晒一张很多人经常提及的一个“萌”字吧！

2015 年立冬之前的两天，北京的初雪便提前降临（气候平均日期是 11 月 29 日）。最早初雪是 10 月 31 日（1987 年），近年来人们印象深刻的

是 2009 年的 11 月 1 日。

清晨起来，随手又写下一个“萌”字，然后，真的是“萌化”了。

以风鸣冬

“年年岁岁夏相似，岁岁年年冬不同”，立冬之后，由北到南，气温梯

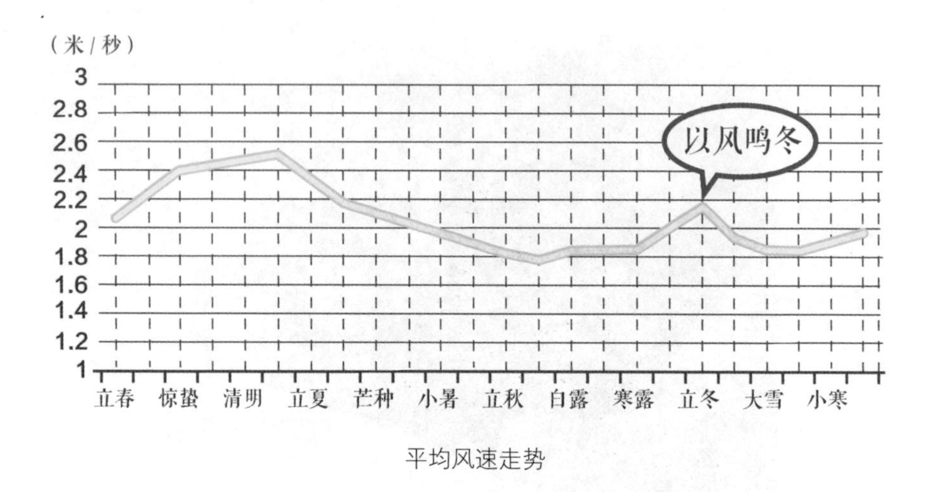

平均风速走势

度明显加大。立冬时，南方还时常有天气和暖的“（农历）十月小阳春”，北方已进入“以风鸣冬”的寒冷时节。

古人认为，此时的朔风，乃是“正气”。所谓的“四正之风”：“春气温，其风温以和，喜风也。夏气盛，其风飙以怒，怒风也。秋气劲，其风清以凄，清风也。冬气实，其风惨以烈，固风也。”也就是说，什么季节理当刮什么样的风。

当然，古人以感性的方式描述风的特质。其中最恰切的是所谓的“固风”。冬季气温低，气压高，空气密度大，因此人们感觉“冬气实”，感觉风更硬。但从风力的气象观测而言，春季风最大，冬季次之，然后是夏季，秋季的风最小。

春天的风最容易发怒，或许它催生万物的“一团和气”，使人们并未过多在意它的坏脾气。夏季，雷暴、大风等强对流天气盛行，给人留下了风时常发飙的负面印象。但那只是短暂的瞬时风速，若以平均风速来考量，夏季的风比春季的风温柔许多。秋季的风最小，但一提起“秋风乍起”，人们便有了草枯叶落的画面感，谓之凄清。所谓“以风鸣冬”，是冬季与秋季的比对。立冬时节的平均风速，确实是由秋陡然增强，并且是整个秋冬季节的峰值。

秋冬交替，雨在减少，而“雨”字头的很多天气现象在增加，例如，霜、雾、霾等。近 45% 的雾霾天气发生于冬季，概率远远高于其他季节。

由于雾霾天气的盛行，制造大风降温的冷空气，由于具有吹散雾霾的功力，在大家的心目中，渐渐演变为“正面人物”。当雾霾肆虐时，人们是多么期盼冷空气光临，让我们喝一喝清冽的西北风啊！

天气“预报员”

有一年来自黑龙江林区的朋友告诉我，秋冬换季的时候，当地的林蛙（雪蛤）就是“预报员”。它们从山坡林中迁移到低处的河沟里，封冻后在水底冬眠。如果它们预感到冬季降雪会比较多，就不会那么折腾地长途迁移了，就在如同厚被子的积雪之下，原地驻扎下来过冬。他们注意到那一年秋后下山的林蛙很少，按照它们的“预报”，当年当地的降雪量应该会偏多。

有人说林蛙既美味又滋补，那我也不吃，既然它们是“预报员”，我是不会伤害“同行”的。以前在餐馆经常见到“干锅田鸡”之类的菜肴，在我看来，那明明是一锅“气象台台长”。

平和与安宁

冬天，是一个安闲的季节，它特别能够检验人们身心宁静的能力。我曾经想通过地名找寻人们的性情特质。比如中国县级以上行政区划的 3200 多个地名之中，出现频率最高的十个字，分别是：山，城，阳，安，江，州，南，东，平，宁。

这些常见字首先是地形和方位。例如，广东的 27419 个村级以上的地名中，“坑”字最多，为 2189 个。这些“坑”大多集中在梅州、河源、韶关。地势平缓的珠三角地区，“坑”非常少，尤其是珠海和深圳。除此之外，安、平、宁等体现的是人们心愿的写照。

冬季的表象是冷峻而寡淡，本质却是平和与安宁。是否上苍赐予我们这样一个季节，就是希望我们能够有这样一段看似“无为”的时间守持宁静、清修心体？

漫长的冬季，寂静了，也清闲了，或许是造就思想和思想家的好季节。“门尽冷霜能醒骨，窗临残照好读书。”

荀子说：“天不为人之恶寒也，辍冬。”四季如春的地方很少，长夏无冬的地方不多。虽然我们常以“春秋”来形容岁月，但春秋往往是最仓促短暂的季节。

雪莱问：“冬天来了，春天还会远吗？”哈尔滨答：“真还挺老远的，七个多月呢！”

在有些地方，冬季在“四季合资公司”中是绝对控股的大股东。在有些地方，“半岁苦燠，半岁苦寒”，几乎是半年被夏热煎熬，半年被冬寒折磨。

“春也万物熙熙焉，感其生而悼其死；夏也百草榛榛焉，见其盛而知其阑；秋也严霜降兮，殷忧者为之不乐；冬也阴气积兮，愁颜者为之鲜欢。”既然寒冷的日子自古以来注定是岁月不可分割的一部分，为

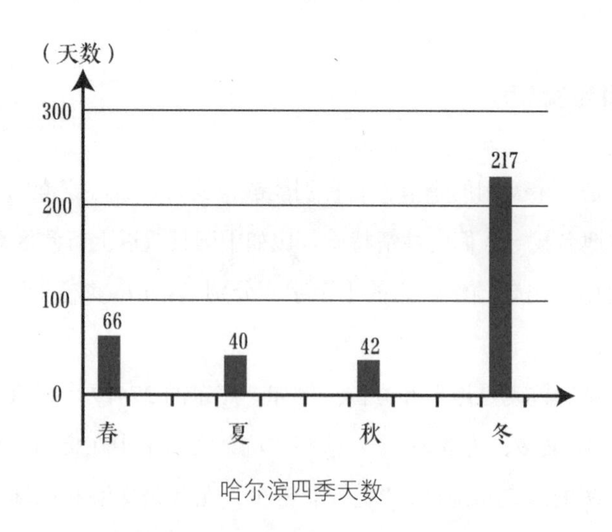

哈尔滨四季天数

什么要为之“不乐”和“鲜欢”呢？苦寒的岁月，过冬似乎是一场修行。修行的境界，便是不必借助吐艳的花、滴翠的叶、溢香的果，无须物化的美。我们常说良辰美景，修行便是能把看似不是美景的日子过成良辰。

小雪

【气寒将雪】

连朝浓雾如铺絮，
已识严冬酿雪心。

什么花最不怕冷？菊花？不是。梅花？也不是。最不怕冷的花是雪花。凡草木花多五出，雪花独六出，雪花曰“霙”。古人云：“不荣而实者谓之秀，荣而不实者谓之英。”雪只有花而没有果，所以将雪花谓为“霙”，确是很严谨的。

11 月 22 日或 23 日为小雪节气，是初雪降临的时节。

“天地积阴，温则为雨，寒则为雪。气寒而将雪矣，时言小者，地寒未甚而雪未大也。雪未盛，故曰小。”

初雪的预报相对难一些，即便很有经验的预报员，也常为此纠结。记得前几年，和网友沟通时，我们调侃：“初雪如同初恋，预见不如遇见。”预测初雪的难度，接近预测初恋的难度。

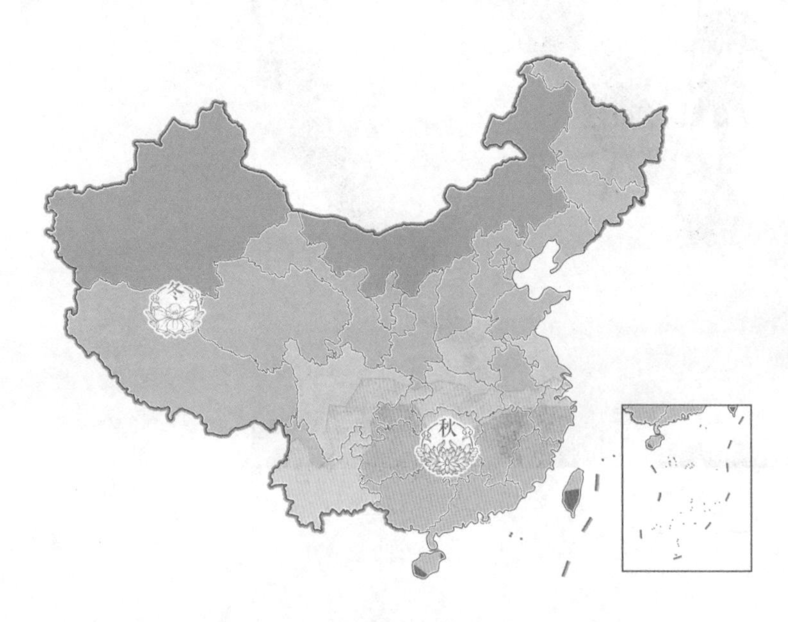

小雪季节分布图

小雪时节，“冬将军”尚未完全跨过长江，但已安稳地占据约 746 万平方公里。深秋中的江南，季节可能随时“易帜”，所以这约 210 万平方公里的秋之领地，便是冷暖之间争端不断的“是非之地”。一个地方刚刚被冬攻陷，但秋又及时“复辟”，有时甚至专业人士都无法轻松判定领地归属。此时，夏只剩下约 4 万平方公里的“星星之火”，安闲地观望着秋冬之间的纷争。

“寒婆婆”与“雪婆婆”

旧时南方有一个说法，农历十月廿五日是“雪婆婆”的生日。虽同是天气现象，代表风雨的风伯、雨师都是“官方”认定的国家级层面的神灵，而代表雪的“雪婆婆”，只在民间享有礼遇。和“雪婆婆”级别相似的是“寒婆婆”，据清代《农候杂占》记载，农历十月十六日是“寒婆婆”的生日。

宋代　夏圭　《雪堂客话图》

欲化未融时的江南雪景

何时入冬，何时迎来初雪				
区域	城市	入冬日期	初雪日期	入冬后多久下雪
东北	哈尔滨	10月6日	10月19日	13天
	长春	10月14日	10月23日	9天
	沈阳	10月17日	10月29日	12天
西北	西宁	10月2日	10月17日	15天
	乌鲁木齐	10月11日	10月13日	2天
	银川	10月18日	11月19日	32天
	兰州	10月19日	11月7日	19天
	西安	11月9日	12月3日	24天
华北	呼和浩特	10月11日	11月1日	21天
	太原	10月21日	11月26日	36天
	天津	11月1日	11月27日	26天
	北京	11月1日	11月29日	28天
	石家庄	11月7日	11月25日	18日
黄淮	济南	11月11日	12月2日	21天
	郑州	11月11日	12月2日	21天
南方	合肥	11月19日	12月11日	22天
	南京	11月19日	12月14日	25天
	贵阳	11月28日	12月14日	16天
	武汉	11月28日	12月17日	19天
	长沙	11月30日	12月22日	22天
	杭州	11月30日	12月24日	24天
	上海	12月1日	1月6日	36天
	南昌	12月5日	12月30日	25天

注：以上为部分城市的气候平均值。

虽然两位“婆婆”都是人们杜撰出来的，但人们给“婆婆”“指定”的生日看起来却不是胡乱编排的。在南方，虽说农历十月也偶有晴暖的“十月小阳春”，但那毕竟是小概率事件。立冬之后，渐渐地由凉到寒，“寒婆婆”便出生了。天气先寒而后雪，“寒婆婆”出生十天左右，“雪婆婆”也出生了。

倘若我们把入冬日期定义为“寒婆婆”的生日，初雪日期为“雪婆婆”的生日，那么无论在南方，还是在二十四节气的起源地区，“寒婆婆”一般比“雪婆婆”提早出生 20—25 天，即一个半节气。以南京为例，“寒婆婆”的生日为农历十月十九，这与入冬日期高度吻合，但以目前的气候，“雪婆婆”的出生明显推后。

黄河以南地区，由入冬到初雪，即“寒婆婆”出生多久之后“雪婆婆”出生，具有比较良好的规律性。入冬之后大约 20 天，就可以开始期盼初雪的降临了。黄河以北地区，各个城市体现的差异显著。可以是一雪成冬，也可能一味干冷，初雪难产，“寒婆婆”与“雪婆婆”之间形同陌路。

虽说“寒”“雪”都被称为“婆婆”，似乎辈分相同。但气寒而雪，从气象原理而言，她们似乎不应该是“同一代人”。

俄罗斯作家普里什文曾经描述过这样一个情景：

> 圣诞老人，在俄语中有严寒老人之意，人们把雪比作严寒的孙子。所以下雪时，人们会说：“孙子来了！那么严寒老人的儿子是谁呢？是风吗？”

按照现代的气候观测，长江中下游地区一般是在大雪到冬至时节迎来初雪。当然，明、清时期的气候比现在寒冷，“寒婆婆”和“雪婆婆”都比现在出生得早。

据说郑板桥有一件颇为自豪之事，并因此刻了一方印章（一说为杭州人身汝敬所刻），上面写着“雪婆婆同日生”。因为郑板桥出生于 1693 年 11 月 22 日，也就是清康熙三十二年十月廿五日，与“雪婆婆”同日出生。

至于为什么是“雪婆婆”，古人常说兴风、行云、布雨、酿雪，字里行间似乎透露着一层含义，好像弄出一场雪比制造其他的天气现象要更烦琐，或许只有做事细致的婆婆才能胜任吧。或许还有一层含义——瑞雪兆丰年，雪比其他天气现象更具有吉祥、丰稔的意味，慈祥的婆婆应该更适合做它的“形象代言人”。

气象谚语：“雪姐久留住，明年好谷收。”

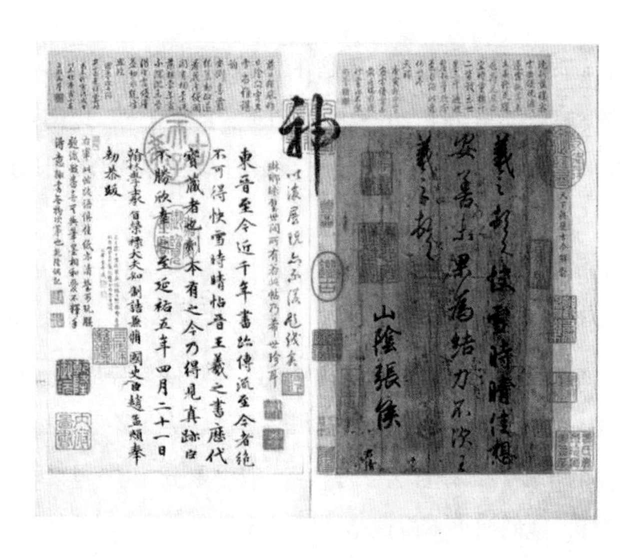

东晋　王羲之《快雪时晴帖》

原文："羲之顿首：快雪时晴，佳。想安善。未果为结，力不次。王羲之顿首。山阴张侯。"

大意是："王羲之拜上，快雪过后天气转晴，甚妙。想必你可安好。事情尚无结果，心中惦记，赶紧告知。王羲之拜上。山阴张侯启。"来去匆匆的一场冬雪之后，王羲之心情不错，以神清气爽的快意，写下这则流芳千古的书札。

你看，"雷公""电母""雨师""风伯""老天爷"这些称谓听起来都很有威严，都是仰视和敬畏的，但"雪姐""雪婆婆""春姑娘"听起来很俏皮、很亲昵。

为了来年的收成，姐，您常来串门啊！

古时候，雪代表着祥瑞之气。京城下场雪，臣子们会"上表称贺"。一场雪，往往成为赞颂天子功德的由头，谄媚与雪花齐飞。到了古人认为阴气至极的冬至，朝堂上更是刻意回避灾异的话题。《新唐书·百官志》中记载："元旦、冬至天子视朝则以天下祥瑞奏闻。"若赶上喜欢"天气喜报"的皇帝，百官们自然热衷搜罗各种可以解读为祥瑞的天气现象，灾情反倒成为忌讳。

我们常常说，所谓天气预报，是坏天气预报，即针对坏天气的预报。其使命并不在于歌颂好天气，而在于警示坏天气。

多地逐月雾日数演变				
	北京	成都	乌鲁木齐	福州
1月	1.2	9.5	6.4	1
2月	1.1	4	5.5	1.7
3月	0.5	3.5	2.8	3.7
4月	0.4	2.3	0.3	2.5
5月	0.3	1.1	0	1
6月	0.4	0.7	0	0.7
7月	0.7	1.8	0	0.1
8月	1.3	2.2	0	0.1
9月	1.3	2	0	0.1
10月	1.9	2.9	0.4	0.2
11月	2.2	6.5	5.1	0.1
12月	1.8	10	8.4	0.5

在北京，似乎小雪时节即使不下雪，也难得响晴，多是阴晦的天气。当然，有时会有雾霾。所以人们常常隐约地感觉，雪正在悄悄酝酿之中。所谓“连朝浓雾如铺絮，已识严冬酿雪心”。

各地大雾天气的时节分布各有不同，比如福州是春雾的代表性城市，更多的地方还是冬雾更为盛行。在北京，大雾天数11月第一，10月第二，12月第三。岁末大雾最多，尤其是“酿雪”时节。以往我们习惯了“金秋十月，天高气爽”的溢美之词，但近些年，10月时常雾霾盛行，演变为空气质量的“困难户”。

成都的雾错后一个月，12月第一，1月第二。成都虽极少“酿雪”，“酿雾”的实力却是专业级的，甚至超过从前的“雾都”重庆。

乌鲁木齐与成都一样，也是12月第一，1月第二。乌鲁木齐大雾的季节性更突出，夏半年几乎与大雾无缘。冬半年时常浓雾缠身，在全国各大城市中名列前茅，未曾到过乌鲁木齐的朋友往往觉得这难以置信。

“成名”率最高的节气

由雨到雪，虽然只是降水相态的变化，但雨被视为凡尘之物，而雪素来是高冷、高洁、高雅的象征，关于雪的各种词语大多与这

“三高”有关。

二十四节气的节气名中，最可爱的或许就是小雪，于是它就成了很多人的名字。估计很少有人名叫霜降、大暑、芒种、惊蛰。小雪可能是“成名率”最高的节气。有人对常用名字进行过统计，与男性相比，女性的常用名字更乐于借用天气和物候之美。其中最受青睐的天气现象就是“雪”。

20 世纪 60 年代至 21 世纪 00 年代常用名字

男名

	60 年代	70 年代	80 年代	90 年代	00 年代
1	军	勇	伟	超	涛
2	勇	军	磊	伟	浩
3	伟	伟	勇	涛	鑫
4	建国	强	超	磊	杰
5	建华	涛	涛	鹏	俊杰
6	建军	刚	强	杰	磊
7	平	建军	鹏	强	宇
8	建平	波	军	浩	鹏
9	斌	斌	杰	鑫	帅
10	强	辉	亮	帅	超

每个年代的爆款名字都各具特色：60 年代，建国、建军彰显了情怀；七八十年代逐渐朴实；自 90 年代开始，名字真是绚丽多彩……

女名

	60 年代	70 年代	80 年代	90 年代	00 年代
1	秀英	丽	静	静	婷
2	桂英	艳	丽	婷	静
3	英	敏	娟	婷婷	颖
4	玉兰	芳	艳	敏	婷婷
5	秀兰	静	燕	丹	雪
6	萍	红梅	敏	丽	敏
7	玉梅	霞	娜	雪	悦
8	红	燕	芳	倩	倩
9	丽	红	丹	艳	洁
10	敏	英	玲	娟	雨欣

不过，2010 年之后，女性名字中“雨”开始增多了……如果“歪批”一下，气候变暖之后，确实会导致降水相态的微妙变化，降雨易，降雪难。所以，“雨”多了，“雪”少了。

2010 年之后最热的 30 个名字					
男名					
子轩	浩宇	浩然	博文	宇轩	子涵
雨泽	皓轩	浩轩	梓轩	俊杰	文博
浩	峻熙	子豪	天佑	俊熙	明轩
致远	睿	宇航	博	泽宇	鑫
一鸣	俊宇	硕	文轩	俊豪	子墨
女名					
子涵	欣怡	梓涵	晨曦	紫涵	诗涵
梦琪	嘉怡	子萱	雨涵	可馨	梓萱
思涵	思彤	心怡	雨萱	可欣	雨欣
涵	雨彤	雨轩	佳怡	梦瑶	诗琪
紫萱	雨馨	思琪	静怡	佳琪	一诺

小雪天气

从全国平均气温来看，冬季的气温总体上无疑是下降的，在小雪时节却有一个看似奇异的反弹。这一方面是因为所谓“酿雪心”，降水增多导致的。酝酿雨雪的时候，云层增厚，云量增多，使辐射降温减少，顺便帮我们盖了一层被子，向外散失的热量少了。而且降雪过程中潜热释放，经过这一番“开源节流”，气温反而没有降低。另一方面，在暖气团即将撤退之前，有时还能在南方营造一段和暖的“十月小阳春”，算是临别时赠给人们的一份信物吧。

2013 年小雪节气，我到赣南出差，穿衬衫有点凉，套上毛衣又觉得热。正好赶上“十月小阳春”，也正好赶上当地的脐橙采摘。放眼望去，到处都是脐橙，感觉到了“橙都”似的。一个脐橙就像是《天气预报》节

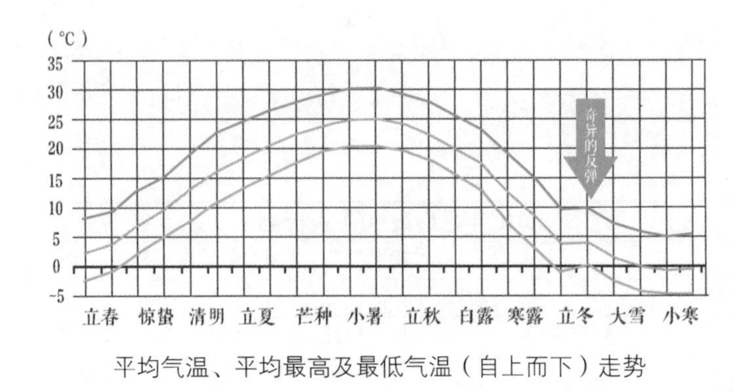

平均气温、平均最高及最低气温（自上而下）走势

目中的一个晴天符号，和“十月小阳春”的天气是那样般配。

但2015年的小雪时节，江南却是阴雨连绵，于是很多网友感慨“不知晴为何物”。之前漫长的阴雨连续剧，几乎连插播半个晴天的机会都没有，江南一些地方的新稻无法收割，既让人担心发芽、发霉，也让人担心收不了稻子，便种不了麦子。有网友给我留言，说：“这些天，我们是多么希望你们节目里到处都是晴天的符号啊！”

冬季各节气降水百分率变化幅度		
立冬	↓	13%
小雪	↑	73%
大雪	↓	15%
冬至	↓	39%
小寒	↑	130%
大寒	↓	4%

小雪三候

小雪三候：一候虹藏不见（“虹始见”为清明三候之一）；二候天气上升，地气下降；三候闭塞而成冬。这时，往往是黄河中下游地区“北风其喈，雨雪其霏”，初雪降临的时节。

接地气的天气预报

2015年初冬，气象台预报了北京11月21日、22日（小雪节气）连续两天强降雪。初冬便可能迎来连续两天的强降雪，这对于经常降雪“难产”的北京而言，无疑是个好消息。

11月20日，我恰好听到京郊某村里的大喇叭在喊话：“各位村民注意啦，各位村民注意啦！天气预报说了，明儿（21日）有大雪，后儿（22日）有暴雪，您可别不当回事儿啊，现在这天气预报可靠谱多了！能不出门咱就别出门了，摔个跟头不值啊！在家里涮个火锅啥的，挺好！赶紧把菜都置办齐了！想吃啥吃点啥！把烟囱都弄好喽，别图着省两钱儿，把命给搭上了，煤气中毒是闹着玩儿的吗？”

一听这口气，想必是村主任亲自上阵喊话。农村大喇叭发的天气预报和生活提示，真是比我们的更接地气！更令我欣慰的是，人家觉得现在的天气预报很靠谱。但遗憾的是，21日人们预期中的大雪却是大雨。网上更是一片怨言。有些同行觉得冤枉，其实当时的温度只差0.5℃左右，温度上的失之毫厘，便是降水相态上的谬以千里，导致预报失败。

面对这种看似微妙的温度差距所形成的失误，在贴吧上，网友会很不满地说：“天气预报，胡说八道！”有些专业人士会不服气地回应：“有本事，你来报！”

我特别不愿意看到类似的言语对峙和交锋。错了就是错了，哪怕觉得冤枉。好在第二天，小雪节气那一天，一场迟到的大雪，慰藉了那一颗颗“受伤”的心——因觉得被欺骗而受伤的心，以及因觉得很冤枉而受伤的心。

“北风其喈，雨雪其霏。惠而好我，携手同归。”北风使劲刮，大雪随意下；幸亏有你对我好，手拉手一起回家。这是我特别喜欢的一首诗，洋溢着雪中的温情，极具画面感。

降雪过程中，潜热释放，所以人们并不会觉得寒冷，常言道：“下雪不冷，化雪冷。”为情所困之人以此写下很有哲理的一段话：“化雪总比下雪冷，结束总比开始疼。”这是多么痛的领悟啊！

当然，近些年初雪迟到往往成为常态，而且经常“抽风”。北京2009—2010年那个冬季，11月1日初雪便意外地提早来到；但紧接着，2010—2011年那个冬季，人们盼雪都快盼“瞎”了，一直熬到立春之后，2月9日深夜，初雪才姗姗降临。

自此，物候特征的关键字是“封”。“小雪封地，大雪封河。小雪封田，大雪封船。”天气往往萧冷、晦暗，难得晴暖。但在古人的心目中，此时担忧和忌惮的，是不下雪。因为“小雪雪满山，来岁必丰年”，“小雪无云大雪补，大雪无云要春旱”。

第一场雪，往往随下随化或者昼融夜冻，甚至刚开始下的不是雪，而是霰。《诗经》中便有“相彼雨雪，先集维霰”的描述。“岁将暮，时既昏，寒风积，愁云繁，微霰零，密雪下。”霰，有时仿佛是雪的序曲。霰，各

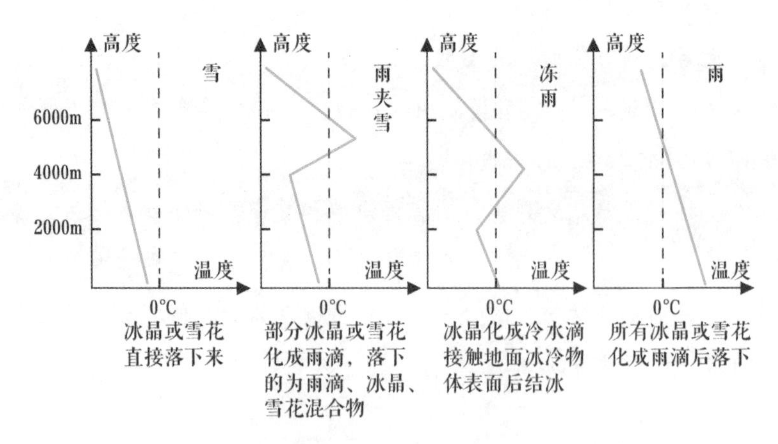

降水相态与温度层结

地的俗称繁多，比如雪籽儿、雪糁子、软雹子、雪豆子等。

当然，还有可能不是纯粹的雪，而是“半文半白”的雨夹雪。

很多朋友把雨夹雪误写成“雨加雪”——是夹杂的夹，而不是累加的加。还有一个常见的误读，是把“阴间多云”理解成“阴间多云”。其中的“间”（jiàn），是偶尔、有时的意思。有人看到“阴间多云”，说：“你们气象台连阳间的事儿还没管好，怎么还管起阴间的事了?!”

古时候，到了初冬时节，人们会祭祀名叫“司寒”的冬神，希望它保佑人们平安过冬，即所谓“孟冬祭司寒”。小雪时节，闭塞成冬。

“绿水本无忧，因风皱面。青山原不老，为雪白头。”山虽白了头，却未显苍老。只是，原来枝繁叶茂的树木，都变成了“光杆司令”，颇有垂暮之感。

冬雪的价值

冽冽冬日，肃肃祁寒，小雪是属于雪的节气。如果缺少了雪，世间便少了许多诗文和意趣。

小时候，我记住的第一首关于雪的诗，是一首打油诗：“江山一笼统，井上一窟窿。黑狗身上白，白狗身上肿。”小时候只注意黑狗、白狗了，长大之后我才渐渐体会大雪纷飞时那种“江山一笼统”的境界。这种天气，更容易让人意识到“世界是平的”。

从前，人们很喜欢以小雪时节是否降雪、天气如何来推测后续的气候和农事。小雪时节降雪，是“守常”，是对气候规律的遵守，是来岁丰年的保障。如果没下雪，那就需要在大雪时节补偿一下了。《田家五行》中说：“小雪日东风春米贱，西风春米贵。”说的也是这个道理。“今冬麦盖三层被，来年枕着馒头睡”，对于冬小麦来说，雪，先是被，后是水，还是肥。

中国现存最早的农学专著《汜胜之书》便反复强调冬雪的特殊价值：“冬雨雪止，辄以蔺之。掩地雪，勿使从风飞去。后雪复蔺之，则立春保泽，冻虫死，来年宜稼。”“冬雨雪止，以物辄蔺麦上，掩其雪，勿令从风飞去。后雪复如此，则麦耐旱、多实。”

迟迟不下雪，不好；气温太偏高，也不好。就像古人所说的“冬行秋令，则霜雪不时”。“小雪不封冻，麦子白白种”，“小雪不冻，惊蛰不开”，“小雪见霜兆丰年”。

小雪见晴天，雨雪到年边——小雪节气时晴天，春节时雨雪会比较多。这和“干净冬至邋遢年”是类似的判定思路，力图寻找两个时间节点之间的对应关系，即所谓的天气韵律。

小雪西北风，来年雨无踪——小雪节气时，如果刮西北风，天气干冷，那么来年可能大旱，或许只能“喝西北风”了。

小雪夜里满天星，宿债来年全还清——可是，如果刮西北风，夜里很可能满天星啊！到底是“来年雨无踪”，还是“宿债全还清”呢？这两则谚语的作者要相互商量一下。

小雪节日雾，来年五谷富；小雪有大雾，来年雨水下个透——现在可别这么说，雾霾经常有，岂能兆丰年？

我记得小时候，每到这时，除了土豆之外，餐桌上便是萝卜、白菜的“二人转”。“萝卜白菜各有所爱”的季节，单调而清简。古人说：“菜食何味最胜？春初早韭，秋末晚菘（白菜）。”

陆游有诗云：“白盐赤米已过足，早韭晚菘犹恐奢。”

那些冰封雪飘的季节，人们已经把冬储大白菜、大萝卜吃得够够的了。不过，也许正是它们，默默地护佑着我们并不丰足的日子。

天气预报里的乡愁

做完节目后，看到一位微博网友给我的留言："老家下雪了！今天给爸爸打电话，他说（湖北）老家下雪了，晚上就一直守着电视看天气预报。我嫁到外地，一年难得回家一次，很想家，只能在地图上多看看。"

现今很多人漂泊在外，在他乡甚至异国求学、定居，他们的思维如同"二次元"，家乡的气象与物候依然住在他们的内心。家乡的一场雪，最能撩拨他们敏感的情愫。

听着预报怀旧，看着地图想家！地图上的符号、线条以及解说，不只有天气，或许还有他们的乡愁。

生活中，不仅有说走就走的旅行，还有说来就来的思念。

天气很冷，想想家，或许可以取暖……

大雪

【似玉时节】

江山不夜月千里，
天地无私玉万家。

每年 12 月 6 日或 7 日进入大雪节气，“时雪转甚，故以大雪名节”，“至此而雪盛矣”。由小雪到大雪，气候上的降水量反而减少，为什么还叫作大雪节气呢？

小雪、大雪之区别

与小雪节气相比，其盛其大，未必是降雪量的增大，而是降雪的概率增大（不是雨了），或积雪的概率增大（不太融化了）。

有学者认为，可将小雪解释为初雪来临的时节，大雪解释为积雪出现的时节。就如同小寒、大寒之小大，不是形容天寒程度，而是形容地冻

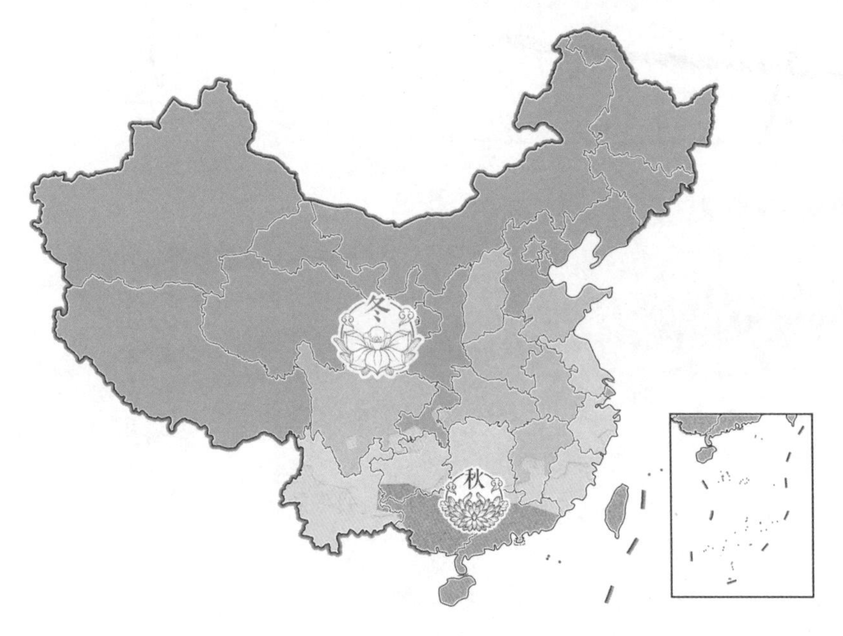

大雪季节分布图

程度一样，小雪、大雪之小大，也非形容降水量之多寡，而是形容积雪之有无。

小雪与大雪，最大的区别在于：小雪时，雪随下随融；大雪时，雪随下随积。雪“坐住了”！所以大雪节气，不是降雪多了，而是有了积雪。

同样是降水，只有雪被赞美、被吟诵，而雨、雹、霰都无法享受这种待遇，只因雪如花似玉。对于雪来说，明明可以靠颜值，却偏偏拼才艺。雪不仅颜值高，而且“营养”更丰富。据测定，1000克雪水中，含氮化物7.5克，大约是普通雨水的五倍，所以下一场雪便相当于施了一次氮肥。而且雪会慢慢融化，缓缓渗入，其滋润作用更温和、耐久。

尚未融化的积雪，相当于为越冬作物盖了一层被子。在融化时，雪是“学霸”，在覆盖时，雪还是“暖男”。所以，人们喜爱雪，不止是因为它有如花似玉的颜值。这不是一个只“看脸”的世界。

老话说：“大雪半融加一冰，明年虫害一扫空。”雪的降临，不仅仅是降水相态的变化，对大地而言更是妆容，是呵护，是滋养，是一种纯真的安静。

冬季的划分

此时，季节版图上，冬已占据约865万平方公里，其霸主地位不可动摇。秋虽已是弱旅，但在夏的面前，还勉强可称为雄师。它在大雪时节，将攻陷夏最后约1万平方公里的“钉子户”，完成对夏的“强拆”。自此，夏已无容身之地。

现在我们往往严谨地按照气温标准来划分季节，日平均气温持续（至少连续五天）低于10℃且稳定通过（就是不能出现冷了之后气温又反弹，比如入冬之后，秋又杀个回马枪并成功“复辟”一段时间），才能算冬季真正来临。这样的判定标准，虽严谨，但显得刻板。

从前，人们常常是粗线条地把12月至2月划为冬季。12月至2月，

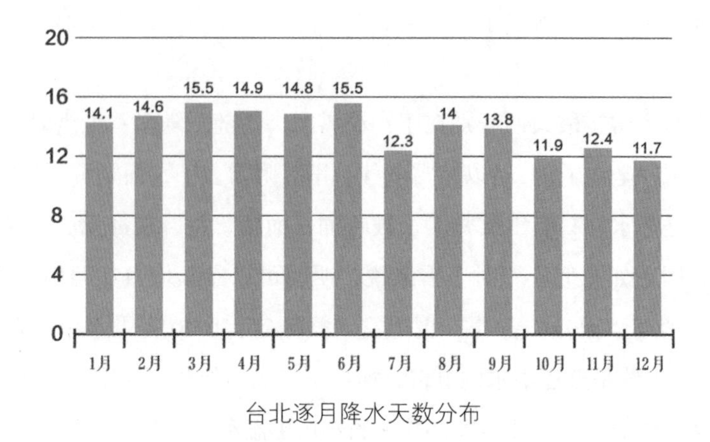

台北逐月降水天数分布

当然是全年气温最低、降水最少的时期。但无法一概而论，有些地方反而是冬季更容易出现降水，否则怎么会有《冬季到台北来看雨》这首歌呢?!

从降水日数的月际分布来看，其实什么季节都可以到台北来看雨。这里一年之中，成“建制”的降水有三类：一是春季的梅雨，二是夏秋的台风雨，三是冬季的季风雨。

春季的花花果果有很多，人们很少有心思看雨。台风雨太暴力，在各种预警和特报频发之时，人们的心思是在躲雨上，而非看雨上。只有冬季的季风雨最“家常”，最是随叫随到。

如果说冬季到台北来看雨，基隆肯定并不服气，因为基隆会觉得，冬季到基隆来看雨，不是比在台北更容易看到雨吗?

位于台湾北部的基隆，降水量最大的固然是9—11月的秋季，冬季次之。

基隆12—2月的降水天数，却是全年最多的。换句话说，基隆的冬天，是最爱下雨的季节，但又不像秋季致灾性的豪雨那么多。我在台北任教时，大气系的系主任曾鸿阳教授家住基隆，每天驱车往返台北和基隆。他的感触是：“冬天，基隆的雨是最殷勤的洗车工。”

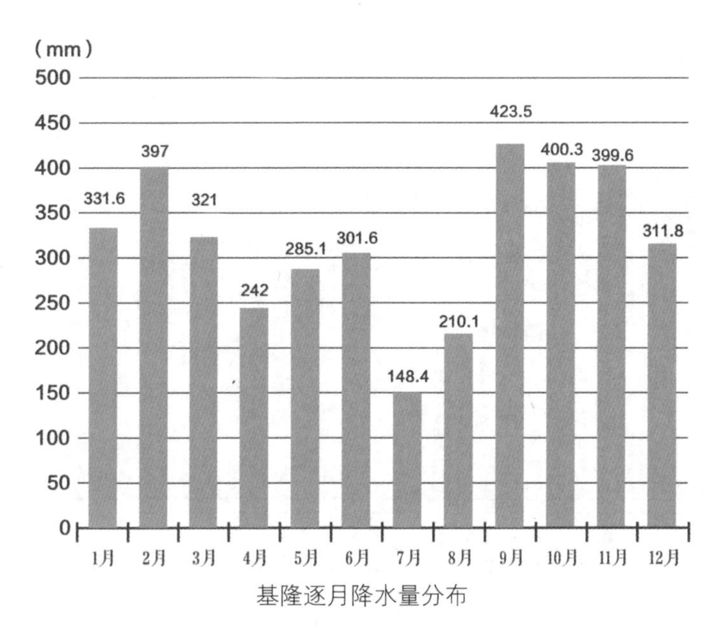

基隆逐月降水量分布

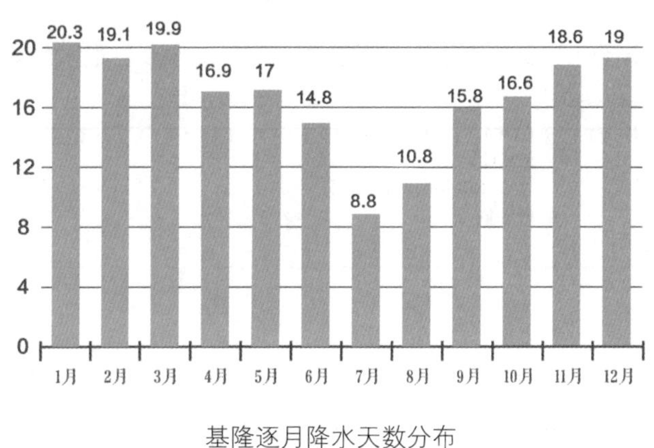

基隆逐月降水天数分布

当然，《冬季到台北来看雨》，看的并不仅仅是雨水，还有与雨相关的情愫，那已是气候之外的雨中心事了。

雾霾

到了大雪时节，北方本该大雪纷飞，却时常雾霾弥漫。有网友甚至吐

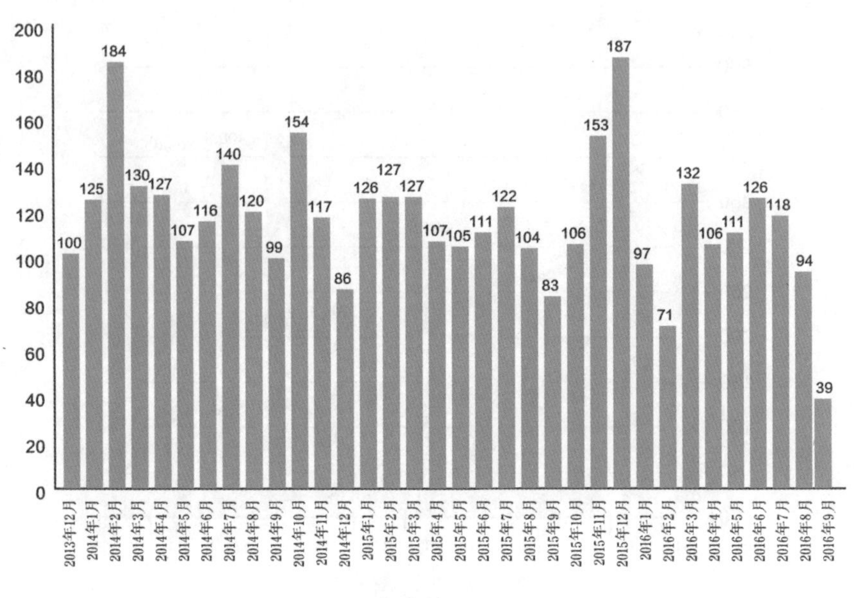

北京的 AQI

2015 年的 12 月，北京几乎被雾霾“包场”了，空气污染红色预警首次被启动。

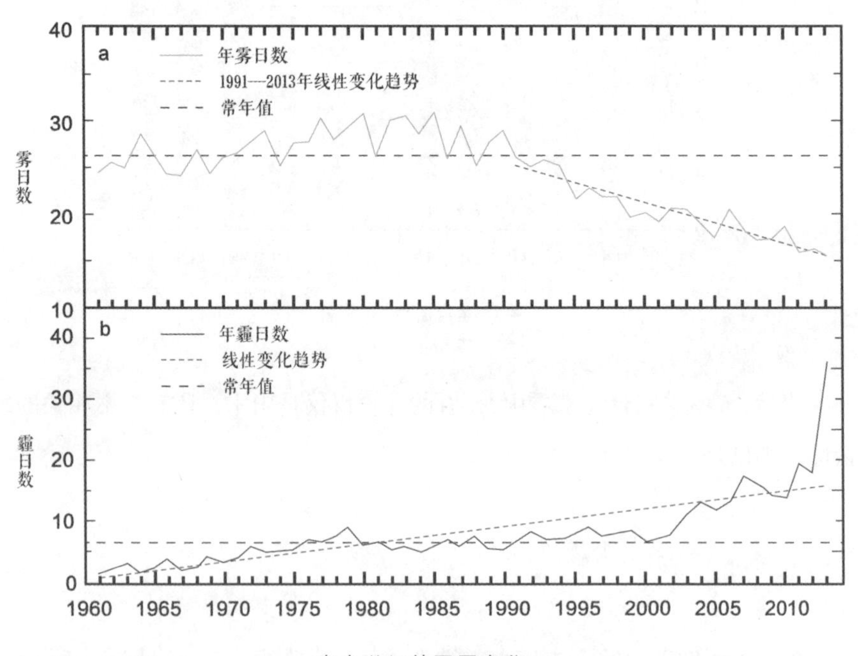

半个世纪的雾霾变化

正面人物的冷空气

槽道："大雪节气要改成大霾节气吗？"

曾有一首流行歌曲，唱的是："我悄悄地蒙上你的眼睛，让你猜猜我是谁？"现实的天气常使我们想这样回答："那还用问？你是雾霾呗！"

以前，冷空气被视为"反派"。现在，冷空气已经被当作"高、大、全"的"正面人物"了。当AQI"爆表"时，听说冷空气将至，人们往往"奔走相告"："'老大'终于要来收拾雾霾啦！"啧啧，您瞧瞧冷空气在人们心目中的"江湖地位"！大家希望冷空气吹散雾霾，但又不希望空气质量只是靠"吹"，人们更渴望"常态蓝"。希望蓝天是我们岁月的陪伴者。一个年轻的妈妈曾向她的孩子这样介绍我："他就是经常在电视里说雾霾的那个伯伯……"

多么希望，我们不需要担心、不需要播报、不再沾染、不再吸入雾霾。希望我们对于岁月的记忆是蔚蓝的、清新的、明亮的、洁净的。

平常我们总说雾霾，雾霾成了那种灰蒙蒙、脏兮兮天气的统称，但其实雾与霾有着显著的差别。相对而言，雾是湿的，霾是干的，一个是“水货”，一个是“干货”。霾本身就是污染物的积聚，雾未必是污染，却是污染物的载体，常常是窝藏犯，于是共罪。

实际上，这些年雾与霾，都产生了很大的变化。1990 年之后，雾在显著消减。霾在 2000 年之后骤然增多。以前，雾日与霾日之比大约为 3 ∶ 1。渐渐地，雾日与霾日之比几乎快到 1 ∶ 3。以前是以雾为主，现在是以霾为主。霾已成为盟主，雾已沦为从属。所以“雾霾”一词，会让雾觉得有点冤枉。

冷暖空气的因缘

网络上曾有一句流行语，叫作：“主要看气质。”天气的气质，是不是主要看（空）气质（量）呢？

在北京，感觉下场大雪并不容易。有时，话说得很隆重，但雪下得却很节俭。而且往往降雪并不能让人们“雨露均沾”。观象台观测到了降雪，并定义为初雪，但大多数人并不认可，因为大家没有见到漫天飞雪。有时在路上看到浑身积雪的车辆，更是觉得雪都下在了“局部地区”。所以人们调侃：“这两天北京哪儿雪下的最大？”“朋友圈里！”

前些年，我曾在微博上写过一首小诗，讲述下雪之不易。

雪，是冷暖空气的因缘

有一次，他来这里时，
她却没有守在，他必经的路旁。
有一次，她到这里时，
他却无视地，去了更远的地方。
她不在时，他只是风一阵；
他不在时，她只是雾一场……

注：其中，“他”是指干冷空气，“她”是指暖湿空气。

宋代　马远　《晓雪山行图》

冬雪之后的荒寒冷寂，客子饥寒多，行旅衣装薄。

大雪时节，很梦幻的场景就是在屋里读书，外面纷纷扬扬地飘着雪，书中自有黄金屋，窗外自有山如玉。

董仲舒在其《雨雹对》中说：“太平之世……雾不塞望，浸淫被洎而已；雪不封条，凌殄毒害而已。”是说雾最好不要妨碍视野，只要浸润天地即可，雪最好不要压坏枝条，只要消除害虫即可。

古时，关于衣着，夸张的说法，是“夏则编草为裳，冬则披发自覆”。御寒条件差，所以人们最畏惧的是“冬日烈烈，飘风发发”。但今人最畏惧的是既“塞望”又塞肺的雾霾，常常期待能喝上新鲜的“西北风”。

有人期待多下几场雪，“今年麦盖三层被，来年枕着馒头睡”。有人觉得雪“为瑞不宜多”。这确实是众口难调的分寸。

我小时候有这种体验：干雪踩上去是嘎吱嘎吱的，湿雪踩上去是“piā叽 piā叽”的。又粘又重、很容易攥成团、打雪仗、堆雪人的是湿雪。本来雪花完好，但下落过程中有一小段路温度稍高于0℃，雪花半融，落地时便是湿雪。湿雪很容易闯祸，压断树枝，压塌房屋（大棚）等。干雪，往往是粉状的，落地之后很蓬松，风一吹，便很不安分。风雪交加，便成为另一种天气现象：吹雪，俗称“白毛风”。

最能使树木呈现玉树琼花般效果的，并不是雪，而是雾凇。雾凇不是从天而降的，而是过冷水汽就地凝华。其实它的生成条件比降雪更苛刻：一要气温足够低，二要水汽足够多，三要风力足够小，最好还是晴天。所以，雾凇比雪更稀有一些。

谚语云：“小雪封山，大雪封河。”古人认为，到了封藏时节，人也要“安形性”“处必掩身”。起居上，别折腾；衣着上，别嘚瑟。

“绛雪玄霜……昨夜西风吹过，最好是，睡时节。”我很喜欢这段话，只是做不到！

冬酿

古时候，临近隆冬时节，酿酒是一件很高大上的事，“乃命大酋，秫稻必齐，麴蘖必时，湛熺必洁，水泉必香，陶器必良，火齐必得”。就连酒曲、水质、器皿、火候等，官家都督办和监管。诗云：“十月获稻，为此春酒，以介眉寿。”《汉书》曰：“酒者，天之美禄，帝王所以颐养天下，享祀祈福，扶衰养病，百福之会。”

古时候，酒被赋予了祭祀和养生的两大神圣功能，受人尊奉。医的繁体字“醫”便是以酉作为“基础”，足见古时酒之尊贵。

一次，我在浙江绍兴出差，听闻当地人说绍兴依然保持着立冬之日开始酿黄酒的传统风俗。冬季水体清冽、气温不高，可以轻松地抑制杂菌繁育，又能使酒可以从容地在低温发酵过程中慢慢酝酿醇厚的风味，是最适合酿酒发酵的季节。因此，人们把从立冬开始到第二年立春这段最适合做黄酒的时间称为“冬酿”。

酒的喝法，想必比“回”字的写法要多吧。

大雪天，很多人忙活的，一个是酒，一个是肉。

谚语说："小雪腌菜，大雪腌肉。"我因不喜饮酒，对它完全"无感"。所以冬天里，何以解忧？唯有肉肉！

雪的童话

小时候，特别盼望下雪，特别喜欢一脚一脚深陷于积雪之中，然后在雪中连滚带爬，特别喜欢在雪地里嘎吱嘎吱踏雪的感觉，特别喜欢在毛绒绒的雪地上写字，然后端详着飘洒的雪花一点点地雪藏那些字迹……总觉得有雪的时候，才有童话。人们童年记忆中那些疯玩、傻乐，仿佛都与雪有关。

记忆中，我小时候家乡的雪往往是"坐冬雪"——初雪降临便不再融化，"坐"上一冬，下雪后便是漫长的"猫冬"季节。

后来 snow cover 或者 snow sheet 以专业词汇的身份进入我的视野，但总感觉它们洋溢着一种童趣。原来，自己的内心深处一直有一片由雪构筑的童话"自留地"。

【迎福践长】

亭前垂柳珍重待春风。

每年12月22日前后，是冬至，“终藏之气至此而极也”，这是北半球白昼最短、黑夜最长的一天。之后，白昼增长，所以“吃了冬至饭，一天长一线”。

数九习俗

冬至时，“冰益壮，地始坼”，天寒地冻。自此“数九”，进入隆冬时节。

从前，冬天可能是最能打磨人们心性的季节。农耕社会，春播、夏管、秋收，繁忙劳碌，人们往往无暇品味时光。只有冬季，是一段长而闲的时光。苦寒时节，“大寒须守火，无事不出门”，在寂寞的自处中，人们才有一份气定神闲的状态。熬冬盼春，玩出一番盎然雅兴，也算是一种消闲方式。

关于“数九”习俗的文字记载，最早见于南北朝时期梁朝宗懔所著的《荆楚岁时记》，到现在已有1400多年的历史。根据专家的考证，中国至迟从北宋开始，“数九”的习俗便已风靡。记录冬至之后九个九天的每日天气，渐渐有了各地版本的“九九歌”，有了各种画法的“九九消寒图”。明清两代“画九”“写九”的习俗在士绅阶层中颇为时尚，使“数九”反映的暖长寒消之气候更加形象化。

这81天，统称“数九寒天”。整天数日子，必是苦日子。苦寒年代，人们希望以这种雅致和闲适的方式，捱过漫长的冬季。很想把无趣过成有趣，把难受变成享受。好在，数着数着，可以等到奇迹。

华北版本九九歌

一九二九不出手，三九四九冰上走，五九六九沿河看柳，七九河开，八九雁来，九九加一九，耕牛遍地走。

从一九到六九，都是两个两个数，七九开始一个一个数，因为回暖节奏快了，气温开始“转正”了，眼前的物候“看点”也多了。

江南版本九九歌

一九二九相见弗出手。

还有的版本是：一九二九在家枯守。总之，最好不出门，出门也不出手。

三九二十七，篱头吹筚篥。

筚篥是古代的一种乐器，喻寒风吹得篱笆发出噼里啪啦的响声，人们无奈地“欣赏”着冷空气指挥的“交响音乐会”。还有的版本是：头九温，二九暖，三九四九冻破脸！是不是路口应该立一个警示牌啊？上书八个大字：“天气寒冷，小心毁容。”

四九三十六，夜晚如鹭宿。

晚上天寒，南方室内与户外常是一样的温度，说多了都是泪！只得像白鹭一样蜷缩着身体睡觉。还有的版本是：四九三十六，赶狗不出屋。狗穿着“皮袄、皮裤、皮靴”，都如此惧寒，何况人乎？

五九四十五，太阳开门户。

即将立春，暖意始生，祝太阳开门大吉哦！还有的版本是：五九四十五，穷汉当街舞。天暖了，人们开始欣喜和躁动。当然，也有善意的提醒：不要舞，还有春寒四十五。

六九五十四，贫儿争意气。

春打六九头，人们也开始变得舒展和勤快。还有的版本说：六九五十四，再冷没意思。虽说没意思，但有时冷空气偏要来“意思意思”。

七九六十三，布袖担头担。

午后的天儿开始燥热，人们忍不住脱下厚衣服，把它撂到一边去了。还有的版本是：七九六十三，脱袄给狗穿。别呀，狗还想脱下自己的那身儿皮袄呢。

八九七十二，猫儿寻阴地。

阳光开始“辣眼睛”了，猫儿明智地到阴凉之处“躲猫猫”去了。经常看到这句被讹传为“八九七十二，猫儿寻阳地”，这可得征求一下猫的意见。还有的版本是：八九七十二，黄狗睡阴沟。仅供猫儿参考。

九九八十一，犁耙一齐出。

九九时节，也已惊蛰，南方已是“可耕之候”。此时雨水渐多，所以也有“九九八十一，穿上蓑衣戴斗笠”之说。

亭前垂柳珍重待春风。每天写一画，写完这句话，春天便来了。据说这是清代道光年间才有的九九消寒句，历史并不悠久。

《清稗类钞》记载：

宣宗御制词，有“亭前垂柳珍重待春风”二句，句各九言，言各九画，其后双钩之，装潢成幅，曰《九九销寒图》。题“管城

消寒图

这是我填写的北京2015—2016年冬季的九九消寒图。以晴、雨雪、风为蓝色，阴为黄色。在47个所谓的阴之中，只有12个是单纯的阴天，有34个是雾霾，1个是浮尘。这两种颜色，无法代表寒温，却大致可以体现这个冬季北京大气的清新与污浊。

> 春色”四字于其端。南书房翰林日以阴晴风雪注之，自冬至始，日填一画，凡八十一日而毕事。

以“上阴、下晴、右雨、左风、雪当中”的规则记录每日的天气，虽然天气现象的种类比较简化、笼统、粗放，但依然可以呈现“数九”天气的概貌。这种消寒图，在迎候春的过程中，也随手记录冬，算是一种过冬日记吧。

迎福践长

古人以“觱发”“栗烈”来刻画朔风呼号之凄苦，气温本来就低，风又进一步降低了人们对于气温的体感，这便是古人对于风寒（windchill）指数的感触。“无衣无褐，何以卒岁？”在取暖、御寒能力比较差的时代，人们因寒而苦，因风而虞。想不到今人会在冬季时常急切地“等风来”。

冬至时，黑夜最长、白昼最短。古人在看到“阴极之至”的同时，敏锐地感受到“阳气始生”，正所谓“冬至一阳生，天时转日长”。所以冬至时的一句吉祥话，便是“迎福践长”。“冬至阳气起，君道长，故贺”，在漫漫冬日里，因阴阳流转，于是有了一份慰藉和期许。

“夫冬至之节，阳气始萌”，阳气之萌并不如草木之萌那样直观，是偷偷地悄然萌动，所以被描述为“潜萌”。因为“阳气”开始逐渐生长，默默地为万物复苏做着铺垫，“故曰冬至为德”，这个节气是在积“德”。

其实，冬至节气不是一年之中最寒冷的时节。尽管日照开始增加，但地表吸收的热量仍然小于散失的热量，直到小寒或大寒时节，当收支达到平衡之后，气温才能走出低谷。

古时冬至养生的原则是“不可动泄”。人最好别折腾，“安身静体”，有人更是“以至日闭关”。“君子安身静体”，连各级官员也都歇息了，“冬至前后，百官绝事，不听政，择吉辰而后省事”。

各种“工程”也都停了，冬至时“土事无作”，别动土，别做“凿地穿井”之类的事，不要“发天地之藏”。万物都在闭藏、休眠，大家相互之间最好能够做到“静而无扰”。所以冬至时，“万物闭藏，蛰虫首穴，故曰德在室”。

似乎冬至时节，人们好好在屋里待着便是一种美德。既是呵护自己，也是爱护“别人”。

冬至大如年

自古以来，冬至是一个“大”节气，以隆重程度而言，是“冬至大如年”。说到“冬至大如年”，就不能不说到北京的天坛。因为明清时期“国家级”的祈天活动均在此举办。其中，一年一度最盛大的祭天盛典便是在冬至日。冬至祭天，这也是众多朝代最重要的与节气相关的“官俗”。

天坛祈年殿，始建于明代永乐十八年（1420年），原名“大祈殿”，之所以称为“大祈”，是因为当时是天地合祀。清代乾隆十六年

（1751年）修缮后，易名为“祈年殿”，为皇家孟春时节祈年大典之专用。

内围的四根“龙井柱”象征一年四季——春夏秋冬；中围的十二根“金柱”象征一年十二个月；外围的十二根“檐柱”象征一天十二个时辰。中围“金柱”和外围“檐柱”相加，共二十四根，象征二十四个节气。三围之柱共二十八根，象征二十八星宿。

祈年殿之架构，诸多细节都体现了细腻的设计思维，可谓天文、气象与时序之集成。

起初，天坛的功能比较多元，后来皇家的祖先神牌被移至太庙。同时，地坛、日坛、月坛也陆续投入使用，为天坛减负，分流了天坛的其他功能，使天坛承载祭天祈谷这一专一功能。

最高规格的大典有三次，分别于冬至、孟春、孟夏时节隆重举行。如遇亢旱，也会临时安排圜丘坛等地不同规格的祈雨仪式。比如北京的大钟寺，曾经也是一个求雨“场地”。清代《燕京岁时记》中说：“大钟寺本觉生寺，以大钟得名，盖岁时求雨处也。”

天坛还设有祈年门、斋宫、斋院、神库、神厨、宰牲亭、走牲路和长廊等附属建筑。

祭天祈谷仪式需要准备大量的供品，需要在天坛集中处置。这些活动关乎社稷，为了赢得上苍垂怜，皇帝需要提前入住天坛，专心斋戒，至少要“至斋三日”。戒荤、戒色、戒烟、戒酒，禁止一切娱乐活动，洁身自处，除了沐浴不能戒，其他都要戒。

为了让大典具有神圣的仪式感，于是有了神乐署、牺牲所等“有关部门”及其专职人员。

按照规制，祭天仪式，基本上是“摸黑儿”举办的。“日出前七刻”开始，天亮之际结束，大约历时1小时45分钟。北京在冬至日的一般日出时间是7点33分，所以冬至祭天仪式最迟也是在5点45分开始。皇帝起床后还要沐浴、更衣、梳洗、打扮，都很耗时。大臣们更是要先于皇帝收拾停当，所以冬至祭天，很多人都几乎整夜无眠。

当然，除了天坛之外，各地的各种坛庙建筑，也都是农耕社会人们礼天敬地这种文化习俗的实物证据。

冬至这天，皇帝或皇帝指派的“有关部门”在都城的专门场所祭天，这是一种规制，但也有在外地祭祀天地的特例。例如，汉光武帝刘秀“二月……进幸泰山。辛卯，晨，燎，祭天于泰山下南方，群神皆从，用乐如南郊”。

沈括在宋神宗年间奉敕编修的《南郊式》，详考礼制沿革，确定郊祀礼仪和流程，总共110卷，浩繁如此。其中，各个朝代的冬至祭天规格，都是最高的。他曾写道：

> 上亲郊庙，册文皆曰恭荐岁事。先景灵宫，谓之朝献；次太庙，谓之朝飨；末有事于南郊。予集《郊式》时，曾预讨论，常疑其次序：若先为尊，则郊不应在庙后；若后为尊，则景灵宫不应在太庙之先。求其所以来，盖有所因。按唐故事，凡有事于上帝，则百神皆预遣使祭告，唯太清宫、太庙则皇帝亲行。其册祝皆曰：取某月某日，有事于某所，不敢不告。宫庙谓之奏告，余皆谓之祭告。

沈括说在编纂《南郊式》时便怀疑三项典礼的次序，从本质上讲，祭祖毕竟是家事，而祭祀天地是天下事，理应为至高礼仪，而且“告”是上位者对下属者言说，对诸神不够恭敬。

国家大典，各种规制的细节都要这般严谨和精确。

不过，对于冬至节的规格，各个朝代、各个地区，说法各有不同。

有的略逊于过年，比如“冬至日，称贺其仪，亚于岁朝”。所以冬至也称“亚岁”。

有的超过过年，比如“肥冬瘦年”。所以也有“冬至长于岁”的说法。宋代《岁时杂记》给出了解释，都城以寒食、冬、正为三大节，“自寒食至冬至中无节序，故人间多相问遗，至献节或财力不及，故谚语云：肥冬瘦年”。

当然，冬至和过年的代表性吃食有所不同。“京师人家冬至多食馄饨，故有冬馄饨年餢饦（一种饼）之说。又云：新节已故，皮鞋底破，大捏馄饨，一口一个。”

有的与过年基本相仿，比如“冬至朝贺享祀皆如元日之仪”，“京师最重冬节，更新衣，享先祖，官放关扑，一如年节”。唐宋时期，冬至节放假七天，与年节相同。冬至成为人们远离烦扰、静养心神的“假期”。

古时，夏至放假三天，立春、立夏、立秋、立冬各放假一天，似乎假期多与节气相关，这或许也是人们乐于念及节气的一个重要原因。

1914年，当时的民国政府将阴历元旦定为春节，将端午定为夏节，将中秋定为秋节，将冬至定为冬节。也就是说，在一个世纪之前，冬至依然是与春节处于同等规格的节日。

冬至是这四大节中唯一的节气，也是目前唯一未成为法定假日的节日。不过在澳门，冬至依然是法定的公共假日。目前在大陆，春节自不必说，清明、端午、中秋是一致的公共假日，港、澳多出一个重阳，澳门又多出一个冬至假期。

冬至民俗

如果兼顾各朝仪仗、各方习俗，“冬至大如年”可以基本概括古人对于冬至节的重视程度。在讲究阴阳的古代中国，冬至的至阴，意味着阳气始生，是一件喜兴事，是一个气运之拐点。所谓“冬至大如年”，既是“官俗”，也是民俗。

宋代的《东京梦华录》中记载：“十一月冬至，京师最重此节。虽至贫者，一年之间，积累假借，至此日更易新衣。备办饮食，享祀先祖，官放关扑，庆贺往来，一如年节。”

《清嘉录》中记载：“郡人最重冬至节。先日，亲朋各以食物相馈遗。提筐担盒，充斥道路，俗称‘冬至盘’。节前一夕，俗称‘冬至夜’。是夜，人家更迷燕饮，谓之‘节酒’。女嫁归宁在室者，至是必归婿家。家无大小，必市食物以享先，间有悬挂祖先遗容者。诸凡仪文，加于常节，故有‘冬至大如年’之谚。”

东汉崔寔的《四民月令》中即有“冬至，荐黍糕于祖祢”的记载。所以，冬至节也要祭祀祖先，“列酒果祀先以告冬”。

总体而言，冬至节，是南方热闹，北方冷清。

明代《帝京景物略》中记载，“十一月冬至日，百官贺冬毕，吉服三日，具红笺互拜，朱衣交于衢，一如元旦。民间不尔。惟妇制履舄，上至舅姑。”

《燕京岁时记》中记载：“（冬至）民间不为节，惟食馄饨而已。”

其实官员、士绅冬至拜贺的习俗，也并非始终盛行。据明代《帝京岁时纪胜》的描述：“长至南郊大祀，次旦百官进表朝贺，为国大典。绅耆庶士，奔走往来，家置一簿，题名满幅。传自正统己巳之变，此礼顿废。然在京仕宦流寓极多，尚皆拜贺。预日为冬夜，祀祖羹饭之外，以细肉馅包角儿奉献。谚所谓‘冬至馄饨，夏至面’之遗意也。”

为什么官人和文人在意的这个节气，到了北方的民间却并不买账呢？或许因为所谓“阳气始生”太抽象，毕竟天气还会越来越冷，还要忙着“数九”呢。对于百姓而言，冬至只是关于阳气的“题材股”，而非关于温度的“蓝筹股”。阳气将萌、阴气始衰在生活中看不见，也摸不着，远没有消寒实在。

冬至时节的天气

此时的季节版图上，夏已居无定所，秋也只剩下约70万平方公里，并随时被迫向冬“割地”。冬继续扩张的余地已十分有限，在热带地区，“强冬压不过地头秋”。

我的一位迁居到云南西双版纳的朋友说，在那儿，他再也不用信“冬至不吃饺子冻耳朵”的老话儿了。一年无四季，一雨便成秋。看节气，还不如看天气。以气温划分季节，还不如以降水划分季节，就两季——干季、雨季。在那里居住久了，他觉得“一雨便成秋”这个说法也不够准确。那种浮皮潦草的阵雨不仅难以送爽，反而会增加湿热感。只有接力式的降雨才有消暑的功效，所以“三雨便成秋”还差不多。

我曾经在西双版纳参加过泼水节（4 月 13—15 日）。仔细揣摩，这个时间节点很有意味。从气候来看，4 月是这里一年之中最干热的时期，4 月底一般就会逐渐进入雨季。所以单纯就气候而论，这时人们以泼水来降燥，以泼水来祝福，以泼水来祈求雨季来临。然后，雨季真的就来了。

古人很重视“四始”，即岁始、时始、日始、月始。春节是岁始，立春是时始，冬至是日始。“一天之中，日出之际是日始。一年之中，冬至日起，白昼由短而长，亦可谓日始。”

《易纬通卦验》载：“冬至之日，见云送迎从下向，来岁大美，人民和，不疾疫。无云送迎，德薄，岁恶。故其云赤者，旱；黑者，水；白者，兵；黄者，有土功。诸从日气送迎其征也。”这显然是过于粗线条、绝对化的以云占候的个例。

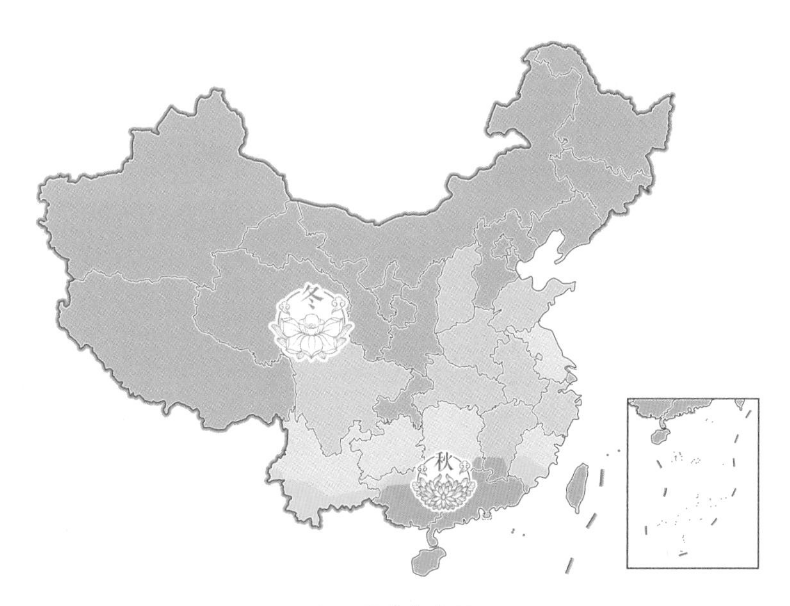

冬至季节分布图

“凡候岁美恶，谨候岁始，或冬至日，产气始萌。”人们往往将这几个“始”作为气象上的“初始场”，来占卜未来的天气、气候。所以在古人眼里，冬至时节的天气是一种具有先兆意义的“风向标”，是推测未来天气走势的依据。因此，与冬至相关的气象谚语十分多。

关于此时节的天气与年景的关联的谚语有：

冬至晴，百物成。

冬至晴，五谷丰。

冬至晴明稻年丰。

冬至风吹人不怪，明年庄稼长得快。

冬至风寒是丰年。

冬至接近三日阴，来年谷米贵如金。

冬至天冷雨不断，来年收成无一半。

冬至阴云祁寒，有云迎日者，来岁大美。

“冬至宜晴”是众多谚语透露出的定性意见。

还有很多谚语反映了冬至时节的天气与后续某个时期的对应关系。

比如冬至与春节：

晴冬烂年。

冬至雨，必年晴。

干冬至，湿年兜。

干净冬至邋遢年。

比如冬至与元宵：

冬至雨，元宵晴；冬至晴，元宵雨。

比如冬至与立春：

冬至湿，立春干；冬至干，立春湿。

还有冬至与其他时节的对应：

明冬至，暗腊八。

冬至鸣雷百日寒。

冬至暖，烤火到小满。

冬至不冻，冷到芒种。

冬至落一下，夏至落得怕。

此外，古人也常常把冬至日出现在农历的月初、月中、月末作为推断冷暖的一种依据：

冬至在头，冻死老牛；冬至月中，单衣过冬；冬至在尾，没有火炉后悔。

冬至月初，石头冻酥；冬至在月腰，过年没柴烧；冬至月尾，大雪纷飞。

冬至在月头，卖被去买牛；冬至在月尾，卖牛去买被。

啧啧，各地流传的谚语，意见还不大统一。

每逢一个节气，最热烈的话题往往是“这个节气吃什么”，冬至更不例外。小雪卧羊、大雪卧猪之后，冬至的吃，注定是丰盛的。“冬至不吃饺子冻耳朵”，哈哈，那就好好吃吧！

北方食饺，南方食粑。

冬至如年，糯米做圆。

冬至饺子，夏至面。

冬至萝卜，夏至姜。

在寒冷的日子里，亲朋围坐在一起，暖暖和和、热热闹闹地吃，一个节气，一个节庆！

【冬将军】

凄凄岁暮风，
翳翳经日雪。

沙皇尼古拉一世曾说："俄罗斯有两位可以信赖的将军，'1 月将军'和'2 月将军'。"虽然这两位冷峻的"将军"被并列提及，但"1 月将军"的威力，明显超过"2 月将军"。

对于我们大多数地区而言，1 月是一年之中最寒冷的时候，没有之一。

小寒、大寒，谁更寒

此时的季节版图上，冬坐拥约 900 万平方公里，已为极致。

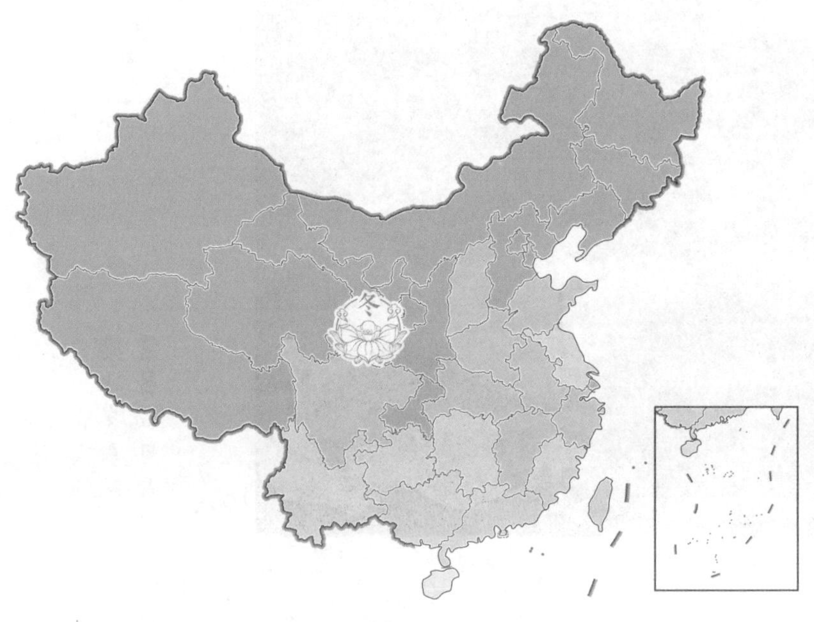

小寒季节分布图

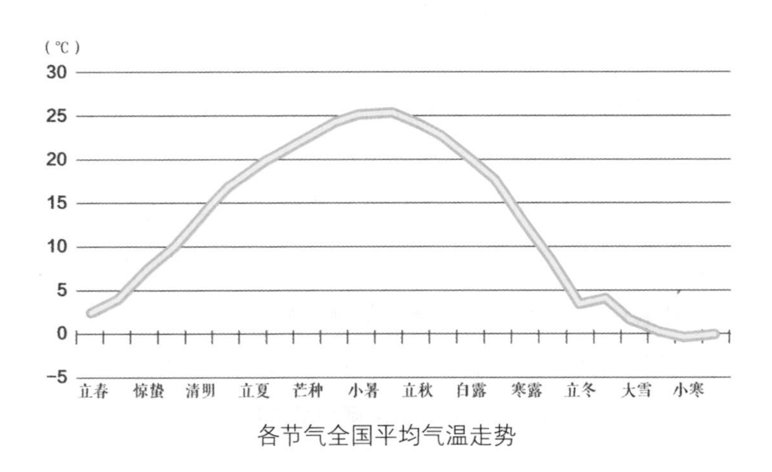

各节气全国平均气温走势

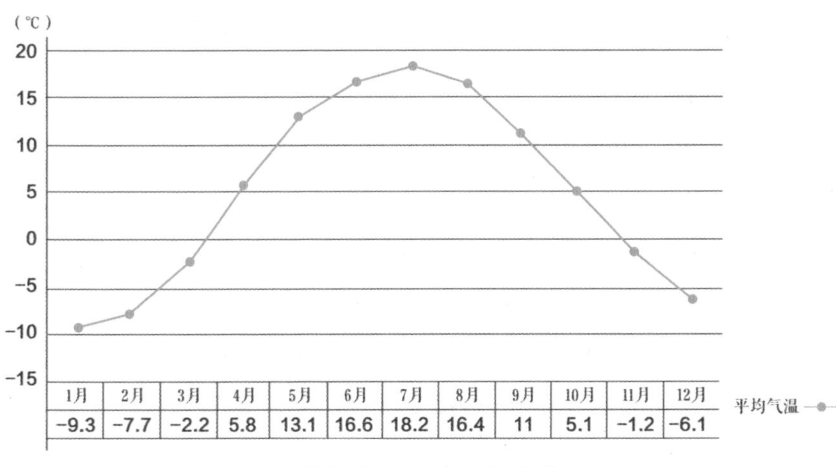

1月	2月	3月	4月	5月	6月	7月	8月	9月	10月	11月	12月
-9.3	-7.7	-2.2	5.8	13.1	16.6	18.2	16.4	11	5.1	-1.2	-6.1

莫斯科逐月平均气温走势

如果以寒冷程度为节气“授衔”，小寒、大寒可授将军衔，分列第三至第六位的冬至、大雪、立春、立冬，只能分别是大校、上校、中校、少校了。如果2月也是“将军”，12月肯定会备感不公，11月会不会也要投诉呢？再说句题外话，立春比立冬更冷，军衔更高，足见其空有春之名，而未有暖之实。

当然，各地的气候不同，在莫斯科，1月和2月的确是最为寒冷的两个月，两位“将军”名副其实。

1月6日前后为小寒节气，冷气积久而寒，“小寒大寒，冻成冰团”。古人认为：“小寒，十二月节。月初寒尚小，故云。月半则大矣。”但很多人根据生活体验认为：“小寒胜大寒，常见不稀罕。”

我们经常被问到这样一个问题：“小寒、大寒，谁更寒？”先看极端情形：极端最低气温纪录更容易发生在哪个节气呢？

第一名：小寒，37%。

第二名：冬至，23%。

第三名：大寒，22%。

第四名：立春，13%。

再看平均状态：

根据65年（1951—2015年）的全国平均气温数据：

有42%的年份，小寒时节更冷；

有24%的年份，大寒时节更冷；

有34%的年份，大寒、小寒之间是“没大没小”的基本持平。

65年中，以寒冷程度论，在小寒与大寒的“巅峰对决”中，小寒以27胜、22平、16负的“冻人”战绩荣获二十四节气联赛冠军。

名分和称谓虽有大小之分，但小寒并不小，我们不能因其小而轻视其寒。

记得朝鲜语中有一则谚语，便是调侃小寒比大寒更冷的：“大寒去小寒家做客，结果冻死了。”

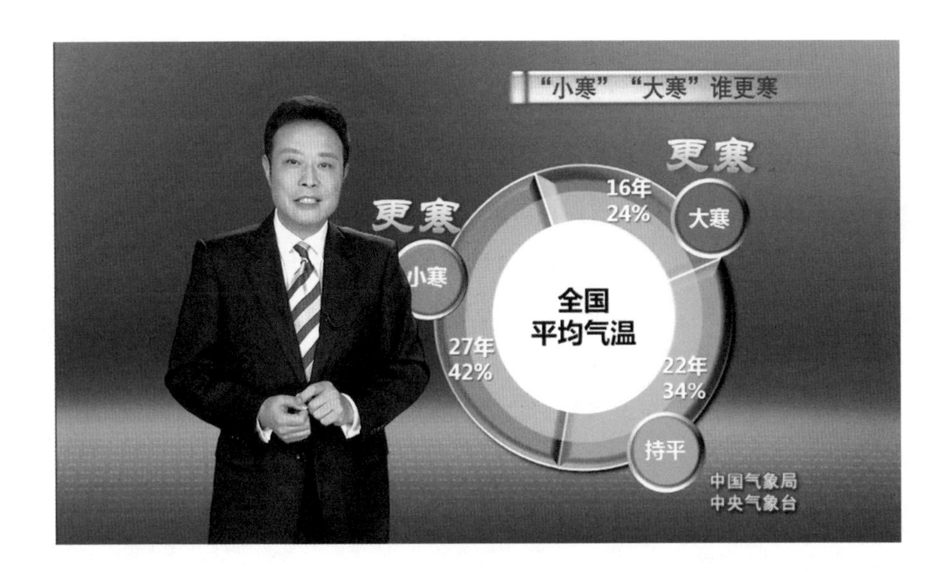

日语的一则谚语也描述了小寒之寒甚于大寒：“小寒の氷、大寒に解く。”日本的节气习俗是将小寒日作为“隆冬”的起始。可见，我们的一些邻国在沿用节气之名的同时，也都有“小寒不小”的体验。所谓“冷在三九”，而三九是小寒时节“不可分割”的一部分。这也可以算是一个自古以来的佐证吧。

那么问题来了，既然它最冷，可是为什么却被称为小寒呢？或许源于以下三个原因。

一是古人在界定寒冷程度时并非依据气温的量化方式，而是基于人的主观感受。小寒时，天气虽然很冷，但人们的耐受力尚可，不觉得已冷到极处。等熬到大寒时，人已被寒冷折磨得力倦神疲，反而会觉得大寒更冷一些。

二是天气由北到南渐趋寒冷。如果以最冷旬来衡量，北方地区的最冷时段几乎都是1月中旬，南方地区的最冷时段往往是1月下旬，大体上有一个旬的滞后。所以不同的区域，也可能会得出不同的结论。不能以全国笼统的数据作为定论，毕竟没有多少人生活在全国平均气温中。有些地方，完全可能是大寒更冷。

三是寒之大小未必以气温来衡量，“小寒时天寒最甚，大寒时地冻最坚”。“地冻”需要一个由上至下的渐进过程，比气温的下降要缓慢许多。谚语说“小雪封地，大雪封河”，不同下垫面的封冻，其早晚也存在显著差异。相对而言，地冻有多深、有多硬，更加直观和物化。如果以地冻程度来界定谁更寒冷，也是可以理解的。

不过，总体而言，北方冷在小寒的更多，南方冷在大寒的相对多一些。

随着气候变暖，无论小寒，还是大寒，都越来越非典型，人们越来越多地经历暖冬。所谓气候变暖，也并非四季均衡地变暖，冬半年的增温幅度显著高于夏半年。在隶属冬季的从立冬到大寒这六个节气中，小寒的增温幅度位列第一。本来并不小的小寒，正在变为名副其实的小寒。

古人认为，小寒、大寒之寒温，即偏冷偏暖（气象学上称为气温距平）具有指标意义。

只有小寒、大寒“冻透了”，来年开春之后才能顺利回暖。

小寒寒，惊蛰暖。

小寒暖，倒春寒。

小寒不寒，清明泥潭。

小寒大寒大日头，来年开春冻死牛。

有些谚语认为小寒与大寒往往不会都一致性的偏冷或偏暖：

小寒天气热，大寒冷莫说。

如果都是偏暖的，立春之后气温很可能会“补跌”：

小寒不寒大寒寒，大寒不寒终须寒。

在网上互动时，一位网友说他的感受是：“暖冬真是多了，可是倒春寒没少。”

还有一种说法，小寒大寒，对应小暑大暑。

小寒应小暑，小寒无雨（雪），小暑必旱。
南风送小寒，头伏旱。
小寒大寒不下雪，小暑大暑田开裂。

“小寒风过冬”的农闲时节，其实人们也并没闲着。此时草未萌、花未开、虫正眠，找寻个物候线索实在不容易，但人们还是顽强地在揣摩着天气韵律，揣摩着此时的干、湿、寒、温与后续天气的呼应关系。

小寒三候

古人描述的小寒物语是：一候雁北乡，二候鹊始巢，三候雉始雊。大雁北迁，喜鹊筑巢，野鸡鸣叫。

二十四节气中只有白露和小寒是完全以鸟类作为物候标识的。古人认为，“禽鸟得气之先”，鸟类在感知阴阳之气流转方面有难以比拟的天赋。

古人以花、鸟、草、虫等物候表象为每个节气进行注解，每个候（每一天）有一个候应，即提取最具代表性的一种物候，作为这个候的物候反应。然后把每个候的候应统合在一起，组成二十四节气的七十二个候应。七十二候应，始见于《逸周书》，它体现了节气的物候历史血统。

七十二候应，是对节气物候的细化。当然，候应也有其先天缺陷。就是将一个节气中各种物候以五天进行时段划分，一直存在争议，因为物候现象未必如此严格和规整，以五天进行“一刀切”，未免有削足适履的感觉。另外，古代的七十二候应，基本体现的是黄河流域的物候规则，“非南方之所习见”。我们如今习惯性地套用这些候应来诠释节气并将其作为经典，便很难增进人们对于节气的亲近感，因为它难以与我们身边的物候

“对号入座”。

七十二候应呈现的是综合性的物候，其中关于花事的候应并不多，最著名的是惊蛰一候的“桃始华”和清明一候的“桐始华”。于是，偏爱“拈花惹草”的人们便另起炉灶，专门以花作为某些节气的物候标识，这便是二十四番花信风。

不过，各地并非每个节气的物候都能与花相关联。花信风始于小寒，终于谷雨，涵盖了从隆冬到盛春的八个节气而已。倘若长夏无冬的华南以花事来表征节气、物候，或许可以梳理出七十二番花信风。

二十四番花信风这一称谓，约始见于南北朝时期的《荆楚岁时记》：“始梅花，终楝花，凡二十四番花信风。”

起初是重在风信，而非花信。所谓花信风，就是某种花、某个方向的风，在某个时节应期而至，风而有信。于是人们在此时开放的众卉之中遴选一种花期最准确的花作为花卉界的代表，“晋升”为物候指标。

南宋程大昌《演繁露》的记述也印证了二十四番花信风起初侧重风信：

> 三月花开时，风名花信风。初而泛观，则似谓此风来报花之消息耳。按《吕氏春秋》曰：春之德风，风不信则花不成。乃知花信风者，风应花期，其来有信也。

北宋《蠡海录》中对哪个时令对应哪种花进行了比较详细的阐述：

> 十二月天气运于子，地气临于丑，阴吕而应于下，古人以为候气之端。是以有二十四番花信风之语。一月二气六候，自小寒至谷雨。
>
> 小寒：一候梅花，二候山茶，三候水仙；
>
> 大寒：一候瑞香，二候兰花，三候山矾；
>
> 立春：一候迎春，二候樱桃，三候望春；

雨水：一候菜花，二候杏花，三候李花；

惊蛰：一候桃花，二候棣棠，三候蔷薇；

春分：一候海棠，二候梨花，三候木兰；

清明：一候桐花，二候麦花，三候柳花；

谷雨：一候牡丹，二候荼蘼，三候楝花。

气象学家竺可桢先生在其《物候学》中说道："花香鸟语是大自然的语言。重要的是，我们要能体会这种暗示，明白这种传语，来理解大自然。"

对于这种定式般的二十四番花信风，他认为，这是士大夫阶层的一种无聊的游戏，既无物候价值，也无实践意义。

不过，如果能够严谨地基于本地实际气候，相对精准地挑选一两种最能反映某一节气或某一候的时令之花，作为时令物语，不啻为一种具有烂漫意味的物候观测。

风有常，花有信，以花事次第记载时光，于是岁月含香。

大寒

【寒气之逆极】

醉面冲风惊易醒，
重裘藏手取微温。

1月20日前后为大寒，为二十四节气中的最后一个节气，“寒气之逆极，故谓大寒”。古人将（农历）十二月称为大禁月，“大寒须守火，无事不出门”。

这一时节，每每稍一回暖，却是大冷的前兆，“一日赤膊，三日头缩”。此时各地几乎都是干冷气团的“辖区”，岂容暖湿气团造次?！尽管地盘太大，难免一不留神被偷袭，但有来自西伯利亚的“援兵”！所以稍一回暖，便被“援兵”镇压，而雨雪便是暖气团溃败时丢的盔、卸的甲。

小寒大寒，冻成冰团

进入大寒节气时，季节版图上冬的“领土”约为897万平方公里，其霸主地位难以撼动。春，只能隐忍蓄势，见缝插针地与之周旋，并伺机突破冬的南岭防线。

常言道：“小寒大寒，冻成冰团。”小寒、大寒本是“三九四九冰上走”的时节，但这些年，气温往往不按常理出牌，大寒不大，小寒很小。例如，2012—2013年冬季，是早早地冷在了冬至；2013—2014年冬季，是晚晚地冷在了立春。只有2015—2016年冬季，一股强寒潮，为大寒之寒正了名。

2016年大寒时节，一股被媒体称为“世纪寒潮”、被网友称为“大BOSS（老板）级寒潮”的冷空气席卷中国，连广州、台北都下雪了。被誉为“四季如春”的昆明，2016年1月24日的气温跌至零下4.5℃，从未见识过如此寒冷的数十万株树木，身心受到严重摧残，回春之后本该郁郁葱葱的春城依然光秃秃的。一场寒潮给植被带来的创痛，需要三五年才能

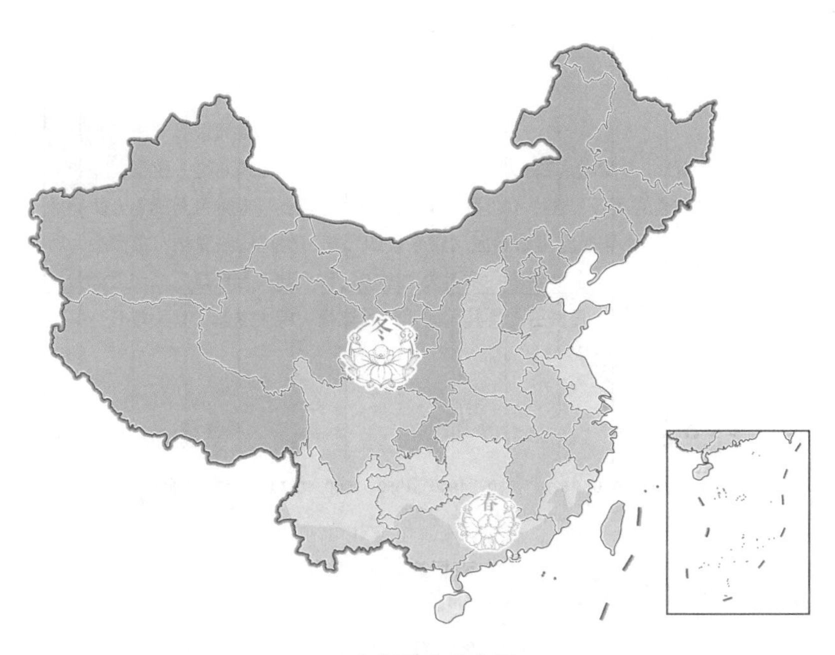

大寒季节分布图

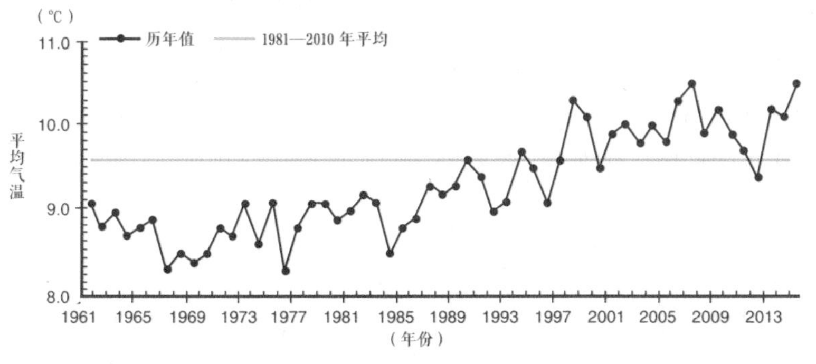

全国年平均气温变化

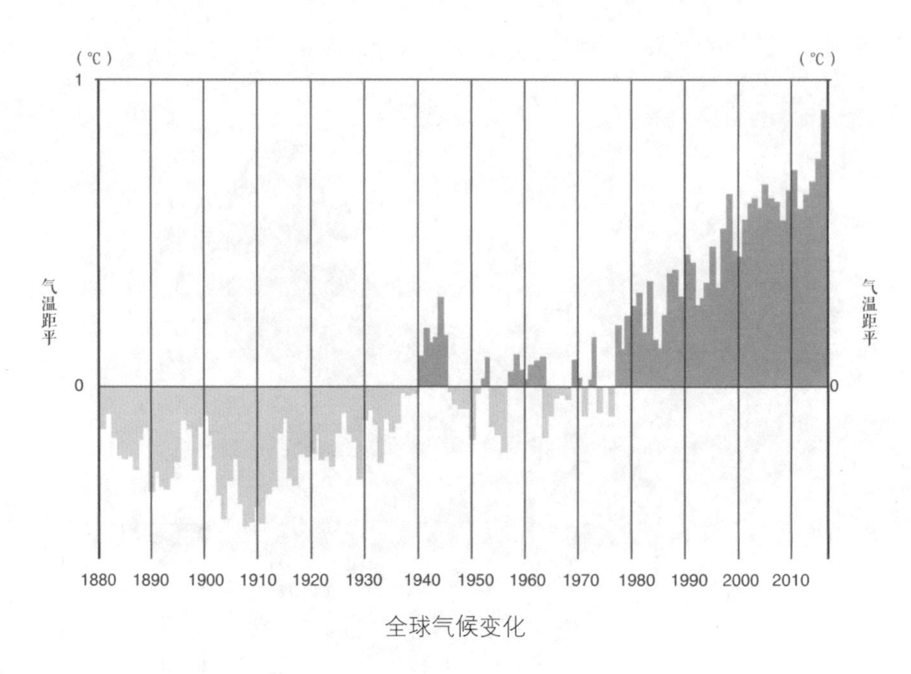

全球气候变化

恢复。可谓病来如山倒，病去如抽丝。

于是有人质疑："你们不是说气候变暖了吗？这个寒潮是来打脸的！"

气候变化，是一个全球性的事实，它体现的是一个长期性的趋势。在气候变暖的背景下，往往反而容易发生区域性的偏冷或阶段性的偏冷。能量水平提升，便意味着振幅加大。原来的小概率事件，越来越大概率地发生。原来多年不遇的事情，我们越来越可能与之不期而遇。气候越来越"奥林匹克"了，更高、更快、更强，更热、更旱、更涝。

从全球平均气温来看，气候变化并非虚构，但几乎没有谁能够生活在平均值之中，此时彼时、此地彼地，会有不同的气象感受。

实际上，一股凶悍的寒潮打不到气候变暖的脸，就如熊市有反弹，牛市也有暴跌一样。在平均气温震荡向上的过程中，越来越不容易"均贫富"，在时空分布上越来越贫富悬殊。

我记得有个顺口溜："李村有个李千万，九个邻居穷光蛋。平均起来算一算，家家都是李百万。"

气候也是一样，平均气温看起来很"富裕"，但不能掩盖某时或某地的更“贫困”。气候变暖，能量水平提升，反倒更容易跌宕起伏，热到异常，冷到极端。

物候

有梅无雪不精神，有雪无诗俗了人。
日暮诗成天又雪，与梅并做十分春。

说起凌霜傲雪的花，人们自然就会想到梅花。其实南国的枇杷，更是倔强地将自己的花季“安排”在寒冷时节。它是秋冬开花，春夏结实，被称为“果木中独备四时之气者”。在古人眼中，备四时之气的作物乃为佳品，如宿麦和枇杷。

再耐寒的草木，也有其不能承受之寒。2016年初夏，我在江南探访一位友人，他指着院外一棵高大的枇杷树，说：“今年的枇杷算是‘瞎’了。春天开花的都没事儿，可谁让它是冬天开花呢？大寒的时候有几天特别冷，冻惨了！”

显然，过于极端的气候不只于冷，也是摧花辣手。

人们既惧怕寒冷，更担忧该冷的时候不冷。

大寒不寒，人马不安。
大寒三白，有益菜麦。
大寒无寒，清明泥潭。
小寒大寒终须寒。

人们希望大寒时冻得“透透的”，如果该冷时没冷，该暖时便很难暖。

大寒不寒，春分不暖。
大寒不翻风，冷到五月中。

“正月怕暖，二月怕寒，三月怕霜，四月怕风，五月怕涝，六月怕干，七月怕连阴，八月怕浓雾，九月怕早霜，十冬腊月怕冬干。”谚语中的“十怕”，说明人们在隆冬时节，并未贪图晴暖，而是着眼于气候与农事，希望天气当冷则冷。“大寒寒白，来年碗呷白”，只有大寒时节既寒又白，来年碗里才能有白米饭。

大寒三候

古人描述的大寒物语是：一候鸡始乳，二候征鸟厉疾，三候水泽腹坚。

鸡开始孵小鸡了，猛禽变得更凶猛了，冰也冻得更坚硬厚实了。

古代七十二候的 72 个物候标识之中，最多的是野生动物。野生动物中，最多的是野生鸟类，共 21 个物候标识，可见古人对于野生鸟类的重视程度。说古人是靠观鸟来分析物候，并不夸张。

但在节气起源的黄河流域，到了隆冬时节，鸟类实在是难得一见。而且草木凋敝，物候不再俯拾即是。于是，人们只好转而观察自家的家禽家畜。在物候领域，鸡便开始担当大任。在六畜之中，鸡是唯一被收入七十二候物候“名录”的。

“征鸟厉疾”，在现在看来，是难以量化的一项物候标识。猛禽如何才算更凶猛，确实很难界定，不像“桃始华”“玄鸟至”“蚯蚓出”“水泉动”“雷乃发声”那样直观和明确。

从立冬一候水面初凝的“水始冰”，刚刚开始结冰，到大寒三候的“水泽腹坚”，这是人们在没有温度计的年代，以查验冰冻的方式来界定寒冷的程度。

冰冻三尺非一日之寒，那么到底是多少日之寒呢？

按照节气物语，大约是 90 日之寒。粗略而言，冰冻三尺，乃百日之寒。

《论衡》曰：“盛夏之时当风而立，冬之月向日而坐。其夏欲得寒，而冬欲得温也。”

记得我小时候，乡下的老人抄着手坐在小板凳上，在墙根下晒太阳、唠家常，大黄狗、小花猫趴在地上边晒太阳边旁听。只要没有风，人们并不会觉得那是隆冬。所以后来每次看到专业上的风寒指数，我几乎都会联想到这个情景。

有时，媒体中会有气象专家提示人们多晒太阳或者多喝水。我一直觉得这种提示有些多余，这不是连猫和狗都不用提醒的本能吗？于是我为了“这点小事”还做了网络调查，结果绝大多数人认为这样的提示很温馨，并不多余。

有人说，疏离自然的现代生活方式使我们渐渐地听不到本能的声音。

有人说，在各种离奇信息刷屏的年代，像古人那样在隆冬时“安心静体”真的很难，靠着墙根儿晒晒太阳都是一件很奢侈的事情了。

一位朋友曾经谈及关于冬天的一番争论：“到底是北方的冬天好，还是南方的冬天好？”一个人说：“当然是南方的冬天好啊！树都绿着，草都青着，河水都流着，多有生机啊！”另一个人说：“那多俗气啊！我就喜欢凛冽的朔风吹在脸上像小刀割一样，我就喜欢河水冰冻三尺，我就喜欢树都光秃秃的，太有范儿了！”

郁达夫写道：

> 要想认识一个地方的特异之处，我以为顶好是当这特异处表现得最圆满的时候去领略。故而夏天去热带，寒天去北极，是我一向所持的哲理。北平的冬天，冷虽则比南方要冷得多，但是北方生活的伟大幽闲，也只有在冬季，使人感受得最彻底。
>
> 凡在北国过过冬天的人，总都道围炉煮茗，或吃涮羊肉，剥花生米，饮白干的滋味。而有地炉、暖炕等设备的人家，不管它门外面是雪深几尺，或风大若雷，而躲在屋里过活的两三个月的生活，却是一年之中最有劲的一段蛰居异境。
>
> 北平的冬宵，更是一个特别适合于看书，写信，追思过去，与作闲谈、说废话的绝妙时间。

附录一
二十四节气歌谣

二十四节气的传播，在很大程度上得益于朗朗上口的“韵语化”。对于我来说，小时候最初接触二十四节气，是从节气歌谣开始的，因为有一句“小满鸟来全”，所以很盼望这个叽叽喳喳、热热闹闹的节气的到来。我们常说：“岁月不饶人。”其实，对于农民来说，是节气不饶人——你误它三日，它误你一年，所以“百姓不念经，节气记得清”。

一般来说，节气歌谣中最简约的启蒙版本，就是：

春雨惊春清谷天，夏满芒夏暑相连。秋处露秋寒霜降，冬雪雪冬小大寒。

它先让我们对节气之名有了概念。各个节气是在什么时候呢？

按照公历来推算，每月两气不改变。上半年是六廿一，下半年是八廿三。

大概两三岁的时候，我记住的第一个“长篇”歌谣，便是爷爷教我背诵的节气歌。我小时候学的节气歌谣，有些是“通行谚”，有些局限于东北家乡的地域气候。

立春阳气转，雨水沿河边。惊蛰乌鸦叫，春分地皮干。

清明忙种麦，谷雨种大田。立夏鹅毛住，小满鸟来全。

芒种开了铲，夏至不着棉。小暑不算热，大暑三伏天。

立秋忙打靛，处暑动刀镰。白露快割地，秋分无生田。

寒露不算冷，霜降变了天。立冬交十月，小雪地封严。

大雪河封上，冬至不行船。小寒近腊月，大寒整一年。

立春阳气转，雨水沿河边

立春，天气回暖，古人的说法是阳气回转。

雨水，人们为什么要到河边儿呢？因为东风解冻，冰面开始融化了。但是别伸手，春扎骨头秋扎肉，早春的河水，还是刺骨的冷，相当的冷！雨水时节到河边走走，还有一个好处，因为河边一般都有垂柳，古人说："柳色黄金嫩，梨花白雪香。"因为柳树上有早春嫩嫩的颜色。正如杜甫所言："漏泄春光有柳条。"

雨水，是隶属于春季的六个节气中天气回暖幅度最低的一个节气。雨水增多，回暖放缓。不是因为春姑娘贪玩，而是因为由雪到雨，由冻到融，是一件花工夫、耗热量的系统工程，所以雨水时节最能体现春姑娘的韧性之美。

旧时，很多人家的大门上都有一副"对联"：天钱雨至，地宝云生。这时，雨水增多比气温升高更重要。谚语说："正月雨，麦的命；二月雨，麦的病。"雨要恰逢其时地降临，所以回暖要稳，降雨要紧。德国的一则气象谚语，说的也是类似的道理——Ein nasser Februar bringt ein fruchtbar Jahr，即二月湿润兆丰年。

惊蛰乌鸦叫，春分地皮干

惊蛰的时候，乌鸦就开始叫了。咱还别嫌弃乌鸦，其实在唐代以前，"乌鸦报喜，始有周兴"。所以古时候，乌鸦还是一种具有吉祥意味和预言能力的鸟。换句话说，以前乌鸦是喜气洋洋的"预报员"。只是后来，大家开始讨厌"乌鸦嘴"了。

春分地皮干，春分的时候为什么地皮会干呢？因为风大，把地皮都吹干了。到谷雨时节，风速达到一年之中的峰值。

清明忙种麦，谷雨种大田

有人说："不对吧？不是'春分麦起身，一刻值千金'吗？"春分的时候麦子都返青了，为什么清明才开始种麦子呢？因为华北是冬小麦，而气候更寒冷的区域是春小麦，清明才开始种。不过，我记得小时候种麦子是早于清明的，春分前后就开始忙活了。

华南是"雨水种瓜，惊蛰种豆"。江南常常是"惊蛰不耕田，不会打算盘"。

再往北，是“清明前后，种瓜点豆”。东北播种晚，要到谷雨之后才行。农事的内容与次第有巨大的差异。但是，由于气候变化，很多作物的生长期同样发生了变化。根据 IPCC（政府间气候变化专门委员会）第五次评估报告：1982—2008年，北半球生长季的开始日期平均提前了 5.4 天，结束日期平均推迟了 6.6 天。很多作物适宜生长的时节延长了，但由于气温升高，作物“疯长”，实际生长期却缩短了。从前的小满节气物候，是“三候麦秋至”，现在往往是冬小麦“提前毕业”。

一次，我在陕西出差，农业专家向我们介绍，平均气温升高 1℃，当地小麦的生长期大概会缩短 6 天，既影响品质，也影响产量。一位吉林的农业专家告诉我，这里的旱田，以前是：“立夏到小满，种啥都不晚。”气候变暖之后，目前的基本状况是：“谷雨到立夏，种啥都不怕。”相近的农事，大约可以提前一个节气。所以气候变化会直接“危及”很多农事谚语在一个地方的适用性。原来很灵验的谚语，或许会受到气候变化的“连累”而失准。

立夏鹅毛住，小满鸟来全

春分地皮干，是因为风太大。立夏鹅毛住，是因为风小了，鹅毛都可以待在地上不动了。春分的时候，冷、暖空气经常打架，所以老刮风。立夏的时候，暖空气当家做主了，风就小了。

小满鸟来全。惊蛰的时候乌鸦来了，春分的时候燕子来了，小满的时候各种鸟全都来了。小满时节，鸟类“全体大会”隆重召开。在很多地方，冰雪消融算是第一次迎春，鸦雀欢聚算是第二次迎春。小满时节，该来的都来了，对于鸟儿来说，小满可谓圆满。

在所有的鸟儿当中，“待遇”最高的，是燕子，不仅文人吟咏，从前也享有最高的“官方礼遇”。英语中的谚语说——One swallow does not make a summer，即一燕不成夏。这与我们的“一花独放不是春，百花齐放春满园”有异曲同工之妙。当所有的鸟回来之时，夏天便不远了。

小满时，麦已小熟，天未大热，正是宜人的时光，但谚语说：“百鸟集中，不雨便风。”在“林子大了，什么鸟都有”的时节，什么天气都可能出现，激烈的对流性天气随即显著增多了。

芒种开了铲，夏至不着棉

谚语说：“小满赶天，芒种赶刻。”芒种的时候真是特别忙，既要收，还要种，再间间苗，施施肥，锄锄草，尝尝鲜，地里的活儿特别多。

夏至不着棉。南方是“三月三，穿单衫”，虽然老话儿常提醒：“未食端午粽，寒衣不可送。”还没吃粽子呢，千万别把棉衣收起来。东北夏天来得晚，一般 6 月下旬人们才敢让冬装真正“退役”。

小暑不算热，大暑三伏天

这个不太对，小暑时节，就已入伏。小暑、大暑经常“没大没小”的，很难说谁更热。往往是小暑的时候地温高，大暑的时候气温高，反正，都不凉快。全国有 55% 的地区，最高气温的极端纪录，都“诞生”于小暑、大暑期间。“小暑大暑，上蒸下煮”，开始盛行湿热。所以，即使有些地方的最高气温极端纪录发生于小满、芒种、夏至，但那时的天气往往干热。蒸比烤更加难熬，显然两者都是我们不喜欢的天气“烹饪”方式。

南方的“暑”往往是加长版的，有时“小暑大暑不算暑，立秋处暑正当暑”。我印象特别深的是，2013 年南方地区最如火如荼的高温，就是从立秋开始的。那一年，浙江省评选的十大天气气候事件的第一件，就是 60 年来最强的热浪。2013 年 8 月 11 日，浙江新昌最高气温 44.1℃，刷新浙江的极端最高气温纪录。

立秋忙打靛，处暑动刀镰

“打靛”，现在听来已经很生疏了。靛，又被称为“靛青”，是一种深蓝色的有机染料。蓝色的衣服就是染坊用靛青漂染出来的。打靛，就是靛秧成熟之后赶紧收割，然后放在靛缸当中，人们用木把击打，以加快调制靛浆。

在东北，是立秋忙打甸。立秋的时候，已有丝丝缕缕的秋凉，可以打草料了，得给羊、马、牛准备过冬的饲料。于是人们到繁茂的草甸里打草，有人顺便“搂草打兔子”，到草甸里打猎。小时候，我会拿着筐、绳子、耙子、镰刀到草甸里去打草，当时并未留心是不是从立秋时开始，只记得打草的时间似乎很长。

处暑动刀镰。到处暑的时候，就得开始收割了，所以谚语说：“处暑立年景。”到处暑的时候，当年收成怎么样，基本上就有眉目了。

很多地方都有各自所谓“见三新”的说法。比如立夏见三新：樱桃、青梅、麦子。比如小满见三新：麦子、油菜、蚕豆。处暑见三新，则是高粱、小米、棉花，有红，有黄，有白。

白露快割地，秋分无生田

白露的时候要继续收割，但是别太急，“夏收要紧，秋收要稳”，但是也别磨蹭，一不留神天儿就冷了，有些庄稼怕冷，不耐寒。

秋分无生田。有一个成语叫作“青黄不接”，往往发生在晚春。到了秋分时节，只有黄的，没有青的了，庄稼都可以“毕业”了，希望不要“肄业”。

寒露不算冷，霜降变了天

过了十一黄金周，天儿就冷了，但还不算太冷。到霜降的时候，那就真冷了。北方一年当中，什么时候气温下降速度最快？就是霜降到立冬。但是，也不能小觑寒露，要是没有寒意，人家凭啥叫寒露呢？霜降的冷，有差不多一半儿是寒露给攒下来的，霜降彰显的是累积效应而已。

立冬交十月，小雪地封严

全国平均而言，一年之中，立冬时节的气温下降速度最快。天气越来越冷，到小雪就开始下雪了。

在华北，冬小麦的冬灌，讲究的是：“不冻不消，冬灌嫌早；一冻不消，冬灌嫌晚；又冻又消，冬灌最好”。说的是：如果还没有上冻，就太早了；如果冻得结结实实，就太迟了；只有“又冻又消”，就是白天消融、夜晚冰冻，才是冬灌最适宜的时节。这便是在小雪时节。

大雪河封上，冬至不行船

谚语说：“小雪封地，大雪封河。”大地开始封冻了，水面也开始结冰，船都可以休息了。我小时候，12 月就可以穿上冰鞋或者坐上冰车，高高兴兴地滑冰了，不像华北地区，三九、四九才能冰上走。但是，随着气候变暖，“冰上走”可得留神，危险莫过于“如履薄冰”。

小寒近腊月，大寒整一年

小寒，大寒，这是一年当中最寒冷的时候，多数情况下小寒比大寒还冷。但小的时候，我没太注意，反正零下 30℃和零下 40℃好像差不多，冻的都没感觉了。气温离体温越近，人们越敏感；气温离体温越远，人们越难以分辨出细微的差别。30℃和 35℃，人们的感触大不一样，但零下 30℃和零下 35℃似乎没什么差别，只一个字——冷。

二十四节气，数完小寒、大寒，就可以准备过年了。

在巴蜀一带，有一种颇有趣味的《节气百子歌》：

> 说个子，道个子，正月过年耍狮子，二月惊蛰抱蚕子，
>
> 三月清明飘坟子，四月立夏插秧子，五月端阳吃粽子，六月天热买扇子，
>
> 七月立秋烧袱子，八月过节麻饼子，九月重阳捞糟子，十月天寒穿袄子，
>
> 冬月数九烘笼子，腊月年关躲债主子。

所谓农桑，北方长大的孩子，或许熟知农，但未必知晓桑，未必能够了解“抱蚕子”的含义，未必能够在运用“抽丝剥茧”“病去如抽丝”“春蚕到死丝方尽”这样的词句时还原原始的生活情境。但各地的特色吃食已逐渐融合，对于“吃货”而言，理解原产于他处的美食，并不难。

再看一则长江中下游地区的二十四节气歌谣：

> 立春阳气转，雨水落无断。惊蛰雷打声，春分雨水干。
>
> 清明麦吐穗，谷雨浸种忙。立夏鹅毛住，小满打麦子。
>
> 芒种万物播，夏至做黄梅。小暑耘收忙，大暑是伏天。
>
> 立秋收早秋，处暑雨似金。白露白迷迷，秋分秋秀齐。
>
> 寒露育青秋，霜降一齐倒。立冬下麦子，小雪农家闲。
>
> 大雪罱河泥，冬至河封严。小寒办年货，大寒过新年。

雨水时节，北方各地的降水量还只是个位数，很多地区甚至只有一两毫米，往往是（农历）二月雪如花，三月花如雪。南方却已春雨潇潇，降水量几乎是北方的 10 倍。与立春时相比，雨水时节降水量增长率：湖北为 24%，安徽为 22%，浙江为 19%，江苏为 15%，江西为 14%。这些地区的降水量增长率明显比 GDP 的增幅大。

在长江中下游的一些地区，惊蛰与初雷之间有比较好的对应关系：

气候平均初雷日期		
杭州	合肥	南京
3月13日	3月15日	3月16日

所以，各地二十四节气歌谣本身，浓缩和写照了本地化的物候、农桑与风俗，既有地域特征，也有时代烙印。

除了节气物候，人们还会留意各个节气之间的天气"相关系数"：

> "谷雨阴沉沉，立夏雨淋淋"——15天的天气韵律，正相关；
>
> "小满满池塘，芒种满大江"——15天的天气韵律，正相关；
>
> "芒种不落雨，夏至十八河"——15天的天气韵律，反相关；
>
> "立夏小满田水满，芒种夏至火烧天"——30天的天气韵律，反相关；
>
> "立春大淋，立夏大旱"——90天的天气韵律，反相关；
>
> "冬至雪漫山，夏至水连天"——180天的天气韵律，正相关。

最著名的天气韵律，是"八月十五云遮月，正月十五雪打灯"。记得小时候，我听到这个说法便觉得好神奇。这些年，我们常常做这则谚语的天气验证，每年的准确率算不上很高。其实，当初这则谚语触动我的，并不是它可能有多准，而是觉得古时的人好神奇，居然能构思这种150天的天气韵律，从八月十五跳跃到正月十五，这联想、这思维是何等飘逸。如果这也算气象学，那么它应该归类为"浪漫主义气象学"。

实际上，这种"遥相关"思维，依然存活于当今的现实主义气象学之中。

附录二
以时序为秩的行事规则：《礼记·月令》

时令类典籍，对后世影响最大的，无疑是《礼记·月令》。

人们最早对节气、月令的解读，所言之道，即“君得以治国，民得以修身”。

《礼记·月令》全面记述了时令物候，按照宋代张虙《月令解》的说法：“阴阳消长之运，气序之迁改，景物之移易与园林草木之华盛，鸟兽虫鱼之生育，田舍耕耘之节，妇子桑蚕之期，历历具载。”但本意上，它还是围绕并服务于王官的活动，是官之月令，而非民之月令。所以古人的十二月令，依月令所行之事，谓为十二月政。从天子的服饰、饮食、器具到各个时节的活动安排，有点像奥运会赛事指南。

既是基于农桑的时令指南，也是以时序为秩的官方行事规则。

《左传》记载：“僖公五年，公既视朔，遂登观台以望而书，礼也。”天子颁授天象之法于诸侯，诸侯受而藏于祖庙。每月之朔，依法行之，登上观象台远望，并把所观察到的天象记录下来，作为一种礼法。“僖公五年，凡分至启闭，必书云物，为备故也。”执掌观象事宜的官员在春分、秋分、夏至、冬至以及立春、立夏、立秋、立冬等诸多节气日，都要登观象台观察云形并加以记载，作为云气占候的参照。

说句题外话，官方之观象，慢慢地传至民间，大家更是没有定式，没有成法，用跳跃而灵动的思维观察和解读气象。春秋战国时期，诸子百家也参与占候。以云的观测为例，从“韩云如布，赵云如牛，楚云如日，宋云如车”这种比较脸谱化的归纳，到《吕氏春秋》的“山云草莽，水云鱼鳞，旱云烟火，雨云水波”的分类，已经非常接近现代气象学的云类划分。所谓山云，指积云或积雨云；水云，指卷积云；旱云，指轻纤的卷云；雨云，指层积云。它们可以预兆不同的天气。

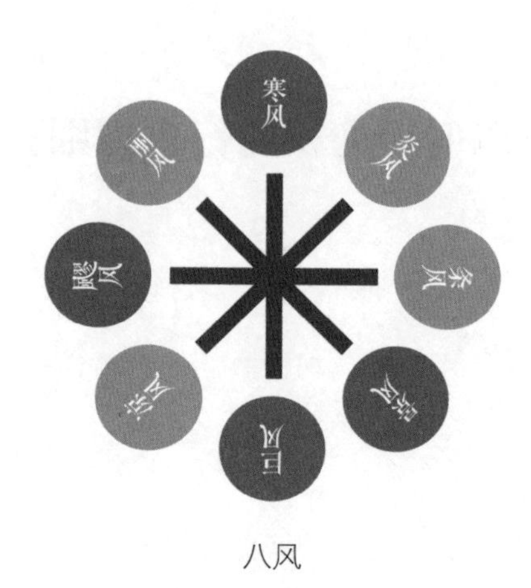

八风

季风气候，人们对风敏感，中国古人最早确立了“八风”的概念。这在《吕氏春秋》和《淮南子》中均有记述，以《淮南子》为例：

人们感觉到，风在天气变化的因果链条上具有先导作用。所谓看云识天气，在一定程度上是观风识天气，正所谓看世间风云变幻。风光、风物、风土、风味、风情、风采、风韵、风姿、风雅、风气、风俗、风水、风貌、风流、风格、风波……可以说，人们对于气象的观察与求索，滋养了我们的文化和习俗甚至词汇。

天气观是世界观的重要组成部分，它希望行政能够“奉天时”，以至后来的圣旨都是以“奉天承运”为发语。人们的日常生活与春生、夏长、秋收、冬藏的法则相契合，做到天人合一。人伦之纪顺应自然之道，按照董仲舒《春秋繁录义证》的说法，就是“与天同者，大治；与天异者，大乱”。

《管子》描述得非常具体，分别列举了每个季节必须做好的五个“规定动作”。

春天要做的事：

一政曰：论幼孤，舍有罪；

二政曰：赋爵列，授禄位；

三政曰：冻解修沟渎，复亡人；

四政曰：端险阻，修封疆，正千伯；

五政曰：无杀麑夭，毋蹇华绝芋。

关键词是：照顾、赦免、授予、修缮、爱护。

夏天要做的事：

> 一政曰：求有功发劳力者而举之；
>
> 二政曰：开久墳，发故屋，辟故卵以假贷；
>
> 三政曰：令禁扇去笠，毋扱免，除急漏田庐；
>
> 四政曰：求有德赐布施于民者而赏之；
>
> 五政曰：令禁罝设禽兽，毋杀飞鸟。

关键词是：提拔、开仓、清理、奖赏、不杀戮。

秋天要做的事：

> 一政曰：禁博塞，圉小辩，斗译跽；
>
> 二政曰：毋见五兵之刃；
>
> 三政曰：慎旅农，趣聚收；
>
> 四政曰：补缺塞坼；
>
> 五政曰：修墙垣，周门闾。

关键词是：不赌斗、不动武、抓紧秋收、及时修补、准备闭藏。

冬天要做的事：

> 一政曰：论孤独，恤长老；
>
> 二政曰：善顺阴，修神祀，赋爵禄，授备位；
>
> 三政曰：效肢计，毋发山川之藏；
>
> 四政曰：捕奸遁，得盗贼者有赏；
>
> 五政曰：禁迁徙，止流民，圉分异。

关键词是：抚恤、祭祀、核算、拘捕、安顿。

如果四个季节该做的都按时做到了（五政苟时），才能得到这样的结果："春雨乃来，夏雨乃至也，五谷皆入，冬事不过（没有过失），所求必得，所恶必伏。"

《尚书》中也有一段论述，"庶征：曰雨，曰旸，曰燠，曰寒，曰风。曰时五者来备，各以其叙，庶草蕃庑"。也就是说，关于气象的各种征兆：一是下雨，二是天晴，三是温暖，四是寒冷，五是刮风。如果这五种征兆俱全，并各自按时序发生，那么各种草木庄稼就会茂盛生长。如果其中一种天气过少，年景不好；如果其中一种天气过多，过犹不及，年景也不好。这是一种朴素但科学的天气观。光、热、水各种要素，过早过晚、过少过多都可能造成灾害，必须遵循时间上的规律、量级上的分寸。

后面的论述，便与科学无关了。如果君王庄重，就会该下雨时便下雨。如果君王狂妄，不该下雨时也老下雨。如果君王明智，天气及时晴朗，气候及时温暖，风及时吹来，寒冷应时而至。如果君王昏庸，就可能或久旱不雨，或久热不退，或久寒不绝，或久风不息。君王之失，可能会影响一年。重臣之失，可能会影响一月。一般官员之失，可能会影响一天。

古人相信这两者之间的必然联系，并从两个方面进行归纳：一是某种现象的出现是否正常，二是各种现象之间的顺序是否错乱。他们根据这两方面，来评价政事。将气象与政事挂钩，以气象之常异来窥测政事之得失，是带有某种神秘色彩的思维方式，成为一门玄学。

李约瑟在其《中国科学技术史》一书中对《礼记·月令》这样评述道：

> 《礼记·月令》各篇，首先说明每个月的天象特点，然后是相应的乐律、数、味、祭祀等，大多是描写天子所应举行的仪式，最后是不可做某类事项的诸多禁令，即如果不奉行这些，则将发生某种灾祸云云。

管子曰："不知四时，乃失国之基。"为君者，要敬天保民。在此理念的指导下，规范了按照各个时令君王与臣子该做与不宜做的事情，形成了一整套严密到细节化的治政模板。

为政，要"裁成天地之道，辅相天地之宜"。敬畏天地之道，并依此订立为官为民之制，形成规范和约束，"人苟知闭塞之义，则事事物物皆不敢肆矣"。所以，在节气文化发端之时，便培植了人们顺天从时的一种顺从。

所谓"迎春于东郊"，描述得很简略。实际上，并不是天子率领一干人等仅仅到郊外拱手相迎，而是还要"坛于天，以祀先农"，需要专门设置祭坛。先农，是古代的国之六神之一，与社、稷、雨师、风伯同处一个级别。我觉得，"先农"这个词，从字面上便可体现农耕社会以农为先的理念。立春之日，天子带着三公、九卿、诸侯、大夫，除了祭祀之外，还要亲耕，"天子亲载耒耜"，帝王自备农具，

春季	
服饰	乘鸾路，驾仓龙，载青旗，衣青衣，服仓玉（《礼记》） 天子衣青衣，乘苍龙，服苍玉，建青旗（《淮南子》）
饮食	食麦与羊，其器疏以达（《礼记》） 食麦与羊，服八风水，爨萁燧火（《淮南子》）
主要活动安排	立春前三日，天子斋戒 立春之日，天子亲帅三公、九卿、诸侯、大夫以迎春于东郊 迎春仪式后，命相布德和令，行庆施惠，下及兆民 天子乃以（孟春）元日祈谷于上帝 燕子归来的当日，天子亲率女眷欢迎燕子回归 季春之月末，择吉日，大合乐，天子乃率三公、九卿、诸侯、大夫亲往视之

自助式耕田，以起到劝耕的示范效应。这与冬至祈天时在仪式之后皇帝便移驾回宫的流程不尽相同。

北京的先农坛，便是“迎春于东郊”这种礼制的延续。与天坛一样，始建于明代永乐十八年的先农坛，其坛台之中有一个叫作“观耕台”，台前有一亩三分地，皇帝便是在自己的这一亩三分地上亲耕。现今人们口头禅中的“一亩三分地”之说便由此而来。

“天子三推，三公五推，卿诸侯九推。”所谓“天子三推”，不是推三下或者推三步，而是“往回三度”，沿着田垄往返三次。干完这些活儿，天子便请大家一起吃个“工作餐”，名曰“劳酒”。别看活儿不多，但估计这些“领导”也是腰酸腿疼，毕竟平时不沾农活儿。

亲耕至少有一个好处，即使“领导们”花拳绣腿地摆摆样子，做耕作状，也能稍微体验农事，理解农人。

不过，由于各个朝代京城的地理及气候有着显著差异，《春秋传》中说：“夫郊祀后稷，以祈农事，是故启蛰而郊，郊而后耕。”因为立春时还可能是冰天雪地，总不能囿于旧制，顶着寒风迎春，对着冻土耕地。明清两代的“亲耕”，也并不是立春日，而是“仲春亥日”。

古时的礼天的祭与祷，其规制除了有朝代差异之外，也与年景挂钩。丰年更隆重，祭品也更丰富。平年可以降低规模，减少祭品。如遇饥年，可以只祷不祭。想必神灵也会慈悲地体谅苍生之难处。

在其他一些国家，也有类似的“亲耕”。比如柬埔寨的“御耕节”，国王扶犁耕田，相当于开耕。在此之前，农民不得提前耕作。据说开耕之后，人们会把牛牵到观礼台，让牛像“抓周”似的选择摆在桌上的东西：如果牛吃桌上的庄稼，就预示丰收；如果牛喝水，就预示风调雨顺；如果牛饮酒，便可能发生灾异。牛啊，美酒虽好，可不要贪杯哦！

<table>
<tr><th colspan="4">孟春之气候与物候</th></tr>
<tr><td colspan="4">天气下降，地气上腾，天地和同，草木萌动。东风解冻，蛰虫始振，鱼上冰，獭祭鱼，鸿雁来</td></tr>
<tr><th colspan="4">政事注意事项</th></tr>
<tr><td colspan="4">修订祭祀的法典，祀山林川泽
布农事，勘疆界，修田地，因地制宜种植作物，目标：“农乃不惑”
禁止事项：禁止以母畜作祭品；禁止砍伐树木；不得捣毁鸟巢、掏取鸟卵；不得杀害幼虫、已怀胎的母畜、刚出生的小兽、正学飞的小鸟；禁止捕猎幼兽；禁止聚集民众；禁止修建城郭；不可举兵，应解甲休兵；毋变天之道，毋绝地之理，毋乱人之纪</td></tr>
<tr><th colspan="4">政事错乱之后果</th></tr>
<tr><td rowspan="2">孟春</td><td>行夏令</td><td>行秋令</td><td>行冬令</td></tr>
<tr><td>则雨水不时，草木蚤落，国时有恐</td><td>则其民大疫，飘风暴雨总至，藜莠蓬蒿并兴</td><td>则水潦为败，雪霜大挚，首稼不入</td></tr>
</table>

初春时节，“牺牲毋用牝”，禁止以母畜作为祭品。“馀月之时，牲皆用牝，唯此月不同。”其他月份，祭祀多以母畜作为祭品，但怀胎哺育的季节，作为特别条款，呵护雌性动物。

《宋史》中记载：

> 徽宗大观元年（1107年），帝曰：“先王之政，仁及草木禽兽。今取其羽毛，用于不急，伤生害性，非先王惠养万物之意，宜令有司立法禁之。”

“仁及草木禽兽”的事，往往是季节性的或阶段性的权宜之举，很难成为生态文明的理念。

所谓行令，亦天亦人，即气候与人事之关联。“行令，或以为天之行令，或以为君之行令。天令之不时，乃君令之所致，其实一也。”实际上，也就是天人感应。这一理念影响后世至为深远。当然，在一定程度上也是在劝诫帝王以德治国、授民以时、勿违气象、勿夺民时。

<table>
<tr><th colspan="4">仲春之气候与物候</th></tr>
<tr><td colspan="4">日夜分。始雨水，桃始华，仓庚鸣，鹰化为鸠。雷乃发声，始电。蛰虫咸动，启户始出</td></tr>
<tr><th colspan="4">政事注意事项</th></tr>
<tr><td colspan="4">保护萌芽，养护幼儿，抚恤孤儿。省囹圄，去桎梏，毋肆掠，止狱讼。注重调节纠纷，尽量少打官司
禁止事项：毋竭川泽，毋漉陂池，毋焚山林。毋作大事，以妨农之事</td></tr>
<tr><th colspan="4">政事错乱之后果</th></tr>
<tr><td rowspan="2">仲春</td><td>行夏令</td><td>行秋令</td><td>行冬令</td></tr>
<tr><td>则国乃大旱，暖气早来，虫螟为害</td><td>则其国大水，寒气总至，寇戎来征</td><td>则阳气不胜，麦乃不熟，民多相掠</td></tr>
</table>

<table>
<tr><th colspan="4">季春之气候与物候</th></tr>
<tr><td colspan="4">生气方盛，阳气发泄，句者毕出，萌者尽达。桐始华，田鼠化为駕，虹始见，萍始生</td></tr>
<tr><th colspan="4">政事注意事项</th></tr>
<tr><td colspan="4">天子布德行惠，命有司发仓廪，赐贫穷，振乏绝，开府库，出币帛，周天下，勉诸侯，聘名士，礼贤者
周视原野，修利堤防，道达沟渎，开通道路，毋有障塞
禁止事项：毋伐桑柘。禁止妇女装饰打扮，使其投入更多精力于养蚕、缀丝。蚕丝用于制作祭祀仪式中的祭服，不得怠慢</td></tr>
<tr><th colspan="4">政事错乱之后果</th></tr>
<tr><td rowspan="2">季春</td><td>行夏令</td><td>行秋令</td><td>行冬令</td></tr>
<tr><td>则民多疾疫，时雨不降，山林不收</td><td>则天多沉阴，淫雨蚤降，兵革并起</td><td>则寒气时发，草木皆肃，国有大恐</td></tr>
</table>

所谓“句者毕出，萌者尽达”，是指弯曲的芽儿伸直了，娇嫩的叶儿熟美了。

季春，蚕之将生，故以此时为“蚕候”，就如同雨水节气为可耕之候一样。

为什么要劝农？

按照《吕氏春秋》之上农篇的说法：

> 古先圣王之所以导其民者，先务于农。民农非徒为地利也，贵其志也。民农则朴，朴则易用，易用则边境，王位尊。民农则重，重则少私义，少私义则公法立，力专一。

也就是说，劝民务农，并非仅仅是要利用“地利”，更重要的是希望人们务农之后持重、专注，于是没有精力妄议朝政，国家安宁，王位稳固。“所以务耕织者，以为本教也。”劝民务农，是一种最好的教化。

希望人们务农到什么程度呢？“敬时爱日，非老不休，非疾不息，非死不舍。”希望人们慎守农时，爱惜光阴，不年老不能停止劳作，不患病不能轻易休息，不到濒死不能舍弃农事。真的是活到老，忙到老。

为什么要设立禁止事项，禁止伐木、禁止捕猎等？并非出自保护环境、涵养生态的意图，“制四时之禁”，是担心“为害其时也”，是因为人们如果去做这些可能会妨碍农事的正常进行。

夏季	
服饰	乘朱路，驾赤骝，载赤旗，衣朱衣，服赤玉（《礼记》） 天子衣赤衣，乘赤骝，服赤玉，建赤旗（《淮南子》） 天子改穿夏装
饮食	食菽与鸡，其器高以粗（《礼记》） 食菽与鸡，服八风水，爨柘燧火（《淮南子》）
主要活动安排	先立夏三日，太史谒之天子曰：“某日立夏，盛德在火。”天子开始斋戒。立夏之日，天子亲帅三公、九卿、大夫以迎夏于南郊。迎夏仪式后，行赏，封诸侯 天子要参加祈雨仪式：常雩 夏至，祭地于方泽 有些朝代是孟春之月合祀天地，有些朝代是冬至祭天、夏至祭地。在草木最为繁盛之时，感恩土地之赐

注：夏季天子所用之器亦粗亦高，象物盛长，器物也应和气候。

那时，是太史提前告知天子斋戒和迎夏礼仪。渐渐地，负责天文气象历法的机构逐渐扩编。据《新唐书·百官志》记载：“春官、夏官、秋官、冬官、中官各一人掌司四时，各司其方之变。”那时的太史局，一人专管一个季节，职位的设置更趋于专业化。但是随着编制的扩充和职位的细化，人浮于事的“懒政”现象便时有发生。沈括在《梦溪笔谈》中便记述了当时司天监和天文院联手作弊之事：

国朝置天文院于禁中，设漏刻、观天台、铜浑仪，皆如司天监，与司天监互相检察。每夜天文院具有无谪见、云物（云色）、祯祥（吉凶），及当夜星次，须令于皇城门未发前到禁中。门发后，司天占状方到，以两司奏状对勘，以防虚伪。近岁皆是阴相计会，符同写奏，习以为常，其来已久，中外具知之，不以为怪。其日月五星行次，皆只据小历所算躔度誊奏，不曾占候，有司但备员安禄而已。熙宁中，予领太史，尝按发其欺，免官者六人。未几，其弊复如故。

北宋时，设立了并行的两个负责天文气象事宜的机构，一个是（皇家）天文院，一个是（国家）司天监，目的是可以相互校验。每天的天文气象观测和分析，天文院是先呈报，司天监后呈报。遗憾的是，两家专业机构却暗中通报所有业务数据，于是上传给皇帝的信息总是一模一样的。这种"默契"，其实宫廷内外大家心照不宣，朝廷只是多了一些占着官职、领着俸禄的人。沈括领衔司天监（官职为：提举司天监）时，曾揭发过这种学术不端行为，六人被罢免，但没过多久，一切又恢复了老样子。

清代顺治年间，朝廷聘请了"洋教头"，由德国人汤若望担任钦天监监正，相当于国家天文气象台台长。当然，钦天监只是隶属于礼部的一个"事业单位"，五品衙门，级别较低，但业务庞杂，编制已近百人。它要掌管天文、历法，要进行气象观测和占卜，还要张罗官方的祭祀事宜。

那时的气象观测与占卜，带有浓厚的"天人感应"色彩。例如，1645年（农历）3月24日，天文科王烨博士呈报：

天气实况是：天色忽变，黄气四塞，日色浑浊添白。

占卜结论为：天色忽变是异常，四方来侵，有兵战。

有人说，你们这些能够预报天气的人，倘若在古代，会不会被朝廷奉为天师？

其实，像汤若望这种最后能做到"光禄大夫"，位及正一品大员的天文气象专业人士凤毛麟角。大多数人都是紧张疲顿地昼夜轮值，观象占天。据说，当年汤若望觉得钦天监的员工工作艰苦，收入微薄，向礼部说"各官寒苦，当此隆冬天气昼夜直宿，不无可悯"，希望大家的月俸能够增加一两银和一斗米，给一线的值班人员发御寒的皮袄、烤火的木炭，这一诉求也被礼部搁置，毕竟是无权无势的清水衙门。由于业绩优异，获得提拔和奖励的专业人士的奖品是一件狐皮袄，这还是经监正协调，争取来的"福利"。从前的"预报员"，也很清苦，并无天师之尊。

孟夏之气候与物候
蝼蝈鸣，蚯蚓出，王瓜生，苦菜秀。靡草死，麦秋至。农乃登麦，蚕事渐毕
政事注意事项
蚕事毕，后妃献茧。乃收茧税，以桑为均，贵贱长幼如一，以给郊庙之服
分管林田事宜的官员，要勤于巡视，为天子劝民勉作，
目标：毋或失时
孟夏之时，聚蓄百药
禁止事项：不要毁坏草木，尤其禁止砍伐大树
驱兽毋害五谷，但不许进行大规模的田猎

此时蚕事既毕，以季春养蚕，孟夏终了。征收的蚕茧，首先要用于天子祭天、祭祖的礼服。此时要采集和收藏各种草药。天气热了，草木茂盛，正好可以采。也正因为天气热了，蚊虫多了，疫病增多，也正好需要采。

	行春令	行秋令	行冬令
孟夏	则蝗虫为灾，暴风来格，秀草不实	则苦雨数来，五谷不滋，四鄙入保	则草木蚤枯，后乃大水，败其城郭

“暴风来格”之格，乃格杀之格。行春令，风太大，是暴风的肆虐；行秋令，雨太多，是苦雨的困扰。天气能够遵循规律，即“应时”，才是最好的。

成语“五风十雨”描述的是人们眼中的太平盛世：五天刮一场风，十天下一场雨。而且凡雨最好是轻柔而舒缓的：“风不鸣条，雨不破块。”风不让枝条鸣叫，雨不将田地冲毁。

行令错乱，会导致各种灾祸，例如，“苦雨数来”是天灾，“五谷不滋”是地灾，“四鄙入保”是人灾。

夏至时需要安心静体，说到做到并非易事。众多文献记载，“夏至，人主与群臣从八能之士作乐五日”。被东汉学者郑玄在其《三礼注》中调侃道：“此言去声色又相反。”您希望别人仲夏之时止声色、节嗜欲、定心气，“领导们”怎么可以带头违纪呢?!

如果说古代也有“气象学”，那么其中最精深的，便是“祈祷气象学”。

雩，“以吁嗟求雨之祭”，是古代最盛大的祈雨仪式。用盛乐，以示恭谨。除了向天帝祈求之外，还祭祀先贤，希望借助他们的美德感动上苍。

按照周代礼制，一年之中最高规格的祭礼有四种：“一岁凡四祭，一者盈气时，二者郊天时，三者大雩时，四者大蜡时，皆因以祭之。”祈雨便是其中之一。

仲夏之气候与物候
小暑至，螳螂生。䴗始鸣，反舌无声。鹿角解，蝉始鸣。半夏生，木堇荣
政事注意事项
命有司为民祈祀山川百源，大雩帝，用盛乐。乃命百县，雩祀百辟卿士有益于民者
目标：以祈谷实，农乃登黍
“阴阳争，死生分”的时节，君子要斋戒身心，处必掩身，不要急躁。止声色，节嗜欲，定心气，最好饮食清淡
禁止事项：门闾毋闭，关市毋索

唐代孔颖达在《礼记正义·月令》中说：“以（农历）四月纯阳用事，故云‘阳气盛而恒旱’，故制祝此月为雩。纵令雩祭时不旱，亦为雩祭。”按照气候安排的雩祭是常雩，即使不旱，这是“规定动作”。此外，还会按照天气增设雩祭，这是“自选动作”。

5—6 月是北方一年之中最干热的时节。即使在南方，小满之后能够“小满江河满”的，也只有华南等地，所谓“龙舟水”。对于多数地区而言，天气由暖到热，蒸发量激增，用水“青黄不接”，雨亏而雩。除了国家层面举办雩祭之外，地方政府也会根据旱情和农事状况安排祭、祷事宜。

正史中对于官方祈雨仪式的记载非常丰富，并且非常乐于详细描述“祷辄应”的事例。我曾经做过统计，以史料相对丰富的清代为例，祈雨当日或三日之内透雨降临的比例高达 79.5%。经过执着的屡次祈雨也基本有效的比例为 5.8%。也就是说，或易或难，能够“求来”雨水的比例，高达 85.3%。或许史官们更愿意记载那些有求必应、一祷就灵的体面个例。

雩祭分为两种：“常雩”和“大雩”。常雩，古义为“每岁常行之礼，祭告天地神灵为百谷祈膏雨”。它又包括两类：定期和不定期。定期就是每年孟夏或仲夏之月，占卜吉日致祭，即使不旱。不定期就是专门因旱而雩。

那种特别隆重的大雩礼，整个清代只举行过两次，分别于乾隆二十四年（1759 年）和道光十二年（1832 年）。

《清稗类钞》：“久旱、久雨，宫廷、官署无不致祷。然遣员恭代者为多，间有帝、后亲祷者。”常规的祈雨，皇帝并不亲自参与，而是委托“有关部门”举办。

康熙帝曾经对皇子及大臣提起祈雨的事，意思是说：“朕临御 56 年，约有 50 年需要祈雨。京师的初夏季节，几乎每年都缺少雨泽。”康熙所言，正是华北地区由入春到初夏“十年九旱”的气候规律。他还特地举了个例子：“有一年，曾因大旱，朕于宫中设坛祈祷。长跪三昼夜，日惟淡食，不御盐酱。至第四日，徒步到天坛虔诚祈祷。忽然间油云密布，大雨如注。再步行回宫后，水满雨靴，衣尽沾湿。后来听各地来京的人讲述，那一天全国各地几乎都下了雨。所以精诚所至，天地定有感应（见《清圣祖实录》）。"

当然，也有祈雨失效的悲壮个例，比如：

入夏以来，风雨调和，田苗畅茂，方冀岁登大有，以济时艰。不意于六月下旬旱魃施威，天又亢旱，禾苗将枯，遍祷无灵（1878年即光绪4年，山西壶关）。

其实，直到民国时期，祈雨之风依然兴盛。

1936—1937年，四川大旱，刘湘虔诚祈雨的故事见诸报端：

四川省政府向各县发出代电快邮。明令"关闭南门，敞开西门，禁屠十日，设坛祈雨"。省政府刘湘亲自在文殊院参加祈雨法坛，演出一幕求雨活剧。

自上年秋冬起，川省大旱。政府无良策，川大教授朱长青献上解旱古方。全国赈济委员会委员长朱庆澜认为大有用途，便与刘湘商定在全省推广。求雨之日，刘湘发誓绝食一日，全家素食一月，以示虔诚。

通过汉代的几组对话和阐述，我们来了解一下当时的人们如何看待气象灾异。

如何营造正常的气候？

公孙弘与汉武帝的对话，阐述了所谓君臣关系及其天地感应：

臣闻之，气同则从，声比则应。今人主和德于上，百姓和合于下，故心和则气和，气和则形和，形和则声和，声和则天地之和应矣。故阴阳和，风雨时，甘露降，五谷登，六畜蕃，嘉禾兴，朱草生，山不童，泽不涸，此和之至也。故形和则无疾，无疾则不夭，故父不丧子，兄不哭弟。德配天地，明并日月，则麟凤至，龟龙在郊。河出图，洛出书。远方之君，莫不说义，奉币而来朝，此和之极也。

如何消除已经发生的气象灾害？

汉章帝问司徒鲍昱："何以消复旱灾？"

对曰："陛下始践天位，虽有失得，未能致异。臣前为汝南太守，典治楚事，系者千余人，恐未能尽当其罪。夫大狱一起，冤者过半。又诣徙者骨肉离分，孤魂不祀。宜一切还诸徙家，蠲除禁锢，使死生获所，则和气可致。"帝悉纳其言。

如何归纳灾异的成因？

阳嘉二年（公元133年）和元嘉三年，汉顺帝屡次召集专题会议，分析灾异成因，商讨应对策略。

（阳嘉二年）春，正月，诏公车征顗，问以灾异。

顗上章曰："三公上应台阶，不同元首，政失其道，则寒阴反节。今之在位，竞托高虚，纳累钟之奉，亡天下之忧。栖迟偃仰，寝疾自逸，被策文，得赐钱，即复起矣，何疾之易而愈之速！以此消伏灾眚，兴致升平，其可得乎！今选牧、守，委任三府；长吏不良，既咎州、郡，州、郡有失，岂得不归责举者！而陛下崇之弥优，自下慢事愈甚，所谓'大网疏，小网数'。三公非臣之仇，臣非狂夫之作，所以发愤忘食，恳恳不已者，诚念朝廷欲致兴平。臣书不择言，死不敢恨！

因条上便宜七事：

一，园陵火灾，宜念百姓之劳，罢缮修之役。二，立春以后阴寒失节，宜采纳良臣，以助圣化。三，今年少阳之岁，春当旱，夏必有水，宜遵前典，惟节惟约。四，去年八月，荧惑出入轩辕，宜简出宫女，恣其姻嫁。五，去年闰十月，有白气从西方天苑趋参左足，入玉井，恐立秋以后，将有羌寇畔戾之患，宜豫宣告诸郡，严为备御。六，今月十四日乙卯，白虹贯日，宜令中外官司，并须立秋然后考事。七，汉兴以来三百三十九岁，于诗三期，宜大蠲法令，有所变更。王者随天，譬犹自春徂夏，改青服绛也。自文帝省刑，适三百年，而轻微之禁，渐已殷积。王者之法，譬犹江、河，当使易避而难犯也。

扶风功曹马融对曰："今科条品制，四时禁令，所以承天顺民者，备矣，悉矣，不可加矣。然而天犹有不平之效，民犹有咨嗟之怨者，百姓屡闻恩泽之声，而未见惠和之实也。古之足民者，非能家赡而人足之，量其财用，为之制度。故嫁娶之礼俭，则婚者以时矣；丧制之礼约，则终者掩藏矣；不夺其时，则农夫利矣。夫妻子以累其心，产业以重其志，舍此而为非者，有必不多矣！

（阳嘉三年）五月，戊戌，诏以春夏连旱，赦天下。上亲自露坐德阳殿东厢请雨。以尚书周举才学优深，特加策问。

举对曰："臣闻阴阳闭隔，则二气否塞。陛下废文帝、光武之法，而循亡秦奢移之欲，内积怨女，外有旷夫。自枯旱以来，弥历年岁，未闻陛下改过之效，徒劳至尊暴露风尘，诚无益也。陛下但务其华，不寻其实，犹缘木希鱼，却行求前。诚宜推信革政，崇道变惑，出后宫不御之女，除太官重膳之费。"《易·传》曰：阳感天不旋日。惟陛下留神裁察！"

帝复召举面问得失，举对以"宜慎官人，去贪污，远佞邪"。

帝曰："官贪污、佞邪者为谁乎？"

对曰："臣从下州超备机密，不足以别群臣。然公卿大臣数有直言者，忠贞也；阿谀苟容者，佞邪也。"

当时掌管天文气象事宜的太史令张衡也言辞恳切地规劝皇上：

前年京师地震土裂。裂者，威分；震者，民扰也。窃惧圣思厌倦，制不专己，恩不忍割，与众共威。威不可分，德不可共。愿陛下思惟所以稽古率旧，勿使刑德八柄不由天子，然后神望允塞，灾消不至矣。

衡又以中兴之后，儒者争学《图纬》，上疏言：《春秋元命包》有公输班与墨翟，事见战国；又言别有益州，益州之置在于汉世。又刘向父子领校秘书，阅定九流，亦无《谶录》。则知《图谶》成于哀、平之际，皆虚伪之徒以要世取资，欺罔较然，莫之纠禁。且律历、卦候、九宫、风角，数有征效，世莫肯学，而竞称不占之书，譬犹画工恶图犬马而好作鬼魅，诚以实事难形而虚伪不穷也！宜收藏《图谶》，一禁绝之，则硃紫无所眩，典籍无瑕玷矣！

读罢，深感当时的臣子实在是太敢言了！当然，大家对气象灾异的成因分析，不是环流形势或气候系统异常，而是围绕政事，如何承天顺民。

古人面对异常天气、气候事件，往往将天地不合，归咎于政事不修。所以除了直接的赈济和慰抚工作之外，还会采取以下一些"常规动作"和"自选动作"。

撤乐：肃穆一些。减少各种娱乐活动。

减膳：节俭一些。降低伙食标准。

避正殿：谦卑一些。降低办公和住宿条件。

降囚罪：仁慈一些。灾年往往实行大赦，但因灾而赦、梳理刑狱的标准各有不同，操作层面更缜密。多数情况是命案及忤逆罪犯不赦，其他罪犯皆罪递减一等。当然也有所有罪犯皆罪减一等的情况。

徙市闭坊："自选动作"，对集中的经营性和贸易性活动进行场所变更和规模限制。

禁屠捕："自选动作"，禁止或者减少屠宰和捕杀，以减少戾气。

即使这样，也会时常出现亢旱依旧的情形。

《旧唐书·天文志》中记载了这样一个故事：

> 夏大旱，祷祈无应，文宗忧形于色。宰臣进曰："星官言天时当尔，乞不过劳圣虑。"帝改容言曰："朕为人主，无德庇人，比年灾旱，星文谪见。若三日内不雨，朕当退南内，卿等自选贤明之君以安天下。"

没听说过哪个皇帝是因为异常天气而急流勇退的，但当大臣以"天时当尔"作为理由为皇帝开脱时，难得当政者面对气象灾害能有一种担当意识和自责态度。经过史官的描述，本是"祷祈无应"的尴尬，却彰显了皇帝"深轸下民"的仁厚。

当然，有些皇帝并不以为然，比如唐太宗李世民，他曾提出"不数赦"的观念。

《资治通鉴》记载：

> 贞观二年，上谓侍臣曰："赦者，小人之幸，君子之不幸。一岁再赦，善人暗哑。夫養稂莠者善嘉谷。赦有罪者，贼良民。故朕即位以来不欲数赦，恐小人恃之轻犯宪章故也。"

当人们将气象灾害归因为"天人感应"时，很多地方官员便会刻意向上隐瞒灾情，营造和谐气氛，因为政通人和，所以风调雨顺。记得《清世宗实录》中有雍正皇帝的一段批示，大意是："天道随人，何等督抚就有何等岁月！像你们这样的巡抚，我就知道你们执掌的地区必无丰收之理！任职湖南，水患；任职江西，旱灾；任职甘肃，冰雹。因为冒犯天和，所以导致灾殃。"

官员之中还有利用气象灾害借题发挥的人，使得据实奏报气象灾害都需要正直的品格与胆识。

唐玄宗年间有这样一则故事：

> 自去岁水旱相继，关中大饥。杨国忠恶京兆尹李岘不附己，以灾归咎于岘。九月，贬长沙太守。岘，祎之子也。上忧雨伤稼，国忠取禾之善者献之，曰："雨虽多，不害稼也。"上以为然。扶风太守房言所部水灾，国忠使御史推之。是岁，天下无敢言灾者。高力士侍侧，上曰："淫雨不已，卿可尽言。"对曰："自陛下以权假宰相，赏罚无章，阴阳失度，臣何敢言？"上默然。

借用气象玩弄权术的人不少，而能够直陈皇帝"赏罚无章，阴阳失度"的人毕竟太少了。听闻"臣何敢言"之语，皇帝只是"默然"，还是颇具雅量的，否则，所有的属下都"默然"了。

或许，正是这种"天人感应"之说，造就了诸多地方官员既隐瞒人祸，也隐瞒天灾的惯性思维，言说祥瑞，虚报丰稔，粉饰太平。

	行春令	行秋令	行冬令
仲夏	则五谷晚熟，百螣时起，其国乃饥	则草木零落，果实早成，民殃于疫	则雹冻伤谷，道路不通，暴兵来至

季夏之气候与物候
土润溽暑，大雨时行。温风始至，蟋蟀居壁，鹰乃学习，腐草为萤
政事注意事项
命有司将各地应缴纳的牲畜集中起来，作为祭祀时的供品，组织丝帛染色工作，制作祭服 禁止事项：有关官员巡视山林，严禁砍伐 严禁大规模徭役。禁止兴师，禁止大兴土木，动摇长养之气，妨碍神农之事

季夏时的"土润溽暑"是高温的桑拿天，所以需要人们"薄滋味，毋违和，节嗜欲，定心气"。现在人们常说"毫无违和感"，顺应时节即是不违和。

	行春令	行秋令	行冬令
季夏	则谷实鲜落，国多风咳，民乃迁徙	行秋令，则丘隰水潦，禾稼不熟，乃多女灾	则风寒不时，鹰隼蚤鸷，四鄙入保

秦汉时期总结的不同时令的气象和物候典型特征，成为后来月令七十二候气象与物候特征的蓝本。例如，后来以元代《月令七十二候集解》为代表的岁时典籍，皆是在此基础上进行的梳理、润色和解读。

其小暑的物候是："一候温风至，二候蟋蟀居壁，三候鹰始鸷"；大暑的物候是"一候腐草为萤，二候土润溽暑，三候大雨时行"。其表述方式皆脱胎于《礼记》《淮南子》等典籍，只是按照五天一候的序列，对一个月的物候次第进行了一番安置而已。

从汉代至今，二十四节气物候最大的问题在于，没有进行各地本地化的普查、归纳和集解。原本源于中原地区的节令物候的特征化描述，有着时间、空间、认知三方面的局限性。从这个意义上说，二十四节气的物候描述，是"未完待续"的文化遗产。

第一，不同年代的气候存在显著差异，物候特征不可能完全雷同，而且随着年代的变化，起初用于描述特征物候的动植物物种已经不再具有广泛性或代表性，无法再借此进行观测或借用，比如獭祭鱼、虎始交、反舌无声等。

第二，随着疆土的扩展，人们早已发现气候并无通例。立春一候，在东北，距离"东风解冻"尚远。立冬一候，在海南，只能在冰箱里体会节气所说的"水始冰"。各地的物候完全无法以同一标尺进行"一刀切"的表述。古老的物候，似乎更具有史学意义或文学价值，于今无法承担物候坐标系的职能。于是，弘扬古老的节气，不是从古籍中摘录关于节气物候的词句，而是需要能下苦功夫，耐得住寂寞，完成前人没有完成的节令物候（包括农桑）的本地化描述。真正传承"跟着节气过日子"的文化。

第三，在秦汉时期，人们对于气象与物候的认知是感性的，甚至具有揣测、猜想的意味。我们可以善意地将古人所说的"鹰化为鸠""田鼠化为鴽""腐草为萤""雀入大水为蛤""雉入大水为蜃"等视为一种浪漫的生命观，即生命从未消亡。它在你的视野中缺席，不是因为消亡，不是因为迁徙，而只是变换了一种存在方式。但再浪漫的谬误也毕竟是谬误，有违科学的认知局限，不应当继续作为金科玉律。

秦汉版本的物候认知可以作为一份遗存，甚至一笔财富，因为它毕竟是我们物候认知轨迹的河之源。但我们的这份物候认知，不能始于秦汉，终于明清。我特别不愿意设想的情境，是有一天，二十四节气与我们的日常并无实质的交集，它只是我们眼中几本古旧的书籍，只是上了年纪的人偶然怀旧的话题。

我们应当与时俱进地探究现今的本地化的节令物候诠释方式，我们不是以摘录古人的节气文字来体现文化感，以示传承。我们更需要提升关于古老节气的科学品质，以及更通天气、更接地气的解读方式和应用方式，为节气文化加注现代营养。当古老的节气之河，在流经这个时代的时候，我们没有使她干涸，没有使她污浊。她能够继续流淌，更清澈、更开阔地流淌，并且不再是流域有限的“内陆河”。

各个季节的祭祀礼乐有所不同，大体上是春夏重舞，秋冬重吹。

周时的四时迎气，都是提前十日而斋，散斋七日，至斋三日。到秦代，就变成了散斋二日，至斋一日。迎气之礼，也格外隆重，天子要远赴郊外50里，后来的朝代逐步简化，15里就不错了，并且往往是帝王并不亲自迎候，而是差遣“特使”，规格自然也就降低了。所以从这个层面来说，“礼崩乐坏”并非虚言。

秋季	
服饰	驾白骆，载白旗，衣白衣，服白玉（《礼记》） 天子衣白衣，乘白骆，服白玉，建白旗（《淮南子》）
饮食	食麻与犬，其器廉以深（《礼记》） 食麻与犬，服八风水，爨柘燧火（《淮南子》）
主要活动安排	立秋前三日，天子斋戒 立秋之日，天子亲帅三公、九卿、诸侯、大夫，以迎秋于西郊 然后，赏军帅、武人于朝。磨砺武器，训练兵士，征讨不义之邦，使远方之民归顺 仲秋，天子举行滩祭，以达秋气 季秋，天子遍祭五帝，祭祀宗庙 季秋进行田猎，操练兵器，熟悉战阵。天子乃厉饰，执弓挟矢以猎。天子也一阵戎装，亲自射猎，并用猎获的鸟兽祭祀四方之神 在冬季到来之前，合诸侯，制百县，天子要召集诸侯以及地方官员，为他们规定征税之轻重、贡赋之多寡，一切以地力、物产作为依据

孟秋之气候与物候			
农乃登谷。凉风至，白露降，寒蝉鸣。鹰乃祭鸟，用始行戮			
政事注意事项			
命有司修习法令，修筑牢狱，置备刑具。严肃量刑，公正判案，天地始肃的时节，不可宽纵 加固堤防，疏通水道。修缮宫室，加固墙壁，修整城郭。农忙之后，天寒之前，兴土用兵的时节 禁止事项：不分封，不委任，不馈赠厚礼，并且要降低外事活动的规格，一切顺应秋之收敛的氛围			
政事错乱之后果			
孟秋	行春令	行夏令	行冬令
	则其国乃旱，阳气复还，五谷无实	行夏令，则国多火灾，寒热不节，民多疟疾	则阴气大胜，介虫败谷，戎兵乃来

仲秋之气候与物候			
日夜分。雷始收声，蛰虫坯户，水始涸。盲风至，鸿雁来，玄鸟归，群鸟养羞，杀气浸盛			
政事注意事项			
赡养衰老之人，赐予他们生活用具和饮食			
命有司申严百刑，做到毋或枉桡，否则执法者反坐			
趣民收敛，务畜菜，多积聚。可以筑城郭，建都邑，穿窦窖，修囷仓。乃劝种麦，毋或失时。敦促民众应和秋之收敛，备足过冬之需。及时播种冬小麦，否则视为行罪			
易关市，来商旅，纳货贿，以便民事。四方来集，远乡皆至，则财不匮，上无乏用，百事乃遂。秋收之后，正是贸易兴盛之时，应当简化关市，便捷商旅，增进流通			
禁止事项：凡举大事，毋逆大数，必顺其时，慎因其类。任何重大举措，都不可违背天意，错用天时			
政事错乱之后果			
仲秋	行春令	行夏令	行冬令
	行春令，则秋雨不降，草木生荣，国乃有恐	行夏令，则其国乃旱，蛰虫不藏，五谷复生	行冬令，则风灾数起，收雷先行，草木蚤死

所谓盲风，疾风也。仲春玄鸟乘着春风而来，仲秋玄鸟顺着秋风而归，燕子陪伴我们半年的时间。

季秋之气候与物候			
草木黄落，蛰虫咸俯。鸿雁来宾，雀入大水为蛤。菊有黄华，豺乃祭兽戮禽。霜始降，则百工休			
政事注意事项			
申严号令。百官无论职位高低，会天地之藏，做好与收藏相关的工作。农作物悉数归仓，并对种类和产量仔细登记造册			
深秋时节，抓紧结案，毋留有罪。领受不合适的俸禄、爵位，不应享受政府供养待遇的，都需要详细甄别，予以注销			
政事错乱之后果			
季秋	行春令	行夏令	行冬令
	则暖风来至，民气解惰，师兴不居	则其国大水，冬藏殃败，民多鼽嚏	则国多盗贼，边境不宁，土地分裂

立春，是迎春于东郊；立夏，是迎夏于南郊；立秋，是迎秋于西郊；立冬，是迎冬于北郊。古人是依据盛行风来判断，哪个季节自哪个方向而来。季风气候，使我们谦恭的迎来送往有清晰的方位感。

冬季	
服饰	乘玄路，驾铁骊，载玄旗，衣黑衣，服玄玉（《礼记》） 天子衣黑衣，乘玄骊，服玄玉，建玄旗（《淮南子》） 孟冬，天子始裘，开始改穿冬装
饮食	食黍与彘，其器闳以奄（《礼记》） 食黍与彘，服八风水，爨松燧火（《淮南子》）
主要活动安排	立冬前三日，天子斋戒 立冬之日，天子亲帅三公、九卿、诸侯、大夫，以迎冬于北郊 然后，抚恤孤寡，奖赏为国捐躯之人 孟冬，天子乃祈来年于天宗 慰劳农夫，并鼓励他们利用农闲好好休息 天子乃命将帅讲武，习射御角力。冬季，正是传授用兵之策，通过训练提升战斗力的时候 仲冬时节，天子命有司祈祀四海、大川、名源、渊泽、井泉 祭祀天地之神的仪式，需在季冬完成 命渔师始渔，天子亲往，乃尝鱼，先荐寝庙 仲冬岁末，天子乃与公、卿、大夫，共饬国典，论时令，以待来岁之宜

所谓风调雨顺，不是风调并且雨顺，而是因为风调所以雨顺。风调是因，雨顺是果。所以季风气候，人们学会以风占事，也算是对于气候的领悟。

冬至祭天由来已久，并且礼乐的细节非常考究。按照对于周代礼制的记述，“冬至日使八能之士鼓黄钟之瑟，瑟用槐木，长八尺一寸；夏至日，琴用桑木，长五尺七寸。槐取气上桑取气下也”。所谓槐瑟桑琴。

孟春是“赏公卿、诸侯、大夫于朝”，孟夏是“行赏封诸侯，庆赐道行，无不欢悦”，孟秋是“赏军帅、武人于朝”，孟冬是“赏死事、恤孤寡”。四时所赏的对象是不同的，也是按照“顺时气”的理念。春，阳气始著，仁泽之时，所以赏赐朝臣和诸侯；夏，阳气尤盛，万物生长，所以赏赐众人，施行普惠制；秋，阴气严凝，所以只犒赏军人；冬，万物衰杀，所以慰藉亡者之族、抚恤孤寡之人。

当时的思路还是希望用简洁的方式概括节令气候与物候，以为通例。但渐渐地，疆域扩展，各地气候物候迥异，冬季较夏季差异更为悬殊，并无通例，也无法再以“冰益壮，地始坼”这样脸谱化的语句一言以蔽之。

明代李泰在其《四时气候集解》中写道：“小寒至，塞北皆冰天雪地，惟岭南或有春色，杨柳依依。”

<table>
<tr><th colspan="4">孟冬之气候与物候</th></tr>
<tr><td colspan="4">天气上腾，地气下降，天地不通，闭塞而成冬。水始冰，地始冻。雉入大水为蜃，虹藏不见</td></tr>
<tr><th colspan="4">政事注意事项</th></tr>
<tr><td colspan="4">循行积聚，无有不敛。顺应冬季收藏之气，守护府库，加固城郭，加强戒备，完善要塞，稳固边防
工师打造祭器，要注重坚固和精致，而不是奇巧。器物上要镌刻工师的名字，以体现责任所系
禁止事项：有关部门在收取水泉池泽之赋的时候，严禁侵削众庶兆民，否则民众会迁怒于天子。其有若此者，行罪无赦</td></tr>
<tr><th colspan="4">政事错乱之后果</th></tr>
<tr><td rowspan="2">孟冬</td><td>行春令</td><td>行夏令</td><td>行秋令</td></tr>
<tr><td>则冻闭不密，地气上泄，民多流亡</td><td>则国多暴风，方冬不寒，蛰虫复出</td><td>则雪霜不时，小兵时起，土地侵削</td></tr>
</table>

<table>
<tr><th colspan="4">仲冬之气候与物候</th></tr>
<tr><td colspan="4">日短至。冰益壮，地始坼。鹖旦不鸣，虎始交。芸始生，荔挺出，蚯蚓结，麋角解，水泉动</td></tr>
<tr><th colspan="4">政事注意事项</th></tr>
<tr><td colspan="4">土事毋作，慎毋发盖，以固冬之闭藏，否则诸蛰则死，民必疾疫
负责酿酒的官员，需要注意六个事项：秫稻必齐，曲糵必时，湛炽必洁，水泉必香，陶器必良，火齐必得
宜于砍伐树木，割取箭竹
应督促民众妥善储存粮草，圈养畜兽。若任由牛马等畜兽疯跑，被别人牵走引起的纠纷，官府不予过问
撤除无事之官，撤下无用之器，整饰门户，整固牢狱，以助天地之闭藏
禁止事项：严禁侵夺他人的劳动果实，否则罪之不赦</td></tr>
<tr><th colspan="4">政事错乱之后果</th></tr>
<tr><td rowspan="2">仲冬</td><td>行春令</td><td>行夏令</td><td>行秋令</td></tr>
<tr><td>则蝗虫为败，水泉咸竭，民多疥疠</td><td>则其国乃旱，氛雾冥冥，雷乃发声</td><td>则天时雨汁，瓜瓠不成，国有大兵</td></tr>
</table>

对于一个幅员辽阔的国度，对于物候的描述，只能本地化。

仲冬时节，日短至，人们需要处事沉静。“君子齐戒，处必掩身。身欲宁，去声色，禁耆欲。”这与仲夏时的要求是相似的。古人认为，春分、秋分是阴阳之交会，冬至、夏至是阴阳之始终，人们需要注意起居。它们也是二十四节气中最先“问世”的节气。“安形性，事欲静，以待阴阳之所定。”

季冬之气候与物候			
冰方盛，水泽腹坚。雁北乡，鹊始巢。雉雊，鸡乳，征鸟厉疾			
政事注意事项			
由有司举行驱除疫鬼的仪式			
制作土牛，以送寒气			
命渔师始渔，天子亲往，乃尝鱼，先荐寝庙			
凿冰、制冰并贮藏于冰窖，以备夏日之需			
筹划春耕，修耒耜，具田器			
专而农民，毋有所使。要让农民专心农事，不因他事分散精力			
收秩薪柴，以共郊庙及百祀之薪燎			
由有司确定上至诸侯、下至百姓应缴纳的贡赋			
政事错乱之后果			
	行春令	行夏令	行秋令
季冬	则胎夭多伤，国多固疾，命之曰逆	则其国大水，冬藏殃败，民多鼽嚏	则白露早降，介虫为妖，四鄙入保

“命渔师始渔，天子亲往，乃尝鱼，先荐寝庙。”仲秋时以犬尝麻，季秋时以犬尝稻，都未曾提及天子亲自参与。但季冬开渔之时，却是“明文规定”天子亲往。这算是体现了官方对水产工作的高度重视吧。四时荐新，是常事，但鱼并非常祭之物，所以非同一般。

“腊祭先祖五祀，是谓腊祭，则百神皆祭。”辞旧迎新，哪位大神都要拜到，一个都不能少。

附录三
经典的物候历:《逸周书·时训解》

古代岁时书非常浩繁，它们力图解读节令特征和物候表象，搜集和考证与时节相关的祥禳宜忌、官家政事、民间风俗，形成以节气为原点的生活坐标系。

《四时纂要》中的两段话，一段记述了作者的心愿，一段言说了读者的感受：

> 余今雕印此书盖欲盛传于世，广利于人，助国劝农，冀万姓同跻富寿者也。凡百君子依而行之，则乃子乃孙定无饥冻横夭之患。
>
> 俯而读，仰而思，则实是农家书也。其耕种耘获之候，风雨霜露之节，与夫蚕桑、医药、家忌、俗讳，无不备载。今甚爱之，以为虽百金不愿易也。

遗憾的是，就连“欲盛传于世”的《四时纂要》也几乎失传。

古老的《逸周书·时训解》(以下简称《逸周书》)，是在节气初创年代，岁时类典籍中的集大成者。

《逸周书》描述了每个节气表征于中原地区彼时气候的物候现象，并将每个节气划分为三个“候”。也定性了如果某种物候现象不能应时而至，即“不时”，会产生怎样的自然或人文现象，是由气候延至物候的经典文献，可谓最早的一本相对完备的物候历。

《逸周书》对于物候现象的归纳，大体出自物候观测，而对物候异常的延伸解读，似缺乏由此及彼的因果关系，多为臆断，至少缺乏社会“大数据”的支撑。

为什么会这样？

几十年前，有人这样认为：“由于科学水平和迷信的影响，特别是统治阶级有意利用这些占验来欺骗和麻痹广大人民群众，所以书中存在诸多失实之处。”

实际上，它源于观察和解读的历史局限。要说欺骗和麻痹，首先欺骗和麻痹的也是当政者。因为对气象与物候的社会化解读，主要是针对政事得失的。否则各级“领导”就不必忙于祭天祀地，不必忙于祈雨，不必到郊外迎候季节，不必因气候异常而减膳、撤乐、去声色、发罪己诏了。

明代高濂在其《遵生八笺》中写道：“岁时变常，灾害之萌也。余特录其变应于疾病者，分列于四时，使遵生者惧害，预防者慎自保，毋困时变。其他水旱凶荒，兵革流移，余未之信也，不敢录。”他也认为，关于“岁时变常”引发的后果，“水旱凶荒，兵革流移”部分，难以采信。

但《逸周书》中，一个非常可贵的理念，便是“不时”。然后透过物象，洞悉“不时”。《逸周书》说：“天有四时，不时曰凶。”只是不同时节，“凶”的呈现方式各有不同。

虽然它列举的“不时”之后果未必确切，未必能够完全基于实据，但古人对于“不时”（气候异常）具有负面影响的理念，可谓正见。

春季节气物候	一候物候	若“不时”	二候物候	若“不时”	三候物候	若“不时”
立春	东风解冻	政令无法贯彻	蛰虫始振	阴气冲犯阳气	鱼上冰	民间私藏武器
启蛰（惊蛰）	獭祭鱼	盗贼增多	鸿雁来	边远之地不臣服	草木萌动	果蔬难以成熟
雨水	桃始华	说明阳气闭塞	仓庚鸣	臣子不服从君王	鹰化为鸠	流寇四起
春分	玄鸟至	妇女不孕	雷乃发声	诸侯失民	始电	君无威震
谷雨	桐始华	岁有大寒	田鼠化为鴽	多有贪婪残暴之人	虹始见	预示妇女淫乱
清明	萍始生	阴气愤盈（过剩）	鸣鸠拂其羽	国不治	戴胜降于桑	无法教化子民

当时的春季节气次序为：立春、启蛰（惊蛰）、雨水、春分、谷雨、清明，与流传至今的节气次序有所不同。起初的启蛰因避汉景帝刘启的名讳而改为惊蛰。

节气最初只有春分、秋分、夏至、冬至这四个天文属性显著的节气。《逸周书》中，二十四节气之名已历历具载，但与今相同的节气称谓和次序始见于《淮南子》中。先秦时期，一些诸侯国的节气与“主流派”稍有不同，如没有“小寒”而有“始寒”，先大暑后小暑等，但最终还是渐渐统一了。西汉末年创编三统历的刘歆曾在其《三统历谱》中将雨水、惊蛰、清明、谷雨恢复到《逸周书》时的次序，但并未通行开来。

唐代曾一度将惊蛰和雨水两个节气的次序进行互换，至宋代又改为原次序至今。清代学者赵翼在《陔余丛考》中对唐代所做的节气调整也颇为不解："此不知何故？岂唐又改从古法，至宋而定今制耶？"也就是说，《逸周书》里有了完整的二十四节气，《淮南子》中有了与今相同的节气称谓和次序，之后经数次微调，至宋代固化至今。

所谓獭祭鱼，是刚刚开河之后，鱼极肥美，古人觉得"獭将食之，先以祭之"。其实与祭无关，只是水獭在岸边码放战利品而已。

春分时节，玄鸟至，即燕子归来，按照《逸周书》的说法，如果燕子不能如期归来，就会导致"妇人不娠"，后果很严重。

这或许也是古人特别重视燕子归来的原因之一。《礼记》中记载，燕子归来的当日，天子都要携带家眷拜谢燕子。

以前，我在读到关于天子祭、祷礼仪的时候，曾经有过疑惑，天子在其他祭、祷活动中是带着"三公、九卿、诸侯、大夫"，为什么单单为燕子举行的欢迎仪式是带着家眷呢？原来如此。

古人认为，仲春"鹰化为鸠"，然后仲秋"鸠化为鹰"。所谓化，便是转换之意。而大暑的"腐草为萤"就不是转换，天气炎热时腐草变成萤火虫，但天气清凉时萤火虫不会再变成腐草。这些都是古人眼中的一种生命转化方式。

唐代孔颖达在《礼记正义·月令》中曾写道："太史刻漏，夏至昼漏六十五刻，夜漏三十五刻。"即以相对量化的方式来衡量白昼最长、黑夜最短的夏至。

当然，应以秒甚至更细微的量级界定时间。例如，夏至日，西安：天亮 5：03，日出 5：33，日没 20：00，天黑 20：29。以此来看，刻漏计时，远非"工笔画"。

所谓"蟋蟀居壁"，是说"此物生于土中，至季夏羽翼稍成，未能远飞，但居其壁，至（农历）七月则能"远飞在野"。

白露的"鸿雁来"，是指最早的一批鸿雁，寒露的"鸿雁来宾"，是指最后的一批鸿雁。

"仲秋初来则过去，故不为宾。季秋鸿雁来宾者，客止未去也。"是说白露时来的鸿雁，只是过客，来也匆匆，去也匆匆。寒露时来的鸿雁，来了便决意客居此地，不想走了。鸿雁之迁徙，是时令更迭的一个重要参照。

夏季节气物候	一候物候	若“不时”	二候物候	若“不时”	三候物候	若“不时”
立夏	蝼蝈鸣	雨涝	蚯蚓出	宠妃会害王后	王瓜生	贵族穷困
小满	苦菜秀	贤人潜伏	靡草死	国纵盗贼	小暑至	阴气太凶
芒种	螳螂生	阴气歇息	鵙始鸣	奸人当道	反舌无声	佞人在侧
夏至	鹿角解	战乱频发	蜩始鸣	官员放荡	半夏生	民多厉疾
小暑	温风至	苛政如虎	蟋蟀居壁	暴力横行	鹰始击	难敌侵略
大暑	腐草为萤	作物籽粒提前脱落	土润溽暑	刑罚不当	大雨时行	国无恩泽

注：①在各种古籍的七十二候应之中，关于立夏一候的“蝼蝈鸣”，争议最多。有人认为是蝼蛄，有人认为是蛙。也有人认为是两种动物：蝼，蝼蛄；蝈，蛙也。注疏时令的鸿儒们尚且对时令物候并无共识，可想而知，当时的人们很难借此判断物候。其实，与其在故纸堆里彳亍、引经据典地琢磨蝼蝈之义，倒不如依照物候找到更具本地意义的物候标识。

②小满三候的“小暑至”，《吕氏春秋》已有孟夏“麦秋至”之说。于时虽夏，于麦则秋。我们刚入夏，麦子已然秋，麦子的秋天到了。“麦秋至”之说更为贴切。

对于各个节气物候异常的解读，显然是出自君王的视角。目的或许是提示君王高度重视物候及其异常对于政事可能产生的连锁反应。从科学层面看，需要依照物候异常现象这一“初始场”，分析其对于后续的气候和物候具有哪些预兆意义。

当然，先人论述的阴阳和合，均基于四季分明的季风气候，“阴阳不和，若四时中有春无夏，有秋无冬矣。因而和之，是谓圣度”。如何认识四季如春的气候，长夏无冬的气候，长冬无夏的气候？它们并非失和，而是自然属性的正常存在。人们的世界观往往与自身所处的气候类型存在关联。

秋季节气物候	一候物候	若“不时”	二候物候	若“不时”	三候物候	若“不时”
立秋	凉风至	政令无威严	白露降	民多邪病	寒蝉鸣	大臣争斗
处暑	鹰乃祭鸟	师旅无功	天地始肃	君臣尊卑不分	禾乃登	暖气为灾（天气过于炎热）
白露	鸿雁来	边地叛乱	玄鸟归	室家离散	群鸟养羞	下臣骄慢
秋分	雷始收声	诸侯妄为	蛰虫坯户	百姓缺少依靠	水始涸	甲虫为害
寒露	鸿雁来宾	小民不服	雀入大水化为蛤	季节错位	菊有黄华	土无稼穑（无法耕作）
霜降	豺乃祭兽	爪牙不良	草木黄落	阳气错乱	蛰虫咸俯	民多流亡

时间不断地积淀着人们对二十四节气的认识，当我带着当今的认知阅读古籍的时候，常常有一种参与跨时空的天气思辩的感觉。

冬季节气物候	一候物候	若“不时”	二候物候	若“不时”	三候物候	若“不时”
立冬	水始冰	阴负（阴气不足）	地始冻	灾祸征兆	雉入大水为蜃	国多淫妇
小雪	虹藏不见	妇不专一	天气上腾，地气下降	君臣相嫉	闭塞而成冬	母后淫佚
大雪	鹖旦不鸣	国有讹言	虎始交	将帅不和	荔挺出	臣子专权欺主
冬至	蚯蚓结	君王政令不通	麋角解	兵甲不藏	水泉动	阴不承阳（阴气鼎盛之时没有阳气承接）
小寒	雁北乡	民不怀主	鹊始巢	国不安宁	雉始雊	洪涝灾害
大寒	鸡始乳	淫女乱男	征鸟厉疾	国不除兵	水泽腹坚	政令无人遵守

注：大雪三候的“荔挺出”，与荔枝无关。荔为何物？古来争议也不少。按照《说文解字》的注释，“荔似蒲而小，根可为刷”。通常的理解，荔是马蔺草，可在雪野中倔强地丛生。

关于冬至二候的“麋角解”，我曾在唐代孔颖达的《礼记正义》中读到这样一段描述：“鹿是山兽，夏至（鹿角）得阴气而解；角麋是泽兽，故冬至得阳气而解角。”但他又进而很无奈地叙述道：“麋角解者，说者多家，皆无明据。”这说明自古以来关于某个节令的物候标识，大家因袭有余，与时俱进不足。忙于注释，疏于优化。大家所做的往往是“每刻一书，必取诸善本参校，互异之处择善而从，其无从互校者仍之”。既然古说难以今用，我们就需要基于本地气候基于现代物候进行挖掘和梳理，为后人留下这个时代观察和概括物候的智慧。

从《夏小正》到《吕氏春秋·十二纪》、《淮南子·时则训》、《礼记·月令》，均按月而论节候。《吕氏春秋》所载物候为83条，《淮南子》为73条，《礼记》为87条。所列之物候标识大同小异。

《易纬通卦验》始创以二十四节气为标准，而论物候的方法，共83条。而《逸周书》之各节气物候描述更为齐整，后世之历书均以此为蓝本。

《逸周书》中，七十二候的候应涉及的对象物非常宽泛：第一大类是野生动物，38项；第二大类是气象现象，13项。每候（每五天）的物象为候应，即应候而生的现象。

以这些候应的适用性而言，我觉得大体上可以划分为五类：

第一，有些很传神。如“桃始华”“玄鸟至”“雷乃发声”“水始冰”等。

第二，有些是误解。如“田鼠化为鴽”“腐草为萤”“雀入大水为蛤”等。

第三，有些是误会。如“獭祭鱼”“鹰乃祭鸟”“豺乃祭兽”等。

第四，有些过于晦涩生僻或存在争议。如“反舌无声”“荔挺出”“蝼蝈鸣”等。

第五，有些难以观测和界定。如“天地始肃”“蛰虫始振”等。

从《逸周书》开始，候应不仅按照节气编排，而且每个节气均对应着三个候应。在此之前，候应与节气并未严谨地对应。换句话说，之前的节气和候应是相互独立的。

所以现在我们说的“立春，一候‘东风解冻’，二候‘蛰虫始振’，三候‘鱼陟负冰’”这种表述方式，其本源是《逸周书》。

实际上，很多物候都存在时间跨度，并非“昙花一现”，不可能都是一个节气三个候应，且五天五天地均匀分布。为了使候应与节气能够形成“丁是丁、卯是卯”严格对应的格式，在一定程度上会影响物候的真实性，也就是说候应被节气戴上了“紧箍咒”。

从《逸周书》到元代《月令七十二候集解》，对节气物候进行的是高度凝练的特征化描述。这是一种易于观察、记载和广泛传播的归纳方式。比如“桃始华”“仓庚鸣”。桃花开放，黄鹂歌唱，节令的物候标识，既真实又唯美。一个节气甚至一个候，具有诸多的物候表象，梳理和概括最能引发共鸣的特征化物候，一要精，文字简洁；二要泛，遍及视野。这样才能便于人们记忆、发现、比对。

后世对于二十四节气及七十二候的物候描述，脱胎于春秋至西汉，元代的《月令七十二候集解》也大多承袭。中国幅员辽阔，气候多样，并且气候本身也非静态，而是悄然变迁。

按照《清稗类钞》对广州的记载：

> 光绪壬辰十一月廿八日（1893年1月15日）忽下雪，次日严寒，檐口亦有冰条，木棉树枯槁，数年始复活。闻道光间亦然。自壬辰以后，则屡有集霰之年，无复如咸、同间之和煦矣。

即使同是清代，也有道光年间寒冷，咸丰、同治年间和煦，光绪年间又寒冷的阶段性变化。

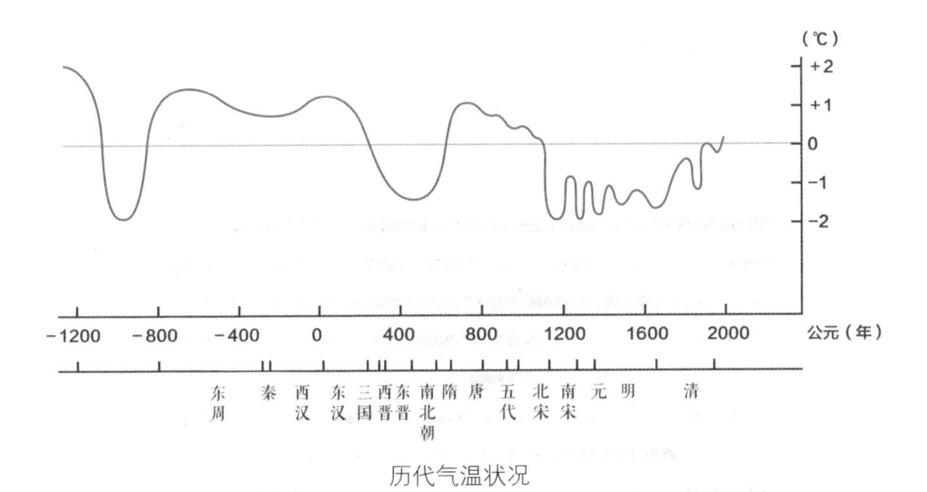

历代气温状况

物候无法放之各地而皆准，需要进行基于节气的物候“本地化”研究，并进行高度凝练的本地化物候描述。举一个节气物候“本地化”的个例：

在台湾，二十四节气的“本地化”给我留下了比较深刻的印象。小雪、大雪、寒露、霜降之类的“冷”节气之名，并不契合台湾的气候。但毕竟同属季风气候，小暑、大暑最热，小寒、大寒最凉。除了冬至、夏至、春分、秋分这些天文层面的节气之外，惊蛰、小满、芒种等与台湾气候与物候也比较贴切。其中所谓“一雷惊蛰始”，并不“中原”，却很“台湾”。

2015 年 5 月，我在桃园机场的候机厅见到一组台湾风物的画廊，名为“跟着节气过日子”。这个标题，特别吸引我。我们古老的节气，不正是关乎过日子的智识吗？

节气，有人与自然调和而成的色谱，有丰饶物产的竞相接力，有餐桌上的文化喂养，有青草、野菜的回归。可以跟着它去旅行，往后的，是共同的生活印记，往前的，是美好的追寻。

我们的一年，不止四季。季节更迭，时光流转，我们有自己的更精细的时间刻度——二十四节气。在节气时间刻度上，大地物产，海洋渔捞，都有明确的落点。生活随之行转，日积月累出深厚的智慧。微气候里的一方风土养一方人，一地孕育一地的风采，交织成现在的精彩。

有人想出“节气厨房”的概念，算是当下的一种“文创”，其实更是对古老节气的一种礼敬。人们对于节气的品味，不只于厨房，更流散于情怀。

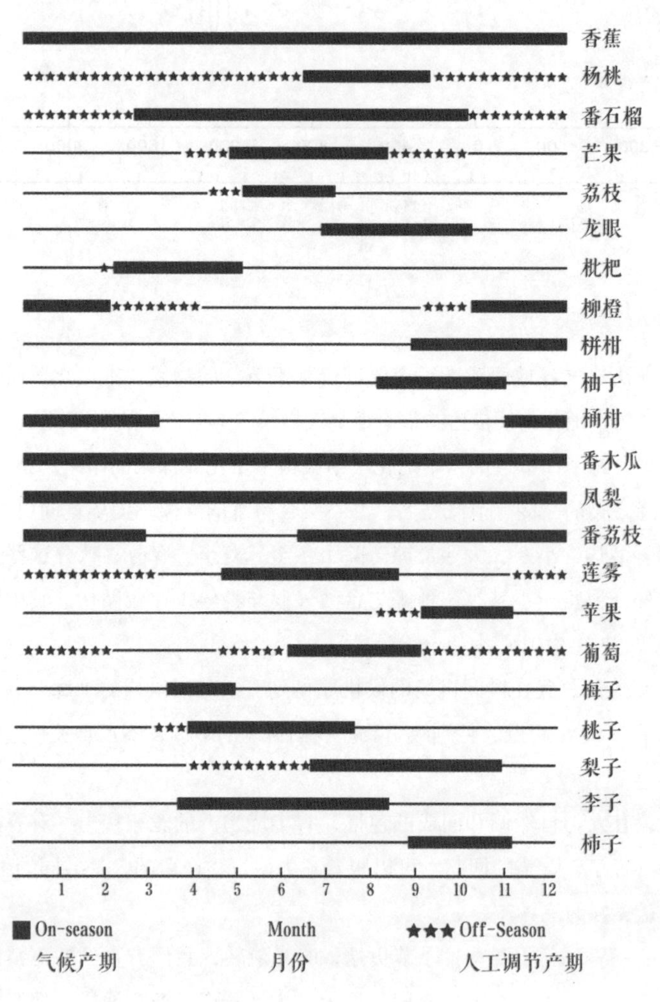
香蕉
杨桃
番石榴
芒果
荔枝
龙眼
枇杷
柳橙
椪柑
柚子
桶柑
番木瓜
凤梨
番荔枝
莲雾
苹果
葡萄
梅子
桃子
梨子
李子
柿子
1
2
3
4
5
6
7
8
9
10
11
12
On-season
气候产期
Month
月份
Off-Season
人工调节产期

台湾主要水果的产期

人们浓缩每个节气的物候、风俗，选秀每个节气的物产、时品。

立春	雨水
物语：立春绿，日光青。留一窝旧巢，等待燕子归来。 物候代言：红藜。 时品：柳橙汁。	物语：雨水清，春生碧。天，用雨水拧出一地的喜悦。 物候代言：草莓。 时品：红酒泡洋葱。
惊蛰	**春分**
物语：惊蛰草，生命绿。雷一响，再想赖床，也要起身了。 物候代言：箭笋。 时品：焖桂竹。	物语：春分瓣，幸福粉。日与夜，一半一半；我也饭吃半饱，醉一半醉。 物候代言：春茶。 时品：春分（蒜）瓣。
清明	**谷雨**
物语：清明飘，柳叶新青。天地清明，鼠麴粿。跟老祖宗说说悄悄话。 物候代言：枇杷。 时品：凤梨汁。	物语：谷雨豆，爱笑墨绿。西瓜棉专搭虱目鱼成就南台湾味。 物候代言：桑椹。 时品：冬瓜糕。
立夏	**小满**
物语：立夏得穗，天空正蓝。客家山城的五月雪，是一场美丽的误会。 物候代言：桃。 时品：桑果汁。	物语：小得盈满，日黄熟。深入小山径，再深一些，熄火关灯，满地的小星星。 物候代言：金针。 时品：樱桃蛋糕。
芒种	**夏至**
物语：芒种端阳，快乐橘。采收破布子，砍要大刀阔斧，煮要文火慢炖。 物候代言：茉莉。 时品：芒果布丁。	物语：夏至荷，仙女红。拜访翡翠树蛙、诸罗树蛙的原生地。 物候代言：荔枝。 时品：夏至面。
小暑	**大暑**
物候：小暑知了，童年绿。打开耳朵，搜寻今年的第一声蝉音。 物候代言：丝瓜。 时品：蜜汁莲藕。	物语：大暑热，星光宝蓝。凤梨的独家糖酸比，让热情为台湾伴手。 物候代言：红枣。 时品：西瓜汁。
立秋	**处暑**
物语：立秋乞巧，靦靦桃。食胜于补，狗尾苔是童年好胃口、快长大的证据。 物候代言：龙眼。 时品：糖渍莲子。	物语：处暑虎，刀子红。温炖一盅梨，佐桂花行香，准备告别火气。 物候代言：桂花。 时品：葡萄果酱。

白露	秋分
物语：白露月，桂香黄。白露后的柚子，是为月亮而熟的果。 物候代言：茭白笋。 时品：香草豆腐。	物语：秋分蟹，柿子红。重阳登高，海拔每升高 100 米，气温降低 0.6℃，你想登多高？ 物候代言：柿子。 时品：拔丝香芋。
寒露	**霜降**
物语：寒露凉，大地土黄。东台湾的土地上，这时遍洒着红宝石。 物候代言：洛神。 时品：日晒蜜苹果。	物语：霜降微愁，芒白。九降风与暖冬阳，转化提升了柿子的风情。 物候代言：杭菊。 时品：上汤芹菜。
立冬	**小雪**
物语：立冬收，禾木深棕。羊肉炉，姜母鸭，烧酒鸡，是我们此时的话匣子。 物候代言：柑橘。 时品：糖渍金枣。	物语：小雪感恩，微风紫。只有苗栗铜锣，一个小村落覆满杭菊白雪。 物候代言：冬菇。 时品：蜜汁麻糬。
大雪	**冬至**
物语：大雪飞，漫天灰。客家福菜正在大举晒太阳。 物候代言：花生。 时品：芝麻。	物语：冬至节，团圆正红。该绑粽时绑粽，该搓汤圆就搓汤圆，有节有日。 物候代言：红豆。 时品：无米煮番薯纤饭。
小寒	**大寒**
物语：小寒腊八，杂灰杂紫。每年最讲究的一顿晚餐，谢天谢地，谢谢所有人。 物候代言：番茄。 时品：白玉葡萄。	物语：大寒冷，高粱辣金。一切收成的谷粮，聚一碗糜粥，饱足可以御寒。 物候代言：树豆。 时品：冬日亮彩（果汁）。

这些关于节气的时令物产是非常本地化的，其时令物语未必是一个完美的范例，但品味并梳理这片土地上的物语，便是对这片土地的重新亲近。风土不土，风俗不俗，因为它滋养着我们的情怀和观看世界的态度。

在现代都市的水泥丛林中，往往有气候却无物候。人们只是在朋友上传的图片中看到“别人家”的山水田园。或许只好在菜市场或者超市的果蔬区，“捡拾”一下别人“采摘”过的物候。

古人很早便知各地气候之差异，气象上“千里不同风，百里不同雷”，物候上“燕草如碧丝，秦桑低绿枝”。海拔就可以造就“人间四月芳菲尽，山寺桃花始盛

《雍正行乐图》

不说常人，就连居庙堂之高的帝王，也会设想自己可以神游于山水田园之间。雍正不能微服私访乡野，便请画师将自己绘入各种时令物候的情境之中，以为行乐。

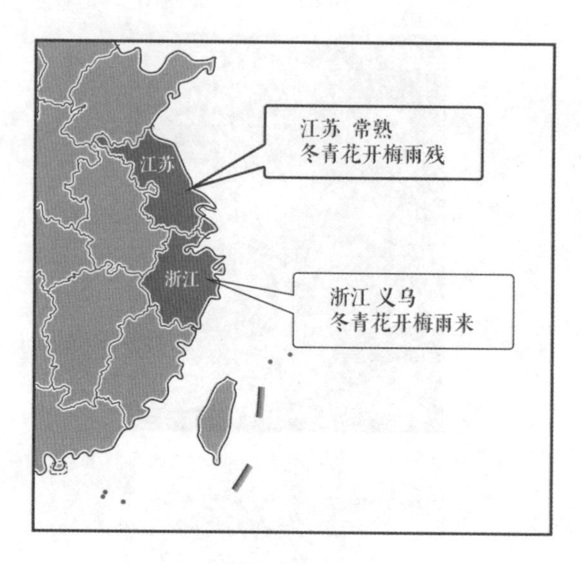

冬青花与梅雨

开”甚至“马后桃花马前雪”的差异。

汉代即有以冬青花占雨的记载。元末娄元礼《田家五行》中记述了以冬青花推断梅雨的民俗。

> 冬青花未破，黄梅雨未过。
> 冬青花已开，黄梅便不来。

但即使都是以冬青花占雨，各地的谚语也大相径庭。

浙江义乌的谚语是：冬青花开，梅雨来。（入梅）

江苏常熟的谚语是：冬青花开，梅雨残。（出梅）

谚语的差异，也体现着气候的微妙差异。

明代苏州人士顾岕到海南担任儋州同知，六年的体验汇成一部《海槎馀录》，这里的气候使他备感新奇：

> 海南地多燠少寒，木叶冬夏常青，然凋谢则寓于四时，不似中州之有秋冬也。天时亦然，四时晴冽则穿单衣，阴晦则添单衣防层而已。谚曰：四时皆是夏，一雨便成秋。

自古物候描述便以中原为正统。农耕社会，能够熟知各地气候差异的人并不多，游历之人往往走马观花，以数载为官经历细致体察气候的人就更少了。

清代刘献廷在其《广阳杂记》中论述道：

> 诸方七十二候，各各不同。如岭南之梅十月已开，桃李腊月已开。而吴下梅开于惊蛰，桃李开于清明（注：现代大多是3月桃李芬芳，较其所言的康熙年间的物候提前一两个节气），相去若是之殊。今世所传七十二候，本诸月令，乃七国时中原之气候。今之中原已与七国时之中原不合，则历差为之。今于南北诸方细考其气候，取其核者详载之为一。传之后世，则天地相应之变迁，可以求其征矣。

他所希望的，便是我们以现实气候、以本地物候，像《逸周书》那样，细考之后，为每个节气的每一候，筛选出一个最具特征化的物候标识。先不说科学，我们所说的乡愁，如果能够植根于故土独特的节令物候，或许才是更浓厚的乡愁。

古代关于节令的典籍，真是浩如烟海。古人以恭谨之心观象、占候，应对各种“不时”之灾异，我每每品读，深感其间的智识接力。以现今的科学视角审视，也有颇多粗陋之处。

节气文化与习俗，记录了一种复杂的痕迹和历程。人们看待世界曾经的眼界、态度、韧性，如何关爱，如何耕耘，如何回报，如何变通，如何自省。

希望今天，我们还愿意将古之文化与今之科学暗合之处加以融汇。希望我们的日常，还充盈着二十四节气的文化馨香。或许只是妄念，但求二十四节气依旧“日常”地活在我们的时光之中。

附录四
节气岁时在日本的流变

直到今天，东亚和东南亚的一些国家仍沿袭二十四节气的传统。在国际交流的过程中，说起节气，这些国家的同行都能够会意。节气也浸润着它们的一些民间习俗，农桑、饮食、起居，也往往参照节气。

节气及其习俗，在域外的流变，也值得我们关注和参酌。比如日本，二十四节气除了惊蛰是启蛰（汉景帝之前的节气名）之外，其他一概相同。而且日本也沿袭了中国二十四节气划分为七十二候的传统，即节气的物候历史血统，但部分地做了本土化修改。

在二十四节气的七十二个候应之中，有 40 个，即超过一半完全沿袭了中国的节气候应。但其中有 11 个候应，在时段上按照本地物候有所调整。例如，桃花开放延后了一候，初雷延后了一候，闭塞成冬延后了一候，水泉动延后了二候，鸡始乳延后了二候，玄鸟归延后了一候，而玄鸟至延后了一个节气。腐草为萤提早了一个半月，寒蝉鸣提早了一候，菊花开放提早了一候，水泽腹坚提前了一候。

其他的候应，根据当地生物特征进行了物候标识的本地化处理。例如：

日本国花、国鸟的开放或鸣叫：樱始开（春分二候）、雉乃鸲（小寒三候）。

本地的农桑物候：蚕起食桑（小满初候）、霜止出苗（谷雨二候）、绵柎开（处暑初候）、雪下出麦（冬至三候）。

另外，日本还将一些常见的动植物也作为候应，如龟、熊、蝴蝶、芦苇、牡丹、竹笋、橘、梅子、菖蒲、枫叶、山茶、水仙、水芹等。

各个节气在日本民众当中的知晓率差异非常大。根据日本气象协会进行的全国性的调查结果：二十四节气中，认知度最高的是冬至，占 93.3%，“二至二分”中的春分、秋分、夏至，认知度都超过了 90%。小满的认知度为 5%，清明的认知

中国的七十二候			
节气	初候	二候	三候
立春	东风解冻	蛰虫始振	鱼陟负冰
雨水	獭祭鱼	雁北归	草木萌动
惊蛰	桃始华	仓庚鸣	鹰化为鸠
春分	玄鸟至	雷乃发声	始电
清明	桐始华	田鼠化为鴽	虹始见
谷雨	萍始生	鸣鸠拂其羽	戴胜降于桑
立夏	蝼蝈鸣	蚯蚓出	王瓜生
小满	苦菜秀	靡草死	麦秋至
芒种	螳螂生	鵙始鸣	反舌无声
夏至	鹿角解	蜩始鸣	半夏生
小暑	温风至	蟋蟀居壁	鹰始击
大暑	腐草为萤	土润溽暑	大雨时行
立秋	凉风至	白露降	寒蝉鸣
处暑	鹰乃祭鸟	天地始肃	禾乃登
白露	鸿雁来	玄鸟归	群鸟养羞
秋分	雷始收声	蛰虫坯户	水始涸
寒露	鸿雁来宾	雀入大水为蛤	菊有黄华
霜降	豺乃祭兽	草木黄落	蛰虫咸俯
立冬	水始冰	地始冻	雉入大水为蜃
小雪	虹藏不见	天气上升，地气下降	闭塞成冬
大雪	鹖旦不鸣	虎始交	荔挺出
冬至	蚯蚓结	麋角解	水泉动
小寒	雁北乡	鹊始巢	雉始雊
大寒	鸡始乳	征鸟厉疾	水泽腹坚

日本的七十二候			
节气	初候	二候	三候
立春	东风解冻	黄莺睍睆（初鸣）	鱼上冰
雨水	土脉润起	霞始靆（云气始盛）	草木萌动
启蛰	蛰虫启户	桃始笑	菜虫化蝶
春分	雀始巢	樱始开	雷乃发声
清明	玄鸟至	雁北归	虹始见
谷雨	葭（芦苇）始生	霜止出苗	牡丹华
立夏	蛙（或龟）始鸣	蚯蚓出	竹笋生
小满	蚕起食桑	红花荣	麦秋至
芒种	螳螂生	腐草为萤	梅子黄
夏至	乃东（夏枯草）枯	菖蒲华	半夏生
小暑	温风至	莲始开	鹰乃始击
大暑	桐始结花	土润溽暑	大雨时行
立秋	凉风至	寒蝉鸣	蒙雾升降
处暑	绵柎（棉之花萼）开	天地始肃	禾乃登
白露	草露白	鹡鸰（俗称张飞鸟）鸣	玄鸟去
秋分	雷始收声	蛰虫坯户	水始涸
寒露	鸿雁来	菊花开	蟋蟀在户
霜降	霜始降	霎（小雨）时施	枫茑黄
立冬	山茶始开	地始冻	金盏香
小雪	虹藏不见	朔风払叶	橘始黄
大雪	闭塞成冬	熊蛰穴	鳜鱼群
冬至	乃东生	麋角解	雪下出麦
小寒	芹乃荣	水泉动	雉乃雊
大寒	款冬华	水泽腹坚	鸡始乳

度为 7.7%。认知度不足 20% 的节气有 8 个，小满、清明、芒种等节气名称对于不少日本人而言算是比较生僻的词汇。

2011 年，日本气象协会曾着手准备邀请语言学家、气象专家等组成一个专门委员会并征集民众意见，研究新的季节词汇，制作新的二十四节气表，力图在 2012 年秋季拿出日本版的二十四节气表。他们认为，二十四节气源于古代中国，由于地区和时代的差异，日本现代气候与古老节气并不契合。例如，“霜降”是 10 月 24 日，但东京的平均初霜日期在 12 月 14 日。

日本气象协会希望，“遴选与现代日本的季节感合拍，而且感觉很亲切的词汇”，然后将新的二十四节气印刷到日历上。随后，因这一动议遭到俳句（日本短诗）界以及语言学家的反对而被迫搁浅。反对者认为，不能仅仅考量气候因素而无视二十四节气蕴含的历史和文化意义。

除了 24 个节气之外，在日本，又渐渐衍生出了 19 个所谓的“小节气”。

立春、立夏、立秋、立冬，即进入下一个季节之前的 18 天称为这个季节的“土用”：

1 月 17 日左右，冬季土用；

4 月 17 日左右，春季土用；

7 月 20 日左右，夏季土用；

10 月 20 日左右，秋季土用。

立春、立夏、立秋、立冬的前一天，称为“节分”，相当于每个季节的“除夕”：

2 月 3 日左右，冬春之节分；

5 月 5 日左右，春夏之节分；

8 月 7 日左右，夏秋之节分；

11 月 6 日左右，秋冬之节分。

春分与秋分的前、后三天，共7天，称为“彼岸”，是祭拜先祖的时令。因春分、秋分，太阳在正西方落山，被认为最接近日本人先祖所在的“彼岸”极乐世界：

3 月 18 日左右，春彼岸始日；

3 月 24 日左右，春彼岸终日；

9 月 20 日左右，秋彼岸始日；

9 月 26 日左右，秋彼岸终日。

3 月 25 日左右，春天社日。

9 月 21 日左右，秋天社日，社日祭祀土地的守护神。

5 月 2 日左右，八十八夜。自立春算起的第 88 天，播种时节（之后的 5 月 4 日被称为“绿之日”，临近立夏，感谢上苍赐予绿色。“绿之日”也是法定假日）。

9 月 1 日左右，二百一十日。自立春算起的第 210 天，台风季节。

9 月 11 日左右，二百二十日。自立春算起的第 220 天。

6 月 11 日左右，入梅。梅雨起始的日子。

7 月 2 日左右，半夏生，插秧甫毕的时节。“半夏生”，是中国古代夏至三候之一，即 7 月初的物候标识。

除了这些节气和“小节气”之外，还有源自中国的五大民俗节日：人日、端午（日本的端午是公历的5月5日）、上巳、七夕、重阳节。

日本的公共假日中，有两个与节气相关，一个是春分日，一个是秋分日。而且，春分、秋分时，还有传统的“时物”：春分时节牡丹开花，所以春“彼岸”时吃的红豆沙糯米团子叫作“ぼたもち”（牡丹饼）；秋分时节胡枝子（“萩”）开花，所以秋“彼岸”时吃的叫作红豆沙的糯米团子“おはぎ”（萩饼）。与我们立秋时“贴秋膘”的说法很类似，日语称为“食欲の秋”或者“秋の味覚”。最能代表秋季味觉的时品，是秋刀鱼、栗子、红薯。

当然，对于“吃货”而言，秋天是“食欲の秋”，但对于学霸而言，秋天是“読書の秋”（读书之秋）。

另外，他们还为每个节气设立了“风物”，例如：谷雨风物是和伞，立夏风物是竹工；小暑风物是扇子，大暑风物是茶。这些风物或是物候缩影，或是气候写照。寒露风物是清酒，霜降风物是和纸。深秋时节可以选择喝酒暖体，也可以选择写字静心。冬至风物是钱汤（收费的温泉浴堂），这项风物非常能够体现日本本土的风俗特征。

日本的一些天气、气候词汇，也在一定程度上体现着古老传统和本土特征。比如夕立（夏季傍晚的热雷雨）、樱雨（樱花盛开时的降雨）、春邻（はるとなり，残冬时段，就要与春天做邻居了）、淡雪（あわゆき，边下边融的雪）、下萌（し

浅草寺，是东京都最古老的寺庙。寺院入口的“雷门”（风雷神门），是其最赫然的标识。雷门始建于公元942年，以风神与雷神之镇守，祈求丰稔，护佑太平。

たもえ，草木由枯萎到初萌，“草色遥看近却无”的时节）、春浅し（はるあさし，立春之后，但春意尚无的时节）等。

夏日（なつび）：最高气温 25℃以上的日子。

真夏日（まなつび）：最高气温 30℃以上的日子。

猛暑日（もうしょび）：最高气温 35℃以上的日子。

天气预报中也会出现“春 N 番”的说法。“春一番”，是每年初春时节，在日本列岛刮起的第一场风力较强的南风。因为风大雨急，每年初春的许多海难都因它而起，令渔民十分恐惧。但“春一番”毕竟是春天的信号，它给日本列岛带来了温暖和湿气，使万物复苏、草木萌芽，使人们强烈地意识到春天来临。除了“春一番”，还有“春二番”“春三番”“春四番”之说。据说刮起“春二番”时，樱花便渐次绽放，待到“春三番”刮起时，美丽的樱花已是落英缤纷了。

一次，友人在电视节目看到“三束雨”的说法，问我，我也一脸茫然。经过咨询才得知，原来稻收时节，人们把刚收的稻子一束一束地捆起来，三束稻子先戳在地里。可就在此时，密集的雨束就像地里的三束稻子一样突袭稻田，令人猝不及防。“三束雨”，便是稻熟时的急雨。

在很多国家，都有与物候挂钩的天气词汇，中国的“桃花汛”“黄梅寒”“龙舟水”“豆花雨”“裂叶风”等都是此类。

在一些地方，动物们也被“借来”描述天气。Rain cats and dogs（倾盆大雨）是流传最广的。还有 monkey’s wedding（猴子的婚礼），形容太阳雨，或许与猴子顽皮淘气的性情相关。

在日本，有关节令、物候、风俗的“岁时记”之类的书籍比较流行。一位同行告诉我，她每周都会依照近期的天气与物候撰写一篇《岁时记》配以漫画，作为气象节目的增值产品。

图书在版编目（CIP）数据

二十四节气志 / 宋英杰著 . -- 北京：中信出版社，2017.10（2024.5 重印）
ISBN 978-7-5086-8071-2

I. ①二… II. ①宋… III. ①二十四节气 – 基本知识 IV. ① P462

中国版本图书馆 CIP 数据核字（2017）第 200420 号

二十四节气志

著　　者：宋英杰
出版发行：中信出版集团股份有限公司
（北京市朝阳区东三环北路 27 号嘉铭中心　邮编　100020）
承 印 者：北京盛通印刷股份有限公司

开　　本：787mm × 1092mm　1/16　　印　　张：24　　字　　数：280 千字
版　　次：2017 年 10 月第 1 版　　印　　次：2024 年 5 月第 15 次印刷
书　　号：ISBN 978-7-5086-8071-2
定　　价：68.00 元